全国各类高等院校食品加工工艺专业“十二五”规划与创新系列教材

焙烤食品工艺学

主　编　李淑琼
副主编　戚海峰　路冠茹
　　　　袁晓晴　苏志平
参　编　杨　希

中国商业出版社

图书在版编目(CIP)数据

焙烤食品工艺学 / 李淑琼主编. —北京 : 中国商业出版社, 2015.8(2019.10 重印)

ISBN 978-7-5044-8912-8

Ⅰ. ①焙… Ⅱ. ①李… Ⅲ. ①焙烤食品-食品工艺学-高等职业教育-教材 Ⅳ. ①TS213.2

中国版本图书馆 CIP 数据核字(2015)第 051545 号

责任编辑:蔡凯

中国商业出版社出版发行

010-63180647 www.c-cbook.com

(100053 北京广安门内报国寺 1 号)

新华书店经销

涿州市荣升新创印刷有限公司印刷

* * * * *

787×1092 毫米 开本:1/16 印张:15 字数:260 千字

2015 年 8 月第 1 版 2019 年 10 月第 2 次印刷

定价:35.00 元

* * * *

前　言

民以食为天，我们每天都摄取各种食品，随着经济社会的发展，人们越来越重视食品的营养健康、工艺设计、食品安全工程等问题。2015 年 4 月 24 日国家颁布新修订的《中国人民共和国食品安全法》并于 2015 年 10 月 1 日起施行，这对食品生产、食品检测、食品工程设计与研发、食品加工储藏与运输、食品质量管理等各个环节都有更高要求。为此我们结合食品加工工艺专业教学情况，特邀请一批具有丰富经验校院老师编写本套教材，以适应本领域创新应用型、技能型人才培养需求，整套教材具有突出应用创新、技能过硬、注重情境环节、理论系统全面等特点。

本教材编写宗旨是以适应经济社会发展，培养应用技能型人才为目的，突出以应用为主，技能过硬，注重情境环节，理论系统全面的职业教育特点，我们编写了这本《焙烤食品工艺学》。

本教材内容完整、浅显易懂、实用性强，在知识点拨中把复杂的内容进行了简单化。本教材特别注重实践方向的培养，并根据烘焙工国家职业标准和烘焙工考试大纲的要求共选取了十五个实训实验，每一个实训实验都非常注重动手操作方面的内容，还配有大量的操作和实物图片。各校可根据实际情况对教材内容进行取舍，部分内容可作为学生的阅读材料。

全书共八个模块，包括概述、焙烤食品原料、饼干生产工艺、面包生产工艺、蛋糕生产工艺、月饼生产工艺、其他糕点生产工艺、实训实验内容。

本书由四川省工业贸易学校高级讲师李淑琼（模块一、模块三）任主编，天津经济贸易学校讲师戚海峰（模块八）、天津经济贸易学校讲师路冠茹（模块四和模块五）、河南牧业经济学院食品工程学院袁晓晴（模块六）、河南牧业经济学院食品工程学院苏志平（模块七）任副主编，安徽粮食工程职业学院助理讲师杨希（模块二）参编。全书由李淑琼统稿。

本教材是高职高专食品加工与工艺专业的教学用书，也可供相关专业师生、食品行业各层次及各工种不同岗位的人员阅读和参考。

本书在编写过程中得到各编者所在院校的大力支持，在此表示衷心的感谢。编者还谨向有关参考文献的专家和作者表示衷心的感谢。

由于编者水平有限，加之时间仓促，书中不妥之处在所难免，恳请读者批评指正。

编　者

2019 年 10 月

目 录

模块一　概述

◆基础理论和知识

1. 焙烤食品的概念、特点及范围。
2. 焙烤食品的分类。

◆基本技能及要求

1. 掌握焙烤食品的概念及特点。
2. 掌握焙烤食品的分类。
3. 了解焙烤食品的发展历史。
4. 了解焙烤食品工业发展动态和趋势。

◆学习重点

焙烤食品的概念。

◆学习难点

焙烤食品的发展历史。

◆导入案例

翻看了一遍下发的新书，贝贝感到食品专业简直就像搞艺术的美术专业和搞装饰的装潢专业，但这回可能因为喜欢了，读起它们来竟然没有了以前那样的枯燥感，其中闪耀着的人类智慧的光芒，令他汗颜。

贝贝还想了解世界上第一种焙烤食品发明者的成长经历。他认为，焙烤食品是一类永远无法替代的食品，这位发明者智力超群，想必事出有因。是因为那是一个极其特殊的年代，还是他天赋过人，或者有着艰辛的成长经历？总之，他发明焙烤食品以前的社会环境与其天赋和焙烤食品的诞生有着怎样的必然和偶然联系？真正的成功者都要经历千辛万苦吗？还是必须要有特殊的机遇呢？或者是要有过人的智慧呢？

◆讨论

1. 贝贝为什么会认为焙烤食品是一类永远无法替代的食品？
2. 你认为世界上第一种焙烤食品的发明原因是什么？

项目一　焙烤食品的概念和历史

任务1　焙烤食品的概念及特点

焙烤食品从广义上讲，泛指用面粉、各种粮食及其半成品与多种辅料相调配，经过发酵或直接用高温烘烤或油炸而成的一系列香脆可口的食品，即是泛指糖食制品中采用焙烤工艺的一个大类食品。它包括饼干类、面包类、蛋糕类、点心类和层松类等。

焙烤食品的共同特点：

1. 以谷类为基础原料。
2. 大多数以糖、油、蛋（或其中1~2种）作为主要原料。
3. 成熟和定型均采用焙烤工序。
4. 不需经过调理可直接食用。
5. 均属于固态食品。
6. 绝大多数使用疏松剂，使制品疏松。

任务2　焙烤食品的发展历史

1. 我国焙烤食品的发展历史

商朝末年（发明了烧饼）→春秋战国时期（出现了甜味的糕饼）→秦汉以后（糕饼点心制作更为普遍）→东汉（饼的品种已有蒸饼、烙饼、胡饼即芝麻饼）→唐代（①出现专业生产的作坊，经营各种糕、饼、团、粽、粑等食品；②出现专门生产糕饼的用具，如烤饼用的饼鏊（ào）（类似现在的平底锅）等也已出现；③“茶食”、“点心”等糕点名称，在食谱中屡见不鲜，焙烤食品的生产经营进一步社会化。）→至今（已形成京、苏、广、闽、潮、川、宁绍、高桥等各种帮式的地方风味）。

◆知识拓展

焙烤食品的起源

焙烤食品的起源有多种说法，一种说法是，焙烤食品的制作，相传始自殷商时期。商朝末年，武王伐纣。发兵西岐。纣王令太师闻仲随军征战，闻太师为免去埋锅造饭之劳、加快进兵速度，下令制作了一种烧饼充作军粮。另一种说法是，人们最早利用谷物的方式是食用野生谷物的种子。后来人们将这些种子进行烘干或焙烤，让谷仁与外壳分开以使其变得更加可口。再以后，人们往谷粒中加水制成了麦片粥或稀糊糊，接着就将它们倒在很热的岩石上，制成扁平的薄烤饼，这就是最早的焙烤食品。

2. 面包的发展历史

诞生（大约于5000年前，在埃及“诞生”）→公元前八世纪传到希腊→公元前二世纪传入罗马和其他地方（罗马人征服了希腊、埃及和希伯来）并在罗马出现面包作坊→随着欧洲一些城市的建立传到英国、加拿大和澳大利亚→由澳大利亚传到德国和法国→随着哥伦布发现新大陆，面包传入了美国→第一次世界大战后，面包生产开始走上工业化道路→第二次世界大战后，日本的面包生产很快发展起来了→面包传入我国是在明朝万历年间(意大利传教士利马窦和汤若望来到中国将面包传入沿海城市上海、青岛、天津，随后传入内地)。

◆**知识拓展**

膨松现象的发现

膨松现象也许是随着野生酵母在剩余麦片粥中生长而发生的有趣现象。但是，经过了好几个世纪以后(实际上是19世纪)，才出现人工培养的酵母和焙烤粉。在这漫长的演变时期里，最先是采用发酵引子，以后又采用发酵醪中的面肥来使面包膨松。利用鸡蛋和搅打鸡蛋的方法把空气充分掺入到面糊里，就可制得其他一些焙烤食品。大约五千年以前，空气中的微生物偶然混到吃剩的面食里，起了发酵作用。

项目二　焙烤食品的分类

焙烤食品的种类繁多，其分类也非常复杂。根据原料的配比、制法、制品的特性、产地等有各种分类方法。常见的有以下两种：

1. 按面坯蓬松方法分类

焙烤食品
- 生物蓬松制品：利用酵母的发酵作用产生气体，使面团蓬松。
- 化学蓬松制品：利用化学蓬松物质，如小苏打、碳酸氢铵等，使制品形成多孔状的蓬松体。如混酥点心、油条、饼干等。
- 物理搅拌蓬松制品：利用机械的快速搅拌，促使原料充入大量空气，气泡在加热时受热膨胀，从而使制品的组织疏松。如海绵蛋糕等。

2. 按制品生产工艺特点分类

焙烤食品
- 面包类：如听形面包、硬式面包、软式面包、主食面包、牛角面包等。
- 蛋糕类：如清蛋糕、油脂蛋糕、奶油蛋糕等。
- 饼干类：如巧克力饼干、牛奶饼干、双色饼干等。
- 点心类：如奶油泡芙、月饼、桃酥、水果塔等。
- 层松类：如蛋塔、起酥点心等。

项目三　我国焙烤食品的现状和发展前景

任务1　我国焙烤食品的生产现状

1. 现状

我国焙烤食品生产较早，但发展速度极为缓慢→1949年，只有沿海几个大城市有一定生产规模，而且主要靠手工生产为主，生产极其落后→新中国成立后，焙烤食品有了健康的发展→近年来，通过引进、消化、吸收国外的先进工艺与设备，使我国焙烤食品生产的技术条件不断完善，自动化程度不断提高，产品质量也不断提高。

2. 我国焙烤食品同发达国家的差距

差距
- 工业化程度较低
- 产品质量不够稳定
- 产品品种较少

任务2　我国焙烤食品工业发展动态和趋势

1. 烘焙食品工业的发展

烘焙食品生产由手工、半机械化向全自动化转变，使陈旧的工艺得到了更新和改进。

(1) 国外。烘焙食品生产的工业化已具规模；工艺配方、制作技术和设备都做了改进；已经实现生产的批量化和自动化。工艺：引进先进的生产线，如汉堡包生产线、丹麦面包生产线、饼干辊切式生产线。

(2) 国内。设备：引进先进设备，如多功能变速搅拌机、半自动或连续分割滚圆机、控温控湿发酵箱、全自动冷藏发酵箱、全自动煤气炉、控温控湿旋转炉。包装技术：新的包装技术，如真空包装、充气包装、无菌包装。

2. 烘焙食品品种的发展

由高糖、高脂向低糖、低脂和无添加剂的清淡化的天然健康烘焙食品方向发展。

(1) 模拟鲜奶油代替鲜奶油。

(2) 低热量糖和非糖甜味剂代替蔗糖。

(3) 产品中添加富含营养的天然原料。如大豆蛋白粉、全麦粉、燕麦粉、花粉等。

3. 烘焙食品工艺的发展

工艺的发展
- 面包：一次发酵法、二次发酵法、冷冻面团法、快速发酵法、低温发酵法、两次搅拌一次发酵法。
- 蛋糕：一次搅打法，蛋清、蛋黄分蛋打法，面团冷冻折叠起酥工艺。
- 饼干：热粉韧性操作法、冷粉酥性操用法。

4. 烘焙食品原料的发展

(1) 烘焙食品原料专业化：原料专业化是指烘焙食品原料，特别是面粉和油脂的分类更细，种类更多，以适应不同品种的需要。如今，国外的专用面粉产量已占面粉总产量的90%左右，其品种已达数十种甚至上百种；我国现已能生产面包专用粉和蛋糕专用粉等品种。

(2) 烘焙食品原料中间产品商品化：

商品化
- 馅料、装饰料、面团、浆料：如，吉士粉、果冻粉、慕斯粉等。使用时只需加水调匀即可。
- 果酱装饰料：可直接用来装饰产品。
- 酥皮点心面团制品：可直接用来擀制成形，省去了调制面团的工序。
- 烘焙类食品添加剂：改善了烘焙食品的生产工艺条件、产品色泽、质地、风味等品质，还具有保鲜、防止产品变质、强化营养等方面的作用。

◆**知识驿站**

焙烤食品从广义上讲，泛指用面粉、各种粮食及其半成品与多种辅料相调配，经过发酵或直接用高温烘烤或油炸而成的一系列香脆可口的食品，即是泛指糖食制品中采用焙烤工艺的一个大类食品。它包括饼干类、面包类、蛋糕类、点心类和层松类等。烘焙食品的一般工艺过程可归纳为原辅料准备、混合原料、成形技术、制品烘烤、成品冷却、成品装饰与包装等工序。焙烤食品具有以下共同特点：

1. 以谷类为基础原料。
2. 大多数以糖、油、蛋(或其中1～2种)作为主要原料。
3. 成熟和定型均采用焙烤工序。
4. 不需经过调理可直接食用。
5. 均属于固态食品。
6. 绝大多数使用疏松剂，使制品疏松。

焙烤食品的种类繁多，其分类也非常复杂。根据原料的配比、制法、制品的特性、产地等有各种分类方法。常见的有以下两种：一是按面坯蓬松方法分类，可分为：生物蓬松制品、化学蓬松制品和物理搅拌蓬松制品三种；二是按制品生产工艺特点分类可分为面包类、饼干类、蛋糕类、点心类和层松类等。烘焙食品品种的发展由高糖、高脂向低糖、低脂和无添加剂的清淡化的天然健康烘焙食品方向发展。

复习思考题

一、名词解释

1. 烘焙食品
2. 生物蓬松制品
3. 化学蓬松制品
4. 物理搅拌蓬松制品

二、填空题

1. 焙烤食品的共同特点有：________、________、________、________、________和________。

2. 烘焙食品按面坯蓬松方法分类可分为________、________和________。按制品生产工艺特点分类可分为________、________、________、________和________。

三、判断题(请在正确的括号里打"√"，错误的括号里打"×")

1. 牛奶是烘焙食品。 (　)
2. 饼干是烘焙食品。 (　)
3. 蒸制蛋糕是烘焙食品。 (　)
4. 果酱装饰料可直接用来装饰产品。 (　)
5. 吉士粉、果冻粉、慕斯粉等使用时只需加水调匀即可。 (　)
6. 不能用模拟鲜奶油代替鲜奶油。 (　)

模块二　焙烤食品原料

◆基础理论和知识

1. 常见焙烤食品原料的种类。
2. 常见焙烤原料在加工中的作用。

◆基本技能及要求

1. 掌握小麦和面粉的分类。
2. 掌握常见焙烤原料在加工中的作用。
3. 了解常见焙烤原料的分类。

◆学习重点

1. 常见焙烤食品原料的种类。
2. 常见焙烤原料在加工中的作用。

◆学习难点

常见焙烤原料在加工中的作用。

◆导入案例

贝贝放学后觉得有些饿了，于是就走进学校旁边的面包店准备买些吃的。一进店里他立刻被橱窗里的玲琅满目的面包和蛋糕给吸引了。贝贝不禁思考，这些漂亮且好吃的东西都是怎么制作而来的呢？这些好吃的面包蛋糕都要用到哪些原料呢？

◆讨论

焙烤食品常用到的食品原料有哪些？

项目一　面粉

小麦粉(也称面粉)是制作焙烤食品的主要原料。小麦粉的性质对于焙烤食品的加工工艺和产品的品质起着决定性的作用,而小麦粉的性质往往是由小麦的性质所决定,所以从事焙烤食品制作的技术人员必须要了解一些关于小麦和小麦粉的性质。只有掌握了这些关键性的知识,才有利于利用原料加工特性帮助解决产品在加工及研发中所面临的问题。

任务1　小麦的种类和等级标准

小麦不仅是我国的主要粮食作物之一,更是世界上分布最广、栽培面积最大、生产量最多的粮食作物。它生长在北纬30~60度、南纬27~40度的广大区域。小麦的种类很多,一般可根据等小麦籽粒的颜色、播种季节、小麦籽粒的粒质等各种因素之不同进行分类。

1. 小麦的种类

(1)按照小麦籽粒的皮色划分

按照小麦籽粒皮色的不同,可将小麦分为红皮小麦和白皮小麦,简称为红麦和白麦。红皮小麦(也称为红粒小麦)多为硬麦,籽粒的表皮为深红色或红褐色,皮层较厚,籽粒结构紧密,出粉率较低,粉色较差;白皮小麦(也称为白粒小麦)多为软麦,籽粒的表皮为黄白色或乳白色,皮层较薄,出粉率较高,粉色较好,但一般筋力较弱。红白小麦混在一起的叫做混合小麦。

(2)按照播种季节分类

按照播种季节的不同,可将小麦分为春小麦和冬小麦。春小麦是指春季播种,当年夏或秋两季收割的小麦;冬小麦是指秋、冬两季播种,第二年夏季收割的小麦。根据气候条件,我国小麦生产划分为三大自然区,即北方冬麦区(河南、山东、河北、陕西)、南方冬麦区(江苏、安徽、四川、湖北)和北方春麦区(黑龙江、新疆、甘肃)。一般北方冬小麦蛋白质质量较好,其次是北方春小麦,南方冬小麦相对较差。

(3)按照小麦籽粒的粒质划分

按不同硬度分类,有硬小麦和软小麦。其中小麦之横断面呈玻璃质状者为硬小麦,成粉状者为软小麦。

⑷ 以上述分类为基础,我国小麦国家标准(GB1351-1999)把小麦细分为9类:

①白色硬质冬小麦:种皮为白色或黄白色的麦粒不低于90%,角质率不低于70%的冬小麦。

②白色硬质春小麦:种皮为白色或黄白色的麦粒不低于90%,角质率不低于70%的春小麦。

③白色软质冬小麦:种皮为白色或黄白色的麦粒不低于90%,粉质率不低于70%的冬小麦。

④白色软质春小麦:种皮为白色或黄白色的麦粒不低于90%,粉质率不低于70%的春小麦。

⑤红色硬质冬小麦:种皮为深红色或红褐色的麦粒不低于90%,角质率不低于70%的冬小麦。

⑥红色硬质春小麦：种皮为深红色或红褐色的麦粒不低于90%，角质率不低于70%的春小麦。

⑦红色软质冬小麦：种皮为深红色或红褐色的麦粒不低于90%，粉质率不低于70%的冬小麦。

⑧红色软质春小麦：种皮为深红色或红褐色的麦粒不低于90%，粉质率不低于70%的春小麦。

⑨混合小麦：不符合前八条规定的小麦。

◆**知识拓展**

小麦根据硬度的划分可加工成不同产品

小麦的硬度相差很大，以硬度为标准则可分成特硬麦、硬麦、半硬麦及软麦等四种。硬度通常与强度成正比，故硬度高的小麦比硬度低的小麦更为通用。硬麦的横断面为玻璃质，软麦的横断面为不透明白色，即粉质。小麦的硬度不完全由其所含水分来决定，非常干的小麦其胚乳可能软而成粉质，硬麦虽然水分增加，但依然为坚硬的玻璃质。

特硬小麦面粉不适于制造面包，而主要用以磨制沙子粉来制造通心面等，因它含有高量的麦芽糖，如少量加入其他小麦中磨成面粉，则可增加面粉之气体产生力。美国Durum小麦，阿尔及利亚小麦或印度小麦等均属特硬小麦。

硬麦通常为强力小麦，故其面粉大量用于制造面包。此种面粉粒度较粗，富流动性，如不须用强度很大的面粉，可配入强度较弱的小麦面粉调节之。加拿大之曼尼吐巴及美国之春红均属硬麦。

半硬麦具有中等强度，其粉即使配以强力小麦或薄力小麦的面粉，亦不会使强度相差很大。半硬小麦通常具有美好的香味、颜色及较高产粉率，其粉可用以制造面条、馒头等。阿根廷小麦、澳洲小麦及美国之硬冬麦等均属半硬小麦。

软麦通常为强度较弱之小麦及薄力小麦，适用于磨制饼干面粉，亦可配以中强力小麦粉，以减低强度。此种小麦香味极佳，制出面粉颜色洁白可爱。美国白麦及英国小麦均属软麦。

红麦多属硬麦，为高蛋白质小麦。白麦多属软麦，为低蛋白质小麦。春麦的蛋白质含量高于冬麦，于一颗小麦中，愈靠麦皮部位之蛋白质愈高，但颜色较黄。反之，愈靠麦中心部位蛋白质愈低，颜色愈白。所以洁白面粉通常为低筋粉或为麦心粉。

2. 小麦的等级标准

我国小麦国家标准（GB1351－1999）按容重、不完善粒、杂质、水分、色泽、气味分为5个等级：

表2－1 小麦质量标准

等级	容重(g/L)	不完善粒(%)	杂质(%)		水分(%)	色泽气味
			总量	其中矿物质		
一级	≥790	≤6.0	≤1.0	≤0.5	≤12.5	正常
二级	≥770	≤6.0				
三级	≥750	≤8.0				
四级	≥730	≤8.0				
五级	≥710	≤10.0				
注：水分含量大于表中规定的小麦的收购，按国家有关规定执行						

◆知识拓展

期货市场小麦的检验方法

(1)粒色:小麦粒色有红、白两种。其检验方法是，取被检小麦100粒，自然光下观察小麦粒色。种皮为白色或黄白色的麦粒不低于90粒，判定为白麦;种皮为深红色或红褐色的麦粒不低于90粒，判定为红麦。

(2)硬质率:硬质粒占100粒完善粒的百分比。其检验方法是，将籽粒从中间剖开，观察其剖面。剖面上玻璃状透明体所占比例，硬质部分占籽粒1/2以上的为硬质粒，然后以硬质粒的粒数计算软、硬质籽粒在试样籽粒的含量。籽粒的剖切可采用籽粒切断器。

(3)为了准确判断小麦的软、硬质，也可在透视箱内观察籽粒。这种方法就是以胚乳的透明部分即为硬质部分，然后确定是否为硬质粒，再计算软、硬质籽粒的含量。

任务2　小麦和面粉的化学成分

由于我国各地小麦品种和制粉方法不同，小麦粉中化学成分的含量变化幅度较大。

表2-2　　小麦粉中主要化学成分含量　　单位:%

品种成分	水分	蛋白质	脂肪	碳水化合物	灰分	其他
标准粉	13~14	10~13	1.8~2.0	70~72	1.10~1.30	少量维生素和酶
精白粉	13~14	9~12	1.2~1.4	73~75	0.50~0.75	

表2-3　　小麦粉中矿物质和维生素含量　　单位:g/100g

品种 成分	钙	磷	铁	维生素 B_1	维生素 B_2	烟酸
标准粉	31~38	184~268	4.0~6.0	0.26~0.46	0.06~0.11	2.2~2.5
精白粉	19~24	86~101	2.7~3.7	0.06~0.13	0.03~0.07	1.1~1.5

1. 水分

在小麦粉的国家标准中，规定小麦粉的水分为13%~14%。这主要是从小麦粉的生产工艺和保管中的安全角度考虑的。小麦粉水分含量过高易引起酶活性增强和微生物污染，导致小麦粉发热发酸，缩短小麦粉的保存期限，同时使焙烤食品产率下降。

2. 碳水化合物

碳水化合物占小麦粉的75%以上，其主要是淀粉和少量的可溶性糖和纤维素等。

(1)淀粉　淀粉以粒状存在于胚乳细胞中。在小麦淀粉中，直链淀粉占24%，支链淀粉占76%。支链淀粉易溶于热水，生成的胶体溶液黏性不大也不易凝固，支链淀粉不溶于冷水，只有在加热、加压的条件下才溶于水中，生成的胶体溶液黏性很大。由此可知，支链淀粉含量多的小麦粉，其黏性大，不利于焙烤制品生成的操作。

在糕点和饼干生产中，遇到面筋含量过高或弹性过强的小麦粉时，添加适量的淀粉可以稀释面筋的浓度和调节面筋的胀润度，从而改善面团的可塑性。添加的淀粉以小麦淀粉或玉米淀粉较好，大米淀粉次之。但添加量不宜过多，一般为5%~10%。添加淀粉过多，会使制品僵硬或易断碎。

在酸或酶的作用下，淀粉可水解为糊精、麦芽糖和葡糖糖。淀粉的这种性质在焙烤制品的生产和营养方面具有重要意义。

在焙烤制品生产过程中，当面团中心温度达到55℃时，酵母会使淀粉酶加速活化，使得淀粉水解为糖的变化加速，面团因之会变软，这时淀粉吸水膨胀，形状变大，与网状面筋结合形成强劲结构。

(2)可溶性糖　小麦粉中含有2.5%的可溶性糖，主要是葡萄糖、麦芽糖、蔗糖。在面包与苏打饼干生产中，糖既是酵母的碳源，又是形成面包色、香、味的基质。另外，还有少量可溶性的戊聚糖，它能与阿魏酸发生交联作用，形成凝胶体，给予面团一定程度的刚性。

(3)纤维素　纤维素是构成小麦皮层的主要成分(又称麸皮)，它占小麦粒总量的2.3%～3.7%(干物重)。纤维素是最稳定的碳水化合物，不溶于水，也不易被酶水解和被人体消化吸收。小麦粉中麸皮含量过多，还影响面包的外形和口感。它是小麦粉质量的一个重要指标。但小麦粉中含有一定数量的麸皮有利于胃肠的蠕动，能促进对其他应用成分的消化吸收。

3. 蛋白质

小麦粉中蛋白质可根据形成面筋的特性分为面筋蛋白和非面筋蛋白两类，也可根据它们在水及各种溶剂中溶解程度的不同分为麦胶蛋白、麦谷蛋白、球蛋白、清蛋白和酸溶蛋白。

表2-4　小麦粉中蛋白质种类及含量

类别	面筋蛋白		非面筋蛋白		
名称	麦胶蛋白	麦谷蛋白	球蛋白	清蛋白	酸溶蛋白
含量	40～50	40～50	5.0	2.5	2.5
提取方法	70%乙醇	稀酸、稀碱	稀盐溶液	稀盐溶液	水

小麦粉中蛋白质主要是面筋蛋白，其中麦胶蛋白和麦谷蛋白占80%以上。麦胶蛋白具有良好的延伸性，但缺乏弹性。麦谷蛋白则富有弹性。麦胶蛋白与麦谷蛋白对面团形成具有极其重要的意义。

4. 脂肪

小麦粉中脂肪含量甚少，通常为1%～2%，主要由不饱和脂肪酸组成。制粉时要尽可能除去脂质含量高的胚芽(8%～15%)和麸皮(6%)，以减少面粉中的脂肪含量，使面粉的安全储藏期延长。因为，面粉在储藏过程中，脂肪因受脂肪氧化酶及脂肪酶的作用产生的不饱和脂肪酸可使面筋弹性增大，延伸性及流散性变小，同时酸败。温度和水分高也会加速促成脂肪酶分解作用，使面粉变质，影响面粉的烘焙性质，结果可使弱力面粉变成中等面粉，使中等面粉变成强力面粉。

5. 矿物质

小麦粉中的灰分主要有钙、钠、镁、磷、铁等。小麦粉中灰分含量的高低，是评价小麦粉品质优劣的重要指标。灰分主要存在于小麦皮层中的糊粉层里，为1.5%～2.2%，小麦粉中灰分随出粉率的高低而变化。小麦粉加工精度高，出粉率低，灰分含量低，粉色好；小麦粉加工精度低，出粉率高，灰分含量高，粉色差。

6. 维生素

在小麦粉所含的维生素中，以维生素B(B_1、B_2、B_5)及维生素E的含量较高，维生素A的含量较少，缺乏维生素C，几乎不含维生素D。由于小麦粉维生素的不完全性及焙烤食品均需经过高温烘烤，有些产品还加碱，致使小麦粉中的维生素损失殆尽。因此，应提倡对焙烤食品强化维生素。

7. 酶

面粉中含有一定量的酶类，主要有淀粉酶、蛋白酶、脂肪酶、脂肪氧化酶、过氧化氢酶。这些酶类的存在，无论对面粉的储藏，还是对面点的生产，都产生一定的作用。

(1)淀粉酶　淀粉酶分为α－淀粉酶和β－淀粉酶。这两种酶能使小麦粉中的破损淀粉或α－化淀粉水解转化成麦芽糖，作为供给酵母发酵的主要能量来源。

(2)蛋白酶　小麦粉中含有很少量的蛋白酶，水解面筋蛋白质，而使面团软化和最终液化。在使用面筋力过强的小麦粉制作面包时，可加入适量的蛋白酶制剂，以降低面筋的强度。这有助于面筋完全扩展，并缩短搅拌时间。但蛋白酶制剂的用量必须严格控制，而且仅适合于用快速法生产面包。

(3)脂肪酶　脂肪酶是一种对脂质起水解作用的水解酶，在小麦粉贮藏期间将增加游离脂肪酸的数量，使小麦粉酸败，从而降低小麦粉的烘焙品质。小麦内的脂肪酶主要集中在糊粉层，因此，高等级粉比低等级粉贮藏稳定性高。

(4)脂肪氧化酶　脂肪氧化酶是催化某种不饱和脂肪酸产生过氧化反应的一种氧化酶，催化作用在含有胡萝卜素的偶合氧化反应中进行，通过氧化反应使胡萝卜素变成无色。因此，脂肪氧化酶也是一种酶促漂白剂，但它在面粉含量较少，它的主要来源是面包添加剂中的脱脂大豆粉。

(5)过氧化氢酶　过氧化氢酶是一种催化过氧化氢使其分解为氧和水的氧化还原酶。这种酶存在于面粉中，其作用是防止发芽期间在植物组织中过氧化氢积聚过多，它也漂白胡萝卜素。

任务3　面粉的种类和等级标准

1. 根据面粉加工精度来分

(1)特制一等粉(富强粉、精粉)

我国单独生产特制一等粉的出粉率为60%～70%。它适宜制作精度较高的面包、馒头、面条、包子等面制品。在生产特制一等粉中也可提取更高的精制粉(灰分在0.5%左右)，以供制作高档食品。

(2)特制二等粉(上白粉、特付粉)

由于特制一等粉出粉率低，标准粉质量又次，因此根据用户习惯，生产了特制二等粉这种比较大众化的实惠面粉。这种面粉出粉率在73%～75%，是制作馒头、包子、饺子、面条等食品的良好原料。

(3)标准粉

一般出粉率可达82%～85%，基本上能满足馒头、面条等类面制品的生产需要。

(4)次粉(饲料粉)

在生产特制粉中提取10%～20%的次粉，做饲料粉，也可食用。提取次粉，是为了提高小麦粉的经济价值，减少加工副产品——麸皮的比例。

2. 根据面粉内蛋白质含量不同来分

(1)高筋面粉

高筋面粉也称面包粉，它是加工精度较高的面粉，色白，含麸量少，面筋含量高。蛋白质含量为11% ~13%，湿面筋值在35%以上。应选用硬质小麦加工。高筋面粉适用于制作各种面包。

(2)中筋面粉

中筋面粉是介于高筋面粉和低筋面粉之间的一类面粉。含麸量少于低筋面粉，色稍黄。蛋白质含量为9% ~11%，湿面筋值为25% ~35%。中筋面粉适用于制作各种糕点。

(3)低筋面粉

低筋面粉也称蛋糕粉，含麸量多于中筋面粉，色稍黄。蛋白质含量为7% ~9%，湿面筋值在25%以下。低筋面粉应选用软质小麦加工，适用于制作饼干、蛋糕、点心。

◆**知识拓展**

专用面粉

专用面粉在我国已开始起步，在国外则发展很快。为满足各种食品不同的用途，面粉质量有特定的要求，首先要选用合适的小麦(软麦或硬麦)，并采用合理的工艺流程，使生产的面粉达到一定的物理、化学、谷物生化特性。

(1)面包粉　用面包粉能制作松软而富于弹性的面包，这是由蛋白质的特性所决定的。以筋力强的小麦加工的面粉，制成的面团有弹性，可经受成型和模制，能生产出体积大、结构细密而均匀的面包。面包质量根据面包体积(面包特定的体积cm^2/g)而定。它和面粉的蛋白质含量成正比，并与蛋白质的质量有关。为此，制作面包用的面粉，必须具有数量多而质量好的蛋白质，一般面粉的蛋白质在12%以上。

(2)饼干粉　制作酥脆和香甜的饼干，必须采用面筋含量低的面粉。筋力低的面粉制成饼干后，干而不硬，而面粉的蛋白质含量应在10%以下。粒度很细的面粉可生产出光滑明亮、软而脆的薄酥饼干。制作各式糕点的面粉，可含有稍高的蛋白质，采用软麦与硬麦各半加工而成。采用全部软麦加工的面粉，可制作掺有果仁的各式饼干。

(3)家庭用粉　在英国，家庭用粉专门用来制作面食、蛋糕、软点心等。它采用蛋白质低的软麦加工而成，其蛋白质含量为10.5%。小麦加工时，应清除发芽小麦，因为α-淀粉酶的活性，易使面团在烘烤时产生糊精类物质，制成发黏的烘焙食品，食用品质不佳。

(4)自发面粉　这种面粉是在家庭用粉内添加发酵剂。由于面团在烘烤时气体产生得相当快，得到充分膨胀，因此，保证面粉有足够的筋力，才能保持所产生的气体。此种面粉水分不得超过13.5%，以免使面团的发酵剂超过反应，而减少充气能力。家用自发面粉通常添加的发酵剂有碳酸氢钠和酸性磷酸钙，在有水的情况下产生反应，生成二氧化碳。发酵剂的使用量，通常为面粉重量分别加入碳酸氢钠1.16%和80%纯度的酸性磷酸钙1.61%。酸性成分添加剂稍多些是合适的，但碳酸氢钠加得过多，易产生碱味，并使色泽成黄褐色。

(5)糕点粉　由于糕点的种类不同，生产各类糕点的用粉可分为下列几种:①糕点粉:这种面粉之所以能使制成的糕点保持松散的结构，是由于它存在均匀和膨胀的淀粉粒。它可采用蛋白质含量低，α-淀粉酶活性低的粉质小麦加工而成。在研磨时淀粉粒要不受损伤。糕点粉的标准特性是:不经处理的糕点粉，蛋白质含量8.5% ~9.5%，颗粒大小超过90微米至最小限度，以便制造出更为细密而均匀的点心;筋力强的糕点粉，采用筋力较高的小麦加工而成，适用于水果层状蛋糕，蛋白质含量12%，用0.18%氯气处理，淀粉损伤程度3.0% ~4.5%。②"高比"面粉:糕点粉经氯气漂白，可改善面粉色泽，并使糕点的配方中，糖与面粉之比和液体与面粉之比都高，故称为"高比"面粉。对这种面粉的要求是粒度细，蛋白质含量要低，通常按重量为0.1% ~0.15%氯气处理。英国磨制"高比"粉的标准是:蛋白质含量7.6% ~8.4%，损伤淀粉占3.0% ~4.5%，面粉细度要求有70%在32微米以下，超过90微米的颗粒至最低限度。"高比"面粉适于制作海绵状食品，如松软的蛋糕。③发酵食品(奶油小圆甜面包等)用粉:要求用中等筋力的面包粉，因为它发酵时间短，配方中油脂和糖可促使面筋软化。④软点心用粉：要求采用筋力较强的烘焙用粉制作奶油松饼，筋力不太强的家庭用粉制作油酥点心类。

(6)汤用面粉　面粉经蒸气处理，或者小麦经蒸气处理，再加工成面粉，会使酶类失去活性。汤用面粉中细菌的状况具体要求是：每10g面粉中耐热孢子总数不大于125个；每10g面粉中平均酸菌孢子不超过6%。

(7)面糊用粉　是一种低蛋白质面粉，适宜采用90%的筋力弱的小麦和10%的筋力强的小麦加工而成。要求α－淀粉酶活性弱，并加入合适的发酵粉。小麦在研磨时要避免淀粉损伤过多，防止面糊黏度过高。

(8)香肠馅用粉　是采用筋力弱的小麦，加工成蛋白质含量低的面粉，或者可将面粉采用空气分级所得的低蛋白粉作为原料。理想的面粉特征是：麦芽糖值低，α－淀粉酶活力弱，吸水能力强。

(9)出口面粉　出口的面粉质量必须严格检查。对于灰分、粗细度、面筋质、色泽有较高的要求，并在国际市场上具有竞争力，在贮藏、运输中面粉中的水分含量要低，以免发霉、虫害。为安全起见，面粉必须经撞击杀虫处理。如1980年美国食品和药物管理局通告：面粉被污染程度，在50g面粉中含有5个或更多的昆虫碎片，以及含有1根或多根动物的毛要予以扣留。对面粉内的虫卵数也有要求。因此，应根据面粉的去向和质量要求进行加工和后处理。

任务4　面粉的工艺性能

1. 淀粉的性能

面粉中的淀粉由于葡萄糖分子之间的连接方式不同分为直链淀粉和支链淀粉。直链淀粉易溶于热水，生成的胶体黏性不大，具有增强面团可塑性的性能。支链淀粉需要加热加压后才溶于水，生成的胶体黏性很大，有增强面筋筋力的性能。

淀粉在常温下不溶于水，但当水温至53℃以上时，淀粉的物理性能发生明显变化。淀粉在高温下溶胀、分裂形成均匀糊状溶液的特性，称为淀粉的糊化。淀粉的糊化可提高面团的可塑性。

面制食品由生到熟，实际上就是β－淀粉变为α－淀粉。但α－淀粉在常温环境下放置，会逐渐变为β－淀粉，这称为淀粉的老化。焙烤产品刚出炉时，淀粉呈α－状态，但放置一段时间后会老化就是这个原因。

在发酵面团中，面粉中的淀粉在淀粉酶和糖化酶的作用下转化成糖，可为酵母发酵提供养分，从而提高面团发酵产气的能力，面粉中的淀粉转化为糖的能力，称为面粉的糖化力。在相同的条件下，面粉的糖化力越强，为酵母提供的养分就越多，面团的产气就越多，制出的面包体积就越大。在焙烤过程中，淀粉的作用也很重要，当面团的中心温度达到55℃时，酵母会使淀粉酶加速活化，面粉的糖化力加速，面团变软，此时淀粉吸水糊化，与网状面筋一起形成焙烤制品的组织结构。

2. 蛋白质的性能

面粉中的蛋白质主要是麦胶蛋白和麦谷蛋白，约占面粉蛋白质的80%，是形成面筋质的主要成分。麦胶蛋白和麦谷蛋白吸水形成的软胶状物就是面筋质。面筋质具有弹性，延伸性，韧性，比延性和可塑性。

蛋白质的吸水过程及其所形成的面筋质的性能，在焙烤工艺中具有重要意义。

在调制面团时，由于蛋白质吸水形成的面筋质，使面团质地柔软，具有弹性、韧性和延伸性。在面团发酵时，由于面筋质形成的网状结构，在酵母吐出二氧化碳气体时，网状面筋的延伸性形成了包含气泡的膜，抵抗气体的膨胀，不至使气体外溢，酵母不断产气，使面团逐渐增大。在成熟过程中，由于面筋质的网状结构和淀粉的填充，面粉在焙烤制品中起着“骨架”作用，能使面胚在成熟过程中形成稳定的组织结构。

蛋白质吸水形成面筋与面团的静置时间，搅拌强度和面团温度有关。蛋白质吸水形成面筋质需要经过一段时间，因此，面团静置一段时间使蛋白质吸水充分，有利于面筋的形成，一般面团的静置时间以20min为宜。面团在搅拌过程中，可以促进蛋白质的吸水速度，但要注意搅拌时间不宜过长，否则会破坏已形成的面筋，而降低面筋的生成。温度对面筋的形成有很大的影响。最适宜的温度为30℃～40℃，此时蛋白质的吸水率可达150%，面筋生成较高。温度过低，面筋溶胀过程延缓，面筋生成率低。温度过高，如温度在60℃～70℃时，蛋白质受热变性，吸水能力减退，溶胀性降低，面团逐渐凝固，筋力下降，面团的弹性和延伸性减弱，可塑性增强。

此外，面粉中的极性脂类与蛋白质结合能形成稳定的气室，包围气体，增加烘焙食品的弹性，与淀粉结合可保持产品的新鲜。但面粉储藏在高温潮湿的地方，脂肪会水解而败坏面粉，从而使制成的面团缺乏弹性、容易断裂、保留气体能力减弱，影响制品的体积和风味。

◆知识拓展

面粉加工特性

1. 面筋的数量与质量

面粉的筋力好坏、强弱取决于面粉中面筋的数量和质量。面筋的质量和加工工艺性能指标有延伸性、韧性、弹性及可塑性。根据面粉的加工特性综合上述性能指标，可将面筋分为以下三类：

优良面筋：弹性好，延伸性大或适中。

中等面筋：弹性好、延伸性小，或弹性中等，延伸性适。

劣质面筋：弹性小，韧性差，由于自身重力而自然延伸和断裂，还会完全没有弹性，或冲洗面筋时不黏结而冲散。

2. 面粉蛋白质的数量和质量

一般来说，面粉内所含蛋白质越高，制作出的面包体积越大，反之越小。但有些面粉蛋白质含量虽高，但面包体积却很小，这说明面粉的烘焙品质不仅由蛋白质的数量决定还与蛋白质的质量有关。麦胶蛋白和麦谷蛋白是影响面粉烘焙品质的决定性因素。即麦胶蛋白和麦谷蛋白之间添加量要成比例。这两种蛋白质的互相补充，使面团既有适宜的弹性、韧性，又有理想的延伸性。

面粉加水搅拌时，麦谷蛋白先吸水涨润，同时麦胶蛋白、蛋白示及水溶性的白蛋白和球蛋白等成分也逐渐吸水涨润，随着不断搅拌形成了面筋网络。麦胶蛋白形成的面筋具有良好的延伸性，但缺乏弹性，有利于面团的整形操作，但面筋筋力不足，很软，很弱，使成品体积小，弹性较差。麦谷蛋白形成的面筋则有良好的弹性，筋力强，面筋结构牢固，但延伸性差。如果麦谷蛋白过多，势必造成面团弹性、韧性太强，无法膨胀，导致产品体积小，或因面团韧性和持气性太强，面团内气压大而造成产品表面开裂现象。如果麦胶蛋白含量过多，则造成面团太软弱，面筋网络结构不牢固，持气性差，面团过度膨胀，导致产品出现顶部坍塌、变形等不良结果。

3. 面粉吸水率

面粉吸水率是检验面粉焙烤品质的重要指标，它指调制单位质量的面粉成面团所需的最大加水量。通常采用粉质仪来进行测定。面粉吸水率高，可以提高面包的出品率，而且面包中水分增加，面包心就比较柔软，保存时间也相应延长。反之，亦然。食品厂一般选用面粉的吸水率较高，而且吸水率比较恒定的面粉。

面粉吸水率受下列因素影响：

蛋白质含量　面粉吸水率随蛋白质含量的提高而增加。

小麦的类型　硬质小麦、玻璃质小麦生产的面粉具有较高的吸水率，反之，吸水率低。

面粉的含水量　若面粉的含水量较高，则面粉吸水率降低。

面粉粒度　研磨较细的面粉，吸水率较高。

面粉内的损伤淀粉颗粒含量　面粉内损伤淀粉颗粒含量越高，面粉吸水率也越高。因为水分很容易进入淀粉颗粒中，但大量的水分进入会导致面包发黏。

4. 面粉的糖化力和产气能力

(1)面粉的糖化力

面粉的糖化力是指面粉中的淀粉转化成糖的能力。它的大小是用10g面粉加5ml水调制而成面团，在27℃～30℃下经1h发酵所产生的麦芽糖的质量(mg)来表示。

由于面粉糖化是在一系列酶的作用下进行的，因此，面粉糖化力的大小取决于面粉中酶的活性大小。

(2)面粉的产气能力

面粉的产气能力是指面粉在面团发酵过程中产生CO_2气体的能力。它是用100g面粉加65ml开水和2g鲜酵母调制成面团，在30℃下发酵5h所产生CO_2气体的体积(ml)来表示。

面粉的产气能力取决于面粉的糖化力。一般来说，面粉糖化力越强，生成的糖越多，产气能力也越强。

任务5　面粉的储藏

1. 面粉的储藏特性

面粉的水分较小麦高，储藏时实际水分在13℃～14℃左右，夏季加工的面粉比冬季的水分高。

面粉在储藏中脂肪酸变化是品质劣变的主要标志，即使正常水分的面粉，由于脂肪的水解，脂肪酸有规律的增加，酸价增高；水分高的面粉，由于微生物的不良影响，使水溶性有机酸累积与脂肪的酸价增加更快。发过芽或发过热的小麦磨制的面粉，其脂肪分解过程比正常麦粒的面粉激烈得多。

面粉变苦与面粉精度(含胚、麸多少)及含游离脂肪酸有关，储藏中面粉所含游离脂肪酸的氧化，是导致面粉变苦或变味的主要原因。正常小麦粒制成的面粉，在低温储藏条件下，经长期储藏才有变苦现象，而发过热或发过芽的小麦磨制成的面粉经3～4个月就会发苦。

2. 面粉的储藏管理

面粉的水分、温度，是储藏管理的中心工作，面粉水分控制在12%～13%以内，可防止面粉发热、生霉、结块等不良变化。

根据平衡水分的原理，水分13%左右的面粉，在储藏环境相对湿度不超过60%时，面粉水分很少增加，所以在干燥的地区，面粉水分均匀，其常年因吸湿增加水分的现象并不严重，并有逐日下降趋势。

在湿度大的地区或季节，就能显著增加，由于面粉吸湿快，在较短时间内，就会出现较明显的水分变化。

仓库温湿度变化，对面粉吸湿影响较大，面粉堆垛下部较上部吸湿增加水分快，沥青地易于结露，更易增加下层空气的湿度。仓库内面粉堆垛周围上下部位，相对湿度变化差异程度较大，因此，堆放日久的面粉堆垛，下部向上1～6层最易吸湿，每年7～8月份湿度大，温度高时尤为明显。为防止面粉吸湿，尽量做到覆盖密闭，并在仓房面粉垛下层设草席、仓板等铺垫物。

一般认为，面粉水分在13%以内、粮温不超过30℃，或水分12%、粮温35℃，水分

13.5% ~14.5%、粮温不超过25℃，均为安全期，超越此限，就有可能发热生霉。

面粉发热主要是面粉水分、温度较高时，由于霉菌的作用和面粉本身的呼吸旺盛而引起的。生虫也能引起发热。面粉发热现象，一般都从堆心或下层开始。在面粉堆水分、温度不均匀的情况下，发热则从水分、温度高的部位先开始，然后向四周扩散。

面粉生霉一般从靠近袋皮接触空气的地方先开始。在实践中，常可观察到堆边外面生有霉菌，而内部尚无霉变，这是由于外温侵袭和面粉外层接触氧气较多，霉菌易于滋生繁殖。产生霉菌危害后，袋边随着结块，这种面袋需要转袋处理。

面粉在储藏中，堆垛下层易于压紧结块，储藏时期愈长，水分愈大，结块就愈严重。没有发热发霉的一般结块，搓包松散后没有不良影响，曾经发热、生霉的结块面粉，就不易弄松，堆垛高度不应相同。

长期储藏的面粉要适当进行倒垛，交换上下的位置，防止下层结块和水分严重增加。倒垛时要把原来在外层的仍放在外层，以免把外层水分较大的面袋放入堆中心，引起发热。大量储藏面粉时，可以采取“推陈储新”的办法。因而必须严密计划，妥善安排，新陈面粉分开堆放，避免互相混淆。

3. 面粉的储藏技术

面粉通常采用包装储藏，常用方法如下：

(1)常规储藏

面粉是直接食用的粮食，存放面粉的仓库必须清洁干燥、无虫。最好选择能保持低温的仓库。一般采用实垛或通风垛储藏，可根据面粉水分大小，采取不同的储藏方法，水分在13%以下，可用实垛储藏，水分在13% ~15%的采用通风垛储存。码垛时均应保持面袋内面粉松软，袋口朝内，避免浮面吸湿，生霉和害虫潜伏，实垛堆高12 ~20包，尽量排列紧密减少垛间空隙，限制气体交换和吸湿，高水分面粉及新出机的面粉均宜码成“井字形”或“半井字形”的通风垛，每月应搬捣、搓揉面袋，防止发热、结块。在夜间相对湿度较小时进行通风。水分小的面粉在入春后采取密闭保持低温能延长储藏期。

面粉的储藏期限取决于水分、温度，水分为13% ~14%，温度在25℃以下，通常可储藏3 ~5个月，水分再高，储藏到次年4月份，冬季加工的可储藏到5月，夏季加工的新麦粉，一般只能储藏1个月。

(2)密闭储藏

根据面粉吸湿性与导热性不良的特性，可采用低温入库，密闭保管的办法，以延长面粉的安全储藏期。一般是将水分13%左右的面粉，利用自然低温，在3月上旬以前入仓密闭。密闭方法可根据不同情况，采用仓库密闭，亦可采用塑料薄膜密闭，既可解决防潮、防霉，又能防止空气进入面粉引起氧化变质，同时也减少害虫感染的机会。

面粉在储藏过程中，必须加强检查。新出机面粉，必须勤加检查，约经15 ~20天，待粮温变化正常后，再按一般情况检查。酸度是面粉新鲜度的灵敏标志，酸度超出6，表明新鲜度已差，超过8，便有酸苦味。所以每月至少检查一次。关于面粉虫害的防治，最好是做好预防工作，防止面粉生虫，因一旦生虫，过筛不能彻底，虫卵和螨类不易清除，熏蒸杀虫效果虽好，但虫尸遗留粉内，影响品质。因此，必须强调仓库的清洁和加工厂的防虫工作。如已生虫，可采用过筛回车，或应用磷化氢熏杀。据试验，面粉对磷化氢的吸附性远较其他熏蒸剂为小，熏后7天即可出库供应。

◆知识拓展

面粉的熟化

面粉的熟化也称后熟、陈化。刚刚生产的面粉，特别是用新小麦磨制的面粉调制而成的面团黏性大，缺乏弹性和韧性，筋力弱，生产出来的发酵类制品皮色暗、体积小、扁平、易塌、组织不均匀。但经过1~2个月的贮存后，调制的面团不粘手，筋力强，生产的发酵类制品色泽洁白有光、体积大、弹性好，内部组织细腻均匀，这种现象称为面粉的"熟化"。

面粉"熟化"的机理是：新生产面粉中的半胱氨酸和胱氨酸，含有未被氧化的硫氢基（-SH），而硫氢基是蛋白酶的激活剂，搅拌时，被激活的蛋白酶强烈分解面粉中的蛋白质，从而造成面团工艺性能差的现象。面粉经过一段时间的贮存后，硫氨基被氧化失去活性，面粉中面筋蛋白质不被分解，面粉的工艺性能也因此得到改善。面粉熟化时间应在1个月以上，新磨制的面粉在4~5天后开始"出汗"，进入面粉的呼吸阶段，发生某种生化作用，而使面粉熟化。通常在3周后结束，在"出汗"期间，面粉很难被制作成质量优良的制品。除了氧气外，温度对面粉的"熟化"也有影响。高温会加速"熟化"，低温会抑制"熟化"。一般25℃左右为宜。实验发现，温度在0℃以下时，生化特性和"熟化"反应大大降低。除了自然"熟化"外，还可用化学方法处理新磨制的面粉，使之"熟化"。最常用的方法是在面粉中添加面团改良剂、溴酸钾、抗坏血酸等。

项目二　糖

任务1　糖的种类和特性

1. 蔗糖

焙烤食品中使用的蔗糖类，国内主要有白砂糖、赤砂糖、绵白糖等。蔗糖是一种使用最广泛的，较理想的甜味剂。愉快的甜味要求甜味纯正、反应快、很快达到最高甜度、甜度高低适当、甜味消失迅速。蔗糖的甜味符合这一要求。蔗糖的甜味纯，刺激舌尖味蕾时，1s内感到甜味并很快达到最高甜度，约30s甜味即可消失。而葡萄糖的甜味感觉反应比蔗糖慢，甜度也较低。蔗糖的发热量较高，约1672kJ/100g。但蔗糖的缺点主要是：溶液中的蔗糖易结晶析出，给食品加工操作带来困难，同时也会对成品产生不良影响；蔗糖还能促进龋齿，且与心脏病的发生有关等影响人体健康的问题也越来越引起人们关注。因此，在现代食品加工中，蔗糖用量逐渐受到限制。

（1）白砂糖

白砂糖是白色透明的纯净蔗糖晶体，纯度很高，99%以上都是蔗糖，它是由原糖脱色后重新结晶制成。白砂糖的溶解度很大，精致度越高，白砂糖吸湿性越小。蔗糖的水溶液经酸或酶水解成转化糖，转化糖的甜度是蔗糖的1.3倍。转化糖的吸水性和持水性强。对于需要挂浆的糕点，宜使用转化糖。

（2）绵白糖

绵白糖又称绵糖或白糖，颜色洁白、干燥、无杂质、无异味。具有光泽，甜度较高。因为颗粒微小因而易于搅拌和溶解，面包、饼干等加工时可直接在调粉时加入。绵白糖的吸湿性较白砂糖强。

（3）赤砂糖

赤砂糖是未经脱色精制的蔗糖，因含有未洗净的糖蜜杂质，故带黄色，多用于低、中档产品。另外也可用于某些要求褐色的制品，如传统的农舍蛋糕、苏格兰水果蛋糕等。

2. 糖浆

(1)淀粉糖浆

淀粉糖浆又名葡萄糖浆、化学稀、糖稀等，主要成分是葡萄糖，此外还含有糊精、寡糖和麦芽糖等。

淀粉糖浆在焙烤食品生产中，可代替少量蔗糖，在国外的饼干生产中应用甚为广泛。它具有改善面筋性能，使制品质地均匀柔软，改善面团结构，增大制品体积，延缓淀粉老化，提高制品滋润性，使制品易于着色等特点。此外，还具有抗蔗糖冷结晶等作用。

(2)麦芽糊精

麦芽糊精具有黏性大、增稠性强、溶解性好、速溶性佳、载体性好、发酵小、吸湿性低、无异味、甜度低，人体易于消化吸收，低热、低脂肪等特点，是食品工业中最理想的基础原料之一。

麦芽糊精在饼干、西点类的应用：以麦芽糊精代替砂糖，在糕饼、脆饼等低水分(10%以下)的产品中应用，可控制面团的黏度，形成较佳的口感，避免干化、脆化现象的发生。在松软饼干、蛋糕等水分含量10%以上的产品中应用，可增加面团黏度，帮助成型，控制甜度，避免“返砂”。同时，使产品达到良好的色泽，保水性也会增强。

3. 饴糖

饴糖俗称米稀，形似水玻璃，是淡黄色半透明的黏稠胶体。饴糖是糊精和葡萄糖等的混合物，因而有较强的吸湿性，在制作糕点时可保持糕点的柔软性，也可防止砂糖的析出，其主要作用是改进制品的光泽以及增加产品的滋润性和弹性。

4. 转化糖浆

转化糖浆是蔗糖与酸共热或在酶的催化作用下水解而成的葡萄糖和果糖的等量混合物。含有转化糖的水溶液称为转化糖浆。转化糖浆因具有还原作用，所以也被称为还原糖。转化糖浆不易结晶、甜度大，而且转化糖没有龋齿因素，因而是理想的甜味剂。

转化糖浆应随用随配，不宜长时间储藏。在缺乏淀粉糖浆和饴糖的地区，可以用转化糖浆代替。

转化糖浆可部分用于面部和饼干中，在浆皮类月饼等软皮糕点中可全部使用，也可以用于糕点、面包馅料的制作。

5. 果葡糖浆

果葡糖浆是淀粉经酶法水解生成葡萄糖，在异构酶作用下将部分葡萄糖转化成果糖而形成的一种甜度较高的糖浆。因为该糖浆的组成是果糖和葡萄糖，故称为果葡糖浆。

果葡糖浆可以在面包中全部代替蔗糖，特别是在低糖主食面包中使用时更加有效。因为该糖浆中主要成分是果糖和葡萄糖，酵母菌可以直接利用，故发酵速度快。但也要注意其用量，果葡糖浆使用过多，即超过相当于15%蔗糖量以上，发酵速度反而会降低，面包内部组织较黏，组织过软，咀嚼性变差。

◆**知识拓展**

糖的性能

糖原料具有易溶性、渗透性和结晶性。

1. 易溶性

易溶性又称溶解性，是指糖类具有较强的吸水性，极易溶解在水中。糖类的溶解性一般以溶解度来表示，不同种类的糖其溶解度不同，果糖最高，其次是蔗糖、葡萄糖。糖的溶解度随温度升高而增加。

2. 渗透性

渗透性是指糖分子很容易渗透到吸水后的蛋白质分子或其他物质中间，并把以吸收的水排挤出去形成游离水的性能。糖的渗透性随着糖液浓度的增高而增加。

3. 结晶性

结晶性是指糖在浓度高的糖水溶液中，已经融化的糖分子又会重新结晶的特性。蔗糖极易结晶，为防止糖类制品的结晶，可加入适量的酸性物质。因为在酸的作用下部分蔗糖可转化为单糖，单糖具有防止蔗糖结晶的作用。

任务2　糖的作用

1. 增加制品甜味，提高营养价值

糖在西点制品中具有增加其甜味的作用，不同种类的糖果其甜度不同，如以蔗糖的甜度为100的话，果糖为173，葡萄糖为74，饴糖为32。糖在西点中的营养价值在于它的发热量，如100g糖在人体内可产生1673.6kJ热量。

2. 改善点心的色泽，装饰美化点心的外观

蔗糖具有在170℃以上产生焦糖的特性，因此，加入糖的制品容易产生金黄色或黄褐色。此外糖及糖的再制品，（如糖粉）对点心成品的表面装饰也有重要的作用。

3. 调节面筋筋力，控制面团性质

糖具有渗透性，面团中加入糖，它不仅吸收面团中的游离水，而且还易渗透到吸水后的蛋白质分子中，使面筋蛋白质中的水分减少，面筋形成度降低，面团弹性减弱。大约每增加1%的糖量，面粉吸水率就降低0.6%左右。所以说，糖可以调节面筋筋力，控制面团的性质。

4. 调节面团发酵速度

糖可以作为发酵面团中酵母菌的营养物，促进酵母菌的生长繁殖，产生大量二氧化碳气体，使制品膨大疏松。加糖量的多与少，对面团发酵速度有影响，在一定范围内，加糖量多，发酵速度快，反之则慢。

5. 防腐作用

对于有一定糖浓度的制品（如各种果酱等），由于糖的渗透性能使微生物脱水，发生细胞质壁分离，产生生理干燥现象，能使微生物生长发育受到抑制，能减少微生物对糖制品造成的腐败。因此说，糖的成分高，水分含量又少的制品，存放期长。

◆**知识拓展**

糖的保管

糖很容易受外界温度的影响，特别是西点常用的白砂糖、绵白糖，在保管中易发生吸湿溶化和干缩结块现象。

糖的吸湿溶化是指糖在湿度较大的环境中储存，糖能吸收空气中的水分，使糖发黏的现象。糖的吸湿性和糖中所含还原糖、灰分的多少有密切关系。

糖的干缩结块是指糖受潮后的另一变化，即受潮后的糖，在遇到干燥环境保存时，糖表面水分散失，糖重新结晶。糖的这一现象，能使松散的糖粒粘连在一起，形成坚硬的糖块。

为防止蔗糖在保管中吸湿融化和干缩结块，蔗糖应保存在干燥、通风、无异味的环境中，并注意保管环境的温度、湿度及清洁。同时要防蝇、防鼠、防尘、防异味。

项目三　油脂

任务1　常用油脂种类

1. 动物油脂

(1)黄油

黄油也称奶油，是牛乳经离心分离而得。常温下黄油外观呈浅黄色固体，高温软化变形，其含脂率在80%以上，熔点在28℃～33℃之间，凝固点为15℃～25℃，具有奶脂香味。它还含有丰富的蛋白质和卵磷脂，具有亲水性强、乳化性能好、营养价值高的特点。它能增强面团的可塑性、成品的松酥性，使成品内部松软滋润。

(2)猪油

猪油是从猪的背、腹皮下脂肪和内脏周围的脂肪，经提炼、脱色、脱臭、脱酸精制而成。猪油中的不饱和脂肪酸占一半以上，多为油酸和亚油酸，饱和脂肪酸多为软脂酸。猪油熔点较低，板油约为28℃～30℃。肾脏部的脂肪品质最好，熔点为35℃～40℃。色泽洁白，有特殊香气。猪油的起酥性较好，但融合性稍差，稳定性也欠佳。因此常用氢化处理或交酯反应处理来提高猪油的品质。猪油不仅常作为食品的直接原料，而且因为其比较便宜，所以常用来做乳化剂的原料。

(3)牛油

牛油是从牛身体中提炼的油脂。熔点比猪油高(35℃～50℃)，在口中的熔化性不那么好，其中部分也可用来做人造起酥油和人造奶油，但大部分用来做肥皂。因为它的脂肪酸中硬脂酸、软脂酸等饱和脂肪酸较多。牛油起酥性不好，但融合性比较好，常作为加工用高熔点的人造奶油或起酥油的原料。作为油炸食品用油，因为它口中熔化性不好，特别是放凉后很难吃，所以不太使用，但常用来做油茶。

2. 植物油

植物油品种较多，有花生油、芝麻油、豆油、菜籽油、棕榈油、椰子油等，除棕榈油、椰子油外，其他各种植物油均含有较多的不饱和脂肪酸。植物油熔点高，在常温下呈液态。其可塑性较动物油脂差，在使用量多时，易发生“走油”现象。棕榈油、椰子油却与一般植物油有不同的特点，其熔点较高，常温下呈半固态，稳定性好，不易酸败，故常作油炸用油。

3. 氢化油

氢化油又称硬化油，是将油脂在高温下通入氢气，在催化剂作用下，使油脂中不饱和脂肪酸达到适当的饱和程度，从而提高了稳定性，改变了原有性质的一类油脂。氢化油在加工过程中通过精炼脱色、脱臭后为色泽纯白或微黄，无臭无异味。它的可塑性、乳化性、起酥性、稠度均优于一般油脂，特别是具有较高的稳定性，不易氧化酸败，因而成为焙烤食品生产的理想用油。氢化油因氢化程度不同而性质有所差异，用于焙烤食品的氢化油的熔点最好在31℃ ~36℃之间，凝固点不低于21℃。

4. 起酥油

起酥油是指精炼的动、植物油脂，氢化油或这些油脂的混合物，经混合、冷却塑化而加工出来的具有可塑性、乳化性等加工性能的固态或流动性油脂产品。起酥油一般不直接食用，而作为食品加工的原料油脂。起酥油与人造奶油的主要区别是起酥油中没有水相。起酥油的种类很多，一般分为全氢化起酥油和掺和起酥油。全氢化起酥油又分为一般起酥油、饼干用起酥油和高度稳定性起酥油。掺和起酥油是少量高度氢化处理的固体油和未经过氢化处理的液体油混合而成的，一般根据性质分为动物性和植物性混合起酥油及全植物性起酥油。全氢化起酥油不含过度不饱和脂肪酸，比掺和起酥油更稳定。

起酥油的可塑性和乳化性均好，使得制品便于操作和保持一定量的水分，松软可口。同时，起酥油均经过氢化处理，油脂中的不饱和脂肪酸含量降低，制品在贮藏中的稳定性也增强了。

5. 人造奶油

人造奶油是以氢化油为主要原料，添加适量的牛乳或乳制品和色素、香料、乳化剂、防腐剂、抗氧化剂、食盐、维生素，经剧烈搅拌、急速冷却结晶而成。内含有15% ~20%的水分和3%的食盐。它的特点是熔点高，油性小，具有良好的可塑性、融合性，但其色、香、味，特别是营养价值都不及奶油。因其价格比奶油便宜一半以上，同时乳化性能比奶油好，故在焙烤食品中是奶油的良好代用品。

6. 磷脂

磷脂即磷酸甘油酯，其分子结构中具有亲水基和疏水基，是良好的乳化剂。含油量较低的饼干，加入适量的磷脂，可以增强饼干的酥脆性，方便操作，不发生粘辊现象。

◆知识驿站

油脂的组成

油脂是油与脂的总称，按照一般习惯，在室温下呈液态的称为“油”，呈固态的称为“脂”。随温度的变化，两者的形态可以互变，但其本质不变，它们都是由脂肪酸与甘油所组成。油脂来自于动植物，是家畜重要的营养物质之一，特别是它能提供比任何其它饲料都多的能量，因而就成为配制高热能饲料所不可缺少的原料。

油脂是脂肪酸甘油酯的复杂混合物，它可以由一个甘油分子和三个脂肪酸分子化合而成。天然油脂中除了甘油三酯外，还含有少量的磷脂、固醇、色素、维生素、游离脂肪酸、脂肪醇、蜡、醛和酮等。

1. 脂肪酸

油脂的主要成分甘油酯中，脂肪酸的分子量约为650 ~970，而甘油只有41，因此脂肪酸可占整个油脂分子量的94% ~96%，这就使得脂肪酸对油脂的性质有很大影响。

天然存在的脂肪酸几乎全部是含有偶数碳原子的直链脂肪酸，包括饱和脂肪酸和不饱和脂肪酸。脂肪酸结构中含有双键的为不饱和脂肪酸，不含双键的为饱和脂肪酸。油脂的硬度与所含不饱和脂肪酸的数量有关，不饱和脂肪酸越多，油脂的硬度越小，熔点也越低，大多数植物油如玉米油、豆油等均属此类，在常温下呈现液体状态，而动物脂肪因含较多的饱和脂肪酸，故常温下呈固体状态。在不饱和脂肪酸中，通常将含2个或2个以上双键者称为高不饱和或多不饱和脂肪酸（po1yunsaturated fatty acid）。多不饱和脂肪酸中的亚油酸、亚麻酸和花生油酸，由于动物机体不能合成这些脂肪酸，在营养上称为必需脂肪酸。

2. 磷脂类

磷脂是一种含磷的类脂物，由甘油与脂肪酸、磷酸及含氮化合物结合而成。常见的磷脂有卵磷脂和脑磷脂，此外还有一种肌醇磷脂，其醇的成分不是甘油而是环已六醇，豆油磷脂中约含肌醇磷脂40%。

3. 固醇类

固醇是油脂中不皂化物的主要成分。动物脂肪中的特种固醇是胆固醇，植物油中的固醇统称为植物固醇。大豆油固醇含量为0.7%，棉籽油含1.6%，花生油含0.25%，菜籽油含0.35%。

4. 色素

植物油中含有各种色素物质，最常见的脂溶性色素为叶绿素、叶黄素、胡萝卜素及棉酚等。叶绿素是一种蜡状物质，使油呈绿色，在豆油和橄榄油中都含有这种色素。大多数油脂所呈黄橙色是因其含有类胡萝卜素，类胡萝卜素主要是β－胡萝卜素，呈橙色，但它经醇化后生成的叶黄素则呈黄色。此外，棉籽中有一种特有的色素——棉酚，毛棉籽油中含量为0.08%～2.0%，棉酚对畜禽有害，应慎用。

5. 维生素

植物油中普遍存在有一种天然抗氧化剂——生育酚，即维生素E，大豆油中的含量为0.09%～0.28%，棉籽油中含0.09%～0.11%，葵花籽油中含0.07%，菜籽油中含0.055%。此外，鱼肝油和奶油中含有大量的天然维生素A、D。

任务2　油脂的作用

1. 增加制品的营养和风味

油脂具有较高的发热量（39kJ/g），并含有人体所必需的脂肪酸（如亚油酸）和油溶性维生素（如维生素A、维生素D、维生素E、维生素K等），所以在焙烤食品中添加适量油脂，可提高制品的营养价值。油脂可赋予制品独特的香味，还可以改善制品的外观及组织结构，从而使制品具有良好的食用风味。

2. 可以调节面团中面筋的胀润度（反水作用）

面团的可塑性是指面团在外力作用下可以改变自身形状的性质。油脂具有很强的疏水性，当油脂与小麦粉接触时，它便分布在蛋白质和淀粉颗粒的表面，能在小麦粉颗粒表面形成一层油膜，起了隔离作用，阻碍面筋蛋白质吸水形成面筋，同时它还会阻碍小块面筋形成大块面筋，使面筋蛋白质不能充分吸水胀润，限制了面筋网络的形成，从而影响了面团的胀润度，使面团的弹性和韧性降低，并使面团柔软，可塑性提高。

3. 起酥作用

油脂不仅能限制面筋的形成，而且对淀粉颗粒的粘连和糊化有一定的限制作用，从而使制品具有酥松的结构。其起酥原理是：当油脂与小麦粉充分混合后，小麦粉颗粒被油脂颗粒包围、隔开，覆盖于面粉的周围并形成油膜，除降低面粉吸水率限制面筋形成外，还由于油脂的隔离作用，使已形成的面筋不能互相黏合而形成大的面筋网络，也使淀粉和面筋之间不能结合，面粉颗粒之间的距离扩大，空隙中充满了空气，这些空气受热膨胀就使成品酥松，从而降低了面团的弹性和韧性，增加面团的可塑性。

4. 影响面团的发酵速度

发酵面团调制时，若油脂用量过多或添加顺序不当，就有可能在酵母细胞周围形成一层不透性的油膜。这层油膜会妨碍酵母对营养物质的摄取，影响酵母的正常生长、繁殖及代谢，从而使面团发酵速度减慢。

5. 提高面团的层次性

油脂能在面团表面形成一层油膜，油脂能层层分布在面团中，起到润滑作用和隔离作用，提高糕点、饼干等面团的层次性。这样就使得面包、糕点、饼干产生层次，口感酥松，入口易化。

6. 润滑作用

油脂在面团中最重要的作用就是面筋和淀粉之间的润滑剂。油脂常在面筋和淀粉之间的分界面上形成润滑膜，使面筋网络在发酵过程中摩擦阻力减小，有利于膨胀，增加了面团的延伸性和面团的体积。特别是增大了饼干面团的压延性和润滑性，降低了面团的黏性，有利于工艺操作。固体油的润滑作用优于液体油。

7. 改善制品的风味和口味

不同的油脂具有不同的风味和香味，面团中油脂加的越多，这种风味越浓。而且加入油脂后，还可使制品柔软、酥松，口感变好。

8. 提高制品本身的价值

油脂本身含有大量的热量和多种脂肪酸，这些都是人体所需要的营养物质。但是油脂本身价格较高，因此添加油脂越多，其成本就越高，而且大多数焙烤食品加油越多（特别是奶油），制品的口味越好，其产品的价值也必然越高。如夹心饼干、加油较多的饼干一般都较贵。

任务3　油脂的选择

1. 选用适当的油脂，应考虑如下几个因素：

（1）先考虑要制作的烘焙产品的种类，因为不同的烘焙产品在配方、工艺及最终口感上要求不同。

（2）了解工艺过程中所使用到的设备、用具及操作过程、温度的变化、生产线上机械操作状况。

（3）了解产品品质的要求，如产品的色泽、口感、风味、质地等。

（4）考虑成本，不同的烘焙产品应选用不同的烘焙油脂。

2. 各种不同焙烤食品对油脂的选择

（1）主食面包、餐包

除一些品种外，一般油脂的使用量为5%～6%。选择油脂时主要应考虑以下几点：

①可塑性，使制品更柔软，更好吃。

②融和性，增加面团的气体的保留性质。

③润滑作用，润滑面筋，增加面包体积。

考虑以上要求，猪油、起酥油最为适合制作面包。

（2）甜面包

这种面包使用油脂量为面粉量的10%左右。为增加面包风味及柔软性，以含有乳化剂的油脂为最好，如氢化油脂、奶油等。

（3）硬式面包

可以不用油脂。如使用油脂，其含量一般小于4%，普通的人造硬化油即可。

(4)丹麦式甜面包

一般用高熔点的起酥玛琪琳，此类油脂熔点高，可塑性大，适合作为裹入用，使产品起酥效果好。

(5)苏打饼干

一般使用氢化油，可以部分使用猪油。饼干用油要求油脂油性大，稳定性高，不易酸败，耐长期储存。

(6)蛋糕

蛋糕用油脂主要考虑因素如下：

①融和性，尤其是糖油拌和法及面粉油脂拌和法制作油脂蛋糕时最为关键。

②乳化性，尤其是高成分蛋糕含有多量的糖、油、蛋等，由于糖多，必须有多量水才能溶解，若面糊没有乳化作用，则面团中的水与油脂易分离得不到理想的品质。

由以上可知，蛋糕用油脂以含有乳化剂的氢化油最为理想，配上奶油作为调味。奶油只可使用一部分作为调整风味用，不能全部使用，因为奶油融和力差，做出的蛋糕体积小。

(7)小西饼

选油性大、稳定性高的油脂，增加其保存期，氢化白油较为理想，猪油也常被选用。

(8)派皮

派皮用油脂要求油性大，油脂的可塑性范围较大，至于其他特性如融和能力、乳化效果和安定性并不重要。所以采用氢化猪油最为理想，其他的氢化油也可以使用。

(9)甜甜圈、油炸面包

此类油脂称为煎炸用油，要求其发烟点要高，以氢化的棉子油及氢化精制花生油最好。

(10)装饰用奶油

以含有乳化剂的氢化油最好，可配上奶油作为调味用。

项目四　蛋制品

任务1　蛋及蛋制品的种类

鲜蛋包括鸡蛋、鸭蛋、鹅蛋等，焙烤食品中应用最多的是鸡蛋。在鲜蛋不足时，可以使用蛋制品。蛋制品种类很多，在焙烤食品中所用的蛋制品多为冰蛋、蛋粉、湿蛋黄、蛋白片等。

1. 冰蛋

冰蛋分为冰全蛋、冰蛋黄、冰蛋白三种。在生产中只要把冰蛋融化后就可以进行调粉制糊，作用基本同鲜蛋一样。冰蛋黄中蛋白质含量低，脂肪含量高，乳化性能好，但是它有消泡作用，其工艺性能远不如鲜蛋。

2. 蛋粉

蛋粉的含水量低，经密封干燥后，可以在常温下储存，随时取用，很方便。但是由于蛋粉经过100℃高温处理，蛋白质变性凝固，脂肪发生了变化，使蛋粉发泡性、乳化性降低，因工艺性能不好，焙烤食品中应用较少。

3. 湿蛋黄

生产中使用湿蛋黄要比使用蛋黄粉好，但不如鲜蛋和冰全蛋，因为蛋黄中蛋白质含量低，脂肪含量高，虽然蛋黄中脂肪的乳化性能很好，但这种脂肪本身是一种消泡剂，因此在生产中湿蛋黄不是理想的原料。

4. 蛋白片

蛋白片是蛋白经低温干燥制成的片状蛋白。复水后形成蛋白胶体，具有新鲜蛋白液的胶体特性，是焙烤食品中的一种较好原料，但成本较高。

任务2　蛋的工艺性能

1. 蛋白的起泡性

蛋白的起泡性：是指蛋白能把机械搅打过程中混入的空气包围起来形成泡沫，使蛋液体积增大的性质。在一定条件下，机械搅打越充分，蛋液中混入的空气越多，蛋液的体积越大。蛋白的这种性能，对物理搅拌法制成的制品质量有很大影响。

影响蛋白起泡性的因素：

(1)黏度　黏度大的物质有助于泡沫的形成和稳定。打蛋白时常加入糖，就是利用糖具有黏度以及有一定的化学稳定性这一特性，增强蛋白的起泡性。但需要注意的是，选择加入的糖需要是化学性质稳定的糖，避免发生化学反应，产生有色物质。通常选择蔗糖而不选用化学稳定性差的葡萄糖浆、果葡糖浆和淀粉糖浆。

(2)油脂　油脂是一种消泡剂，因此打蛋时应避免油脂接触。油脂的表面张力很大，而蛋白泡沫很薄，当油脂接触到蛋白气泡时，油脂的表面张力大于蛋白膜本身的延伸性而将蛋白膜拉断，气体从断口处逸散，气泡立即消失。这也就是蛋黄蛋白常被分开使用的原因，因为蛋黄中含有油脂。

(3)pH　pH 对蛋白泡沫的形成和稳定性影响很大。蛋白在 pH 为 6.5 ~ 9.5 时形成泡沫的能力很强但不稳定。打蛋白时加入酸或酸性物质，可调节蛋白的 pH，偏离蛋白的等电点，使蛋白的溶解性增强，避免蛋白的黏度下降，以增强蛋白的起泡性和泡沫稳定性。

(4)温度　温度与气泡的形成和稳定有直接关系。鲜蛋在 30℃时起泡性最好，黏度也最稳定，温度太低或太高均不利于蛋白的起泡。夏季温度较高，而打蛋的过程中由于摩擦生热，使鸡蛋所处的实际温度大于 30℃，故打不起泡。因此需要将鸡蛋放置在冰箱中一段时间，使鸡蛋温度低于 30℃。

2. 蛋黄的乳化性

蛋黄中含有许多磷脂，磷脂具有亲水和亲油的双重性质，是一种理想的天然乳化剂。它能使油、水和其他材料均匀地分布在一起，促进制品组织细腻，质地均匀，松软可口，色泽良好，并使制品保持水分。

3. 蛋白的热凝固性

蛋白对热极为敏感，受热后凝结变性。温度在 54℃ ~ 57℃时，蛋白开始变性，在 60℃时变性加快。但如果在受热过程中将蛋急速搅打可防止变性现象。蛋白内加入高浓度的砂糖能提高蛋白的变性温度，当 pH 处于蛋白内主要成分的等电点(4.6 ~ 4.8)时，蛋白变性会加快。当蛋白质发生变性后，整个蛋白质分子结构由原来的立体状态变成长的不规则状态，变性的蛋白质分子互相撞击而贯穿缠结，形成凝固体。这种凝固体经高温烘焙便失水成为带有脆性的凝胶片，故在面包、糕点表面涂上一层蛋液，可使制品呈一层光亮色，增加其外形美。

◆**知识拓展**

鸡蛋在西点制作中的作用

1. 提高制品营养价值

蛋中含有大量蛋白粉质、脂肪、矿物质和多种维生素，是人体不可缺少的营养。

2. 增加制品的蛋香味

点心、面包中加入鸡蛋，可以使制品增加鸡蛋固有的香味。

3. 改善点心色泽，保持制品的柔软性

点心、面包入炉前在表面涂抹蛋液，不仅能改善制品表皮的色泽，产生光亮的金黄色或黄褐色，而且能防止点心、面包内部水分的蒸发，保持制品的柔软性。

4. 改进制品内部组织状态

如蛋白的发泡性可增加制品的体积，有利于点心内部形成蜂窝结构，提高疏松性。

项目五　乳及乳制品

任务1　常用乳制品的种类及特性

1. 液体乳品(Fluid Milk Products)

(1)鲜牛乳　鲜牛乳是以新鲜的牛乳为原料经过脂肪标准化、均质化、加热杀菌等一系列处理的牛乳，可以直接饮用，不用再加热。

(2)加工乳　除一部分原料用鲜乳外，还常以脱脂乳粉、无盐奶油加水，调整牛乳成分。经与牛乳同样处理方法加工成浓缩牛乳[脂肪3.5%，SNF(可溶性固形物含量)为8.5%左右]、低脂肪牛乳(乳脂肪1.0%～1.5%，SNF9.5%左右)、脱脂牛乳(Skim Milk)等产品。

(3)乳饮品　牛乳中加入咖啡、果汁及甜味剂、香料等风味剂，并添加某些微量营养成分，或加入乳糖酶(Lactase)，使乳糖水解为葡萄糖和半乳糖一类乳饮料或强化牛乳制品。

2. 奶油(Cream)

奶油是从鲜牛奶中分离出来的乳制品，一般呈乳白色稠状液体，乳香味浓，具有丰富的营养价值和食用价值。由于鲜奶油含脂率不同，鲜奶油通常又有含脂率18%～30%的轻质奶油和含脂率40%～50%的重制奶油两种。一般西点大都使用前者。鲜奶油容易变质，最好放入冰箱保存。

3. 酸奶(Yorgurt)

酸奶是将牛奶经过特殊处理发酵而制得的。酸奶有令人愉快的酸味，这是由于乳糖分解为乳酸的缘故，这种变化是由细菌作用而产生的。酸奶的营养价值与牛奶的营养价值相同，常用于西式早餐和制作一些特殊风味的蛋糕。

4. 乳粉(Milk Powder)

乳粉由于是将原料乳浓缩干燥，除去了牛奶中大部分水分而制成的粉状制品，因而在同样量的营养成分下具有体积小，重量轻，耐保藏和使用方便的特点。

(1)全脂乳粉　鲜乳经标准化、杀菌、浓缩、干燥制成的粉末状制品。若按规定标准添加蔗糖则称为加糖全脂乳粉。

(2)脱脂乳粉　用脱脂鲜乳加工制成的粉末状制品。脱脂乳粉一般都不加蔗糖。

(3)乳清粉　利用制造干酪或干酪素的副产品乳清干燥制成。

5. 干酪(或奶酪 Cheese)

干酪是用皱胃酶或胃蛋白酶将原料奶凝集，再将凝块加工、成型、发酵、成熟，而制得的一种乳制品。干酪的营养价值很高，其中含有丰富的蛋白质、脂肪和钙、磷、硫等盐类以及多量维生素。

(1)自然发酵干酪　自然发酵干酪是以鲜奶、稀奶油、酪乳或这些乳品的混合物为原料，使其凝固后除去乳清得到新鲜制品或经成熟后得到的制品。按其硬度(或水分含量)可分为软质、半硬质、硬质、超硬质干酪。

(2)加工干酪　加工干酪是由几种(或一种)自然干酪作原料，再添加诸如奶油、乳脂肪、香味剂，经粉碎、混合、加热溶融、乳化等工艺而制成的产品，乳固形物在40%以上。这种干酪是焙烤食品的常用材料。

6. 炼乳(Condensed milk)

炼乳是“浓缩奶”的一种，是将鲜乳经真空浓缩或其他方法除去大部分的水分，浓缩至原体积25% ~40%左右的乳制品，再加入40%的蔗糖装罐制成的。炼乳加工时由于所用的原料和添加的辅料不同，可以分为加糖炼乳(甜炼乳)、淡炼乳、脱脂炼乳、半脱脂炼乳、花色炼乳、强化炼乳和调制炼乳等。

7. 干酪素(Casein)

干酪素与干酪不同，它是酪蛋白，不含有乳制品和其他成分。干酪素的用途:减肥食品，疗效食品，蛋白质强化剂，乳化稳定剂(咖啡中用)；冰淇淋中的起泡剂，面团组织改良剂(面包、饼干)，黏着剂(肉制品、水产加工品)等。

任务2　乳制品在焙烤食品中的作用

1. 提高制品的营养价值

乳制品中含有丰富的蛋白质、脂肪、糖、维生素等。面粉是焙烤食品的主要原料，但其在营养上的不足是赖氨酸、维生素含量很少。乳粉中含有丰富的蛋白质和几乎所有的必需氨基酸，维生素和矿物质亦很丰富。

2. 提高面团的吸水性

乳粉中含有大量蛋白质，其中占蛋白质总量75% ~80%的酪蛋白影响面团的吸水率。乳粉的吸水率可达到自重的100% ~125%，因此每次增加1%的乳粉，面团的吸水率就相应增加1% ~1.25%。吸水率增加，产量和出品率相应增加，成本下降。

3. 提高面团筋力和搅拌能力

乳粉中虽无面筋蛋白质，但其含有的大量乳蛋白质对面筋却有一定的增强作用，提高了面团筋力和面团强度，不会因搅拌时间延长而导致搅拌过度，特别是对于低筋面粉更为有利。加入乳粉的面团更能适合于高速搅拌，高速搅拌能改善面包的组织和体积。

4. 提高面团的发酵能力

面团发酵时，面团的酸度增加。发酵时间越长，酸度增加越大。但乳粉的乳蛋白可用来缓冲面团酸度的增加，增强面团的发酵耐性，使发酵过程变得缓慢，有利于面团均匀膨胀，增大面包体积，面团也变得柔软光滑，便于机械操作。另外由于乳粉对面团pH的影响，可抑制淀粉酶的活性，因此无乳粉的面团发酵要比有乳粉的面团发酵快，特别是低糖面团，这种作用更为有利。同时，乳粉可刺激酵母菌内酒精酶活性，提高糖的利用率，有利于CO_2气体的产生。

5. 改善制品的组织

由于乳粉提高了面筋筋力，从而可以改善面团发酵耐力和持气性。另外，脱脂乳粉还可以改善面团的颗粒及组织，使面包颗粒细小。因此含有乳粉的制品体积大，组织均匀、柔软、疏松、富有弹性并具有光泽。

6. 延缓制品的老化

乳粉中含有大量蛋白质，使面团吸水率增加，面筋性能得到改善，面包体积增大，这些因素都能使制品老化速度减慢，延长保鲜期。

7. 乳制品是良好的着色剂

牛乳内的主要碳水化合物是乳糖，乳糖具有还原性，同时由于一般酵母菌没有乳糖酶，故乳糖不能被酵母菌利用，发酵结束后仍然残留在面团中。焙烤食品在焙烤时所形成的颜色主要来自于两种反应，即美拉德褐变、焦糖化作用。而面包表皮的着色又以褐变作用为主，乳糖作为还原糖可与蛋白质中氨基酸在有水的条件下发生褐变反应，在面包表面形成诱人的色泽，又因乳糖的熔点较低，在烘焙期间着色快。因此，凡是使用大量乳品的制品，都要适当降低烘烤温度和延长烘烤时间，否则，制品着色过快，易造成外焦内生现象。

8. 赋予制品浓郁的奶香风味

乳品的营养成分极其丰富，又易于消化吸收，具有很高的营养价值以及具有特殊的风味。因此在烘烤食品中添加乳品，可以提高制品的营养价值，并使制品具有乳香味。

任务3　对乳制品的质量要求

1. 牛奶

优质牛奶呈乳白色，略有甜味并有鲜奶香味，无杂质、无异味。由于牛奶含水量高，常温下极易繁殖细菌而使酸败变质，故要低温贮存。

2. 酸奶

优质酸奶呈均匀的半固态，乳白色，无杂质、无异味，味稍甜并带有酸奶香味，一般宜低温贮存。

3. 炼乳

为白色或淡黄色黏稠液体，色泽均匀，口味纯正，无脂肪上浮，无霉斑、异味，宜贮存在低温、通风、干燥处。

4. 奶粉

质量好的奶粉为白色或淡黄色的干燥粉末，奶香味纯正，无杂质，无结块，无异味。由于容易吸收结块环境中的异味，所以保管时要密封、避热，在通风良好的环境中贮存，同时注意不与有异味的物品放在一起。

5. 鲜奶油

优质鲜奶油气味芳香、纯正，口味稍甜，质地细腻，无杂质，无结块，宜于低温冷藏。

6. 干酪

优质干酪气味正常，内部组织紧密，切片整齐不碎，宜冷藏贮存。蜡皮完好的奶酪可较长时间冷藏，去掉蜡皮包装后应及时使用，不宜长时间存放。优质的奶酪，口感有一种怪异的香味。

项目六　膨松剂

任务1　化学膨松剂

目前在食品加工中运用较广泛的化学膨松剂是碳酸氢钠、碳酸氢铵、发酵粉。

1. 碳酸氢钠（$NaHCO_3$）

俗称小苏打，白色粉末，味微咸，无臭味，分解温度60℃以上，加热至270℃失去全部二氧化碳，但在潮湿或热空气中能缓慢分解，产气量约261ml/g，pH 值8.3，水溶液呈碱性。

碳酸氢钠遇热的反应方程式为：

$$2NaHCO_3 \xrightarrow{\blacktriangle} Na_2CO_3 + CO_2\uparrow + H_2O$$

小苏打分解时产生碳酸钠，残留于食品中往往会引起质量问题。若使用过多，则会使饼干碱度升高，口味变劣，心子呈暗黄色（这是由于碱和面粉中的黄酮醇色素反应生成黄色）。如果苏打粉单独加入含油脂蛋糕内，分解产生的碳酸钠与油脂在焙烤的高温下发生皂化反应，产生肥皂，因此烤出的产品肥皂味重，品质不良。同时肥皂产生后使蛋糕pH上升，蛋糕内部及外表皮颜色加深，组织和形状受到破坏，所以除一些需要加深制品颜色的蛋糕品种外，苏打粉很少单独使用。饼干和甜酥饼常使用小苏打作为疏松剂，它可以扩大产品表面积。这是因为苏打粉可以溶解面筋，减少面筋强度，消除由于面筋拉力使产品表面难以伸张的影响。同时苏打粉可以增加饼干的颜色，但使用量过多会产生上述缺点。

2. 碳酸氢铵（NH_4HCO_3）

俗称食臭粉、臭碱，呈白色粉状结晶，有氨臭味，对热不稳定，在空气中风化，固体在58℃、水溶液在70℃分解出氨和二氧化碳，产气量约700ml/g，易溶于水，稍有吸湿性，pH 值7.8，水溶液呈弱碱性。

碳酸氢铵遇热的反应方程式为：

$$NH_4HCO_3 \xrightarrow{\blacktriangle} CO_2\uparrow + NH_3 + H_2O$$

碳酸氢铵分解产生氨气和二氧化碳两种气体，与碳酸氢钠比产气量大，膨胀力强。如果用量不当，容易造成成品质地过松，内部或表面出现大的空洞。

3. 发酵粉

发酵粉俗称泡达粉、焙粉、发粉，呈白色粉末状，无异味，在冷水中分解。它是由碱性物质、酸式盐和填充物按一定比例混合而成的复合膨松剂。在发酵中主要是酸剂和碱剂相互作用，产生二氧化碳，填充物多选用淀粉，其作用在于延长膨松剂的保存期，防止发酵粉的吸潮结块和失效，同时还可以调节气体产生速度，促使气泡均匀产生。

由于发酵粉是根据酸碱中和的反应原理而配制的，它的水溶液基本呈中性，消除了小苏打和臭碱在各自使用中的缺点。因此，用发酵粉制作的点心具有组织均匀、质地细腻、无大孔洞、颜色正常、风味纯正的特点，被广泛用于糕点的制作。

任务2　生物膨松剂

西式面点中使用的生物膨松剂主要是酵母。酵母是单细胞生物，在养料、温度和湿度等条件适合时，能迅速地繁殖。发酵面团的膨发作用是通过酵母的发酵来完成的。目前，常见的酵母有鲜酵母、活性干酵母、即发活性干酵母、液体酵母。

1. 鲜酵母

鲜酵母又称压榨鲜酵母，呈块状，乳白色或淡黄色，它是酵母菌在培养基中通过培养、繁殖、分离、压榨而成的，具有特殊的香味。含水量在75%以下，鲜酵母活性不稳定，发酵力一般在600~800ml。使用前先用温水化开再掺入面粉一起搅拌。鲜酵母在高温下贮存容易变质和自溶，因此，宜低温贮存。

使用方法：按配方所规定用量，加温水，稍经活化即可使用。

2. 活性干酵母

活性干酵母是由鲜酵母低温干燥制成的颗粒状酵母，水分含量为4%~9%，它活性稳定，发酵力高达1300ml。一般不需要低温贮存，可在常温下贮存1年左右，但成本较高。

使用方法：在使用前需经活化处理。一般将酵母置于25℃~30℃的温水中，并加入糖，缓慢搅拌成均匀的酵母液，放置10~20min，待其表面产生大量气泡后即可使用。

3. 即发活性干酵母

它是一种发酵速度很快的高活性新型干酵母，发酵力高达1300~1400ml。这种酵母的活性远远高于鲜酵母和活性干酵母，具有发酵力强、发酵速度快、活性稳定、便于贮存等优点。使用时不需活化，但要注意添加顺序，应在所有原辅料搅拌2至3min后再加入即发干酵母。特别注意它不能直接接触冷水，否则会严重影响即发干酵母的活性。

目前，我国市场上的即发活性干酵母有法国、比利时、荷兰、德国的进口产品，也有中外合资企业生产的梅山牌即发活性干酵母等产品。

◆知识拓展

酵母菌在焙烤食品中的工艺性能

1. 增大面包体积：酵母菌在面团发酵中产生CO_2气体和乙醇，CO_2的存在可使面包疏松多孔，体积增大。

2. 改善面团组织结构：面包发酵过程中，面包酵母菌中的酶促使面团中所含各种糖分解，而且也使淀粉、蛋白质发生复杂的生物、化学变化。糖分解产生的CO_2气体形成气泡时从内部拉伸面团组织，增强面团弹性；发酵过程中生成的乳酸和醋酸等不仅使面团pH下降，有利于酵母菌发酵，而且还增加面团中面筋胶体的吸水和膨胀，使面筋软化，延伸性增大。

当发酵完成时，脂质与蛋白质结合松弛，面团软化，因此可以认为面团在发酵过程中，是一个成熟过程，最终得到细密的气泡和很薄的膜状组织。

3. 改进面包的风味：面团发酵时产生的一系列产物，都给面包增添特别的风味。发酵过程中生成的酒精和面团中的有机酸，在焙烤时形成酯类，使面包具有酯香。

4. 增加面包的营养价值：酵母菌的主要组成成分是蛋白质，另外还含有大量的B族维生素。这些成分都提高了面包的营养价值。

影响酵母菌活力及发酵力的因素：

1. 发酵温度：酵母菌的最适生长温度为27℃~28℃，酵母菌在30℃左右发酵的速度约为20℃左右时的3倍。但温度升高，它的衰亡期也快，所以温度的改变，对发酵的速度及繁殖力有很大的影响。

2. pH：面包酵母的最适pH在2.5~8.0之间，pH低于2.5或高于8.0其活力受到严重限制。

3. 面团中含氧量：酵母菌在生长过程中，需要利用氧气进行呼吸作用，利用酵母细胞的繁殖，这时发酵受到抑制；反过来，在缺氧条件下，酵母菌则进行发酵。

4. 酵母菌应尽可能采用培养世代少的酵母菌。接种后酵母菌的生长期不同，其发酵能力也不同。一般选用处于对数生长期或稳定期的酵母菌，发酵力会较强。

项目七　食盐

任务1　食盐的类别和化学成分

原盐

利用自然条件晒制，结构紧密，色泽灰白，纯度约为94%的颗粒，此盐多用于腌制咸菜和鱼、肉等。

精盐

以原盐为原料，采用化盐卤水净化，真空蒸发、脱水、干燥等工艺，色洁白，呈粉末状，氯化钠含量在99.6%以上，适合于烹饪调味。

特种食盐

低钠盐

普通碘盐其主要成分氯化钠的含量高达95%以上，钠离子能增强人体血管表面张力，容易造成人体血流加快、血压升高。低纳盐是以碘盐为原料，但氯化钠含量降低到65%以下，再添加了一定量的氯化钾和硫酸镁制成，主要供患有肾脏疾病、高血压、心脏病等需要限制钠盐的特殊人群食用。

风味盐

在精盐中加入芝麻、辣椒、五香面、虾米粉、花椒面等，可制成风味别具的五香辣味盐、麻辣盐、芝麻盐、虾味盐等，以增加食欲。

营养盐

是近年新开发的盐类品种，它是在精制盐中混合一定量的苔菜汁，经蒸发、脱水、干燥而成，具有防溃疡和防治甲状腺肿大的功能，并含有多种氨基酸和维生素。

任务2　食盐的作用

1. 改善面筋的性质（增强湿面筋的弹性和延伸性）

食盐易溶于水，并形成水化离子，可固定水分，同时增加渗透压，有利于蛋白质进一步吸水形成面筋。低浓度的中性盐溶液，有利于蛋白质的凝胶作用。食盐能抑制蛋白酶的活性，减少对面筋蛋白的破坏。

食盐还可使面筋质地细密，增强面筋的立体网状结构，易于延伸，同时能使面筋产生相互吸附作用，从而增强面筋的弹性。因此，低筋面粉可使用较多的食盐，高筋面粉则少用盐，以调节面筋筋力。

2. 调节面团的发酵速度

食盐对面团发酵速度的影响表现在正反两个方面:一方面食盐是酵母的必需养分之一，因此在面团中添加适量食盐，有利于酵母的生长繁殖，从而可加速面团发酵;另一方面是酵母对食盐渗透压抵抗力较弱，面团中食盐用量过多，反而会抑制酵母的生长繁殖，导致面团发酵速度减慢。此外，食盐对面筋的强化作用，有时会使面团韧性过大，而使面团不易胀发。

3. 改善制品风味

一般微生物对于食盐渗透压抵抗力较微弱，因而适量的食盐对杂菌的增加有抑制作用，特别是对乳酸菌的抑制作用更为突出，可以防止杂菌过分生长导致制品发酸。此外，食盐还可使面团瓤变白且有光泽，使面包组织细密，蜂窝壁薄而透明，从而可刺激人的食欲。

4. 改善制品内部颜色

食盐虽然不能直接漂白制品的内部组织，但由于食盐改善了面筋的立体网状结构，使面团有足够的能力保持 CO_2。同时，食盐能够控制发酵速度，使产气均匀，面团均匀膨胀、扩展，使制品内部组织细密、均匀，气孔壁薄呈半透明，阴影少，光线易于透过气孔壁，故制品内部组织色泽变白。

5. 增加面团搅拌时间

如果搅拌开始时即加入食盐，由于食盐的渗透压作用，会减缓面团的吸水，使面团搅拌时间增加 50% ~100%。所以现代面包生产技术都采用后加盐法。

任务 3　食盐的用量

考虑各种原料之间在味感方面的相互影响，一般食盐用量以 1.5% 为宜，最多不超过 3%，一般情况为甜面包约为 1%，咸面包 1.5% ~2.5%，饼干 0.3% ~1.0%，若使用小麦粉筋力过弱，应适量增加食盐用量，反之则应减少用量。一般在其他原料用量较多时，食盐用量也适量增加，反之则应减少。

任务 4　食盐的添加方法

食盐一般以盐溶液方式加入。常采用后加盐法，即在面团搅拌的最后阶段加入。一般在面团的面筋扩展阶段后期，即面团不再粘附搅拌机缸壁时加入，然后再适当搅拌即可。

在苏打饼干生产中，由于食盐用量高对酵母生长繁殖有抑制作用，故在搅拌时要尽量避免食盐与酵母接触。在第二次发酵时少加食盐，而将食盐及配方中的部分油脂、面粉一起制成油酥，在面团辊轧成面带时夹在面层中。

项目八　水

任务1　水的作用

1. 调节面团的胀润度

面筋的形成就是面筋蛋白质吸水胀润的过程。在面团调制时，若加入适量的水，面团胀润度好，所形成的湿面筋弹性、延伸性都好；若加水量过少，不利于蛋白质的吸水，则形成的面筋水化程度低，面筋不能充分扩展，从而导致面团胀润度低且品质较差。

2. 调节淀粉糊化程度

淀粉在常温下不溶于水，但当水温至53℃以上时，淀粉的物理性能发生明显变化。淀粉在高温下吸水溶胀、分裂形成均匀糊状溶液的特性，称为淀粉的糊化。因此，只有在水量充分时，淀粉才能充分吸水而糊化，使制品组织结构良好，体积增大；反之则不能充分糊化，导致面团流散性大，制品组织疏松。

3. 促进酵母生长繁殖和酶的水解作用

水是面包生产的重要原料，其在面包中的用量仅次于面粉。水既是酵母的重要应用物质之一，又是酵母吸收其他营养物质及细胞内各种生物变化进行的必需介质。酵母最适水分活度Aw为0.88，当Aw<0.78时，酵母的生长繁殖将受到抑制。因此，水分对酵母的生长繁殖具有一定的促进作用，从而对面团的发酵速度产生重要影响。

酶的活性、浓度与底物浓度是影响酶促反应的重要因素，而它们又与水有直接关系。如当Aw<0.3时，淀粉酶的活性受到较大的抑制。因此，通过调节面团的水量，便可调节酶对蛋白质及淀粉的水解程度，从而起到调节面团性质的作用。

4. 溶剂作用

水可使糖、盐、疏松剂、乳粉等干性物料均匀地分散在面团中，特别是这些物料用量较少时，可先用水将它们溶解后再添加到面粉中。因此，水在面团调制中具有溶剂作用。

5. 调节面团温度

面团温度的控制，对面包的质量影响较大。面包生产中，采用水温来调控面团的温度，是最简便、最有效的方法。

6. 水是传热介质之一

任务2　水的分类

自然界的水都含有水溶性的矿物质，主要是Ca^{2+}、Mg^{2+}、Mn^{2+}、Fe^{2+}等阳离子，HCO_3^-、CO_3^{2-}、SO_4^{2-}、NO_3^-、Cl^-等阴离子，这些离子构成了水的软硬度。

水的硬度（总硬度）是指暂时硬度（碳酸盐硬度）和永久硬度（非碳酸盐硬度）之和。含有钙、镁的重碳酸盐和碳酸盐的水称暂时硬水，这些盐类一经加热煮沸就分解成溶解度很小的碳酸盐，硬度易被除去；含有钙与镁的氯化物、硫酸盐、碳酸盐的水称永久硬水，这些盐类经加热煮沸不会发生沉淀，硬度难以除去。

水根据硬度可分成六类，见下表：

表2-5　水的硬度分类　单位：mmol/L

硬度分类	极软	软	微硬	较硬	硬	极硬
	0~1.43	1.43~2.85	2.85~4.28	4.28~6.42	6.42~10.70	>10.70

一般饮用水标准为<8.92mmol/L。

水中溶解的阳离子、阴离子的类别，也决定了水的酸碱性。一般pH7.0±0.2为中性水，其他小于此值的为酸性水，大于此值的为碱性水。饮用水的pH一般为6.0~8.5。

任务3　食品用水的选择

1.要求：

(1)面包面团用水的硬度不能太大。

【注意】:硬度过大，会降低面筋蛋白的吸水性，使面筋硬化，过度增强面筋的韧性;且推迟发酵时间，不利于面包生产，口感粗糙干硬，易掉渣。硬度过小的水会使面筋过分柔软，骨架松散，面团黏性大，不利于操作且成品面包个小，易“塌架”。

(2)面包的最适pH为5.2~5.6。(微酸性的水有利于酵母的发酵)

【注意】:酸度过大:发酵速度过快，面筋过分软化，导致面团持气性差，影响成品体积，同时面包带味，口感不好。酸度小或者说碱性水会中和面团的酸度，影响酵母活性、抑制酶的活性、延缓发酵速度;影响面筋的形成，降低面团弹性，使面包组织粗糙、发黄，并产生不愉快的异味。

(3)对微生物指标要严格控制，绝对不允许有致病菌存在。(面包中心温度98℃<100℃)

2.处理：

(1)解决硬度问题：

①硬度偏小:可添加微量的磷酸钙或硫酸钙来提高硬度。

②硬度偏大:若属于暂时硬水，则可通过加热煮沸或加石灰水，再经沉淀过滤的方法使其软化;若属于永久硬水，则应采用离子交换法、电渗析法、反渗透膜法等方法使其软化。

(2)解决水的酸碱度问题：

(1)对酸性水可加石灰水中和后再过滤的方法处理。

(2)对碱性水可加乳酸等有机酸的方法处理，或增加酵母量也可。

【注意】:自来水属于微碱性水，调制面团时应先进行酸化处理。

项目九　其他辅料及添加剂

任务1　改良剂

在制作面包、饼干等焙烤食品时，为改善面团的性质、加工性能和产品质量，需要添加一些化学物质，一般称为面团改良剂。面团改良剂还被称为酵母营养剂、面团调节剂、面包改良剂等。

1. 饼干面团改良剂

(1) 韧性面团改良剂　生产韧性饼干时，由于面团油糖比例较小，加水量较多，因此面团的面筋可以充分膨胀，使之产生很强弹性。为了达到面团工艺要求，韧性面团往往要在机械长时间的不断搅拌下，才能使面筋弹性逐步降低，可塑性增加。要达到这样的要求，调制面团的时间往往很长，一般需要50～60min，这会影响生产速度，再加上操作不当常会引起制品收缩变形，所以要使用改良剂。改良剂常用亚硫酸氢钠、亚硫酸氢钙、焦亚硫酸钠与亚硫酸等。这些物质都有还原剂性质，可将－S－S－键断裂成－SH键。添加的目的主要是使面团筋力减小、弹性减小、可塑性增大，使产品的形态平整、表面光泽好，还可使搅拌时间缩短。亚硫酸盐会给产品风味带来不良影响，其用量规定(以SO_2计)不超过0.3g/kg，成品中残留量为20mg/kg。较发达的国家也有试用蛋白酶或半胱氨酸来代替亚硫酸氢钠作韧性面团改良剂的。目前亚硫酸氢钠的使用还相当普遍。焦亚硫酸钠虽有强烈刺激性，但对面团的改良既方便又安全，也常采用。

(2) 酥性面团改良剂　酥性面团的改良剂实际上是利用乳化剂来改善面团性质，因为酥性面团中油脂和糖的含量很大，这些都足以抑制面团面筋的形成，使用中也会产生一些问题，如面团发黏、不易操作等，所以常需要添加磷脂来降低面团黏度。磷脂可以使面团中的油脂部分的乳化，为面筋所吸收，使得饼干在烘烤过程中，容易形成多孔性的疏松组织，饼干的疏松性得到改善。磷脂也是一种油脂，配方中可减少其他油脂用量。另外，磷脂还是一种抗氧化增效剂，可使产品保存期延长。由于磷脂有蜡质口感，所以不能多用，过量会影响风味。

(3) 苏打饼干用改良剂　常用蛋白酶与α－淀粉酶来改善面团特性。当使用面筋含量高、质地较硬的强力粉时，面团会在发酵后还保持相当大的弹性，在加工过程中引起收缩，焙烤时表面起打泡，而且产品的疏松性会受到影响。因而要利用蛋白酶分解蛋白质的特性，来破坏面筋结构，改善面团性质。一般在第二次发酵时加入，加入量为第二次小麦粉的0.02%(胃蛋白酶)或0.015%(胰蛋白酶)。这不仅有改善饼干形态的效果，而且还可使产品变得易上色。这是由于分解生成的氨基酸促进羰氨反应的结果。

2. 面包面团改良剂

主要是一些具有较强氧化性的氧化剂，如碘酸钾、过硫酸钙、抗坏血酸等对面包的改良作用主要表现在四个方面。其一，氧化剂能将面筋蛋白分子的－SH氧化，并形成分子间的－S－S－键，从而使面筋生成率提高，面团筋力增强。其二，小麦粉中蛋白质的半胱氨酸和胱氨酸，含有－SH基团，它是蛋白酶的激活剂，氧化剂能将－SH基团氧化，使其丧失蛋白酶的激活，从而减少蛋白酶对蛋白质的水解，提高面筋生成率及面团的筋力。其三，提高蛋白质的粘结作用。氧化剂可将小麦粉中不饱和类脂物氧化成二氢类脂物，二氢类脂物可更强烈的与蛋白质结合在一起，使整个面团体系变得更牢固，更有持气性与良好的弹性和韧性。其四，对小麦粉有漂白作用。小麦粉中含有胡萝卜素、叶黄素等植物色素，使小麦粉颜色灰暗、无光泽。加入氧化剂后，这些色素被氧化褪色而使小麦粉变白。

氧化剂的添加量不超过75mg/kg（抗坏血酸无限量），具体添加量可根据不同情况来调整。高筋小麦粉需要较少的氧化剂，低筋小麦粉需要多的氧化剂。保管不好的酵母或死酵母细胞中含有谷胱甘肽，未经高温处理的乳制品中含有硫氢基团，它们都具有还原性，故需较多的氧化剂来消除。使用方法是先将其溶于28℃～30℃水中，再在第二次调制面团时加入。

目前，现代化工厂中多使用混合型（复合型）改良剂，用标准混合型为例介绍它的组成和各种成分的作用，见表2－6。

表2－6　面包面团改良剂的组成和各成分的作用

类型	材料名称	主要效果	配方比/%	用量/(g/100g)
分散剂	淀粉或小麦淀粉	提高改良剂的保存性和便于称量	44	0.0356
钙盐	碳酸钙、磷酸钙、磷酸氢钙	改善水质，调整pH，使加工稳定，品质均一	25	0.00182
铵盐	氯化铵、硫酸铵、磷酸铵	给予酵母营养，促进发酵，增大面包体积	15	0.0109
酶制剂	α－淀粉酶，β－淀粉酶、蛋白酶	分解淀粉和蛋白质，为酵母提供营养，提高面包的风味和色泽，抑制老化	10	0.0073
还原剂	失活的干酵母、L－盐酸胱氨酸	改善面团性质，使调粉发酵时间缩短，增强面团延伸性	5	0.0036
氧化剂	L－抗坏血酸	改良小麦粉性质，增大面包体积，使面包组织良好	1	0.0007

任务2　香料

香料是具有挥发性的发香物质，食品使用的香料也称赋香剂，可分为天然和人造两大类。人们往往又把数十种香料调和成剂，称作香精。食用香精又分为水溶性和油溶性两大类。水溶性香精是用蒸馏水、乙醇、丙二醇或甘油为溶剂、调配各种香料而成，一般为透明液体，由于其易于挥发，所以适用于冷饮品、冰淇淋等。油溶性香精（也称香精油）是用精炼植物油、甘油或丙二醇为溶剂与各种香料配置而成，一般是透明的油状液体。主要用于饼干、蛋糕、糖果及烘烤食品的加香。另外，香料中还分为天然香料和合成香料。除一些传统食品、家庭制作的食品等，使用葱、茴香、花椒等天然香料外，一般食品工厂多使用合成香料。焙烤食品使用的合成香料主要有乳脂香型、果香型和草香型等。

饼干、蛋糕中常使用各种香料增加风味，尤其是蛋糕，使用香料还可以掩盖蛋腥味。这些食品香料的选择都要考虑到产品本身的风味和消费者的习惯印象，例如饼干使用的果香型香料范围与饮料、糖果就不同，某些香料如杨梅、葡萄、苹果等不太适用，而饼干中用得比较普遍的是柠檬、橘子、椰子等。面包除少数品种使用一些香兰素香精外，一般不用赋香剂。

乳脂香型香料常用于蛋糕、西点中，目前在配制饼干香味时也越来越受到重视，其中比较典型的就是丹麦的曲奇饼干。乳脂香味料的成分主要有δ－癸酸内酯和香兰素。

焙烤食品在焙烤过程中要经受180℃～200℃的表面高温，因此要求使用沸点较高的香料油，使产品中最大限度地保留其残留量。夹心饼干中的浆料因不经过高温处理，为了降低沸点，使香味挥发、扩散得快些，常使用水溶性香料。饼干中不常使用乳化香精，饼干中香精油的使用量需视香料本身的香气强烈程度而定，如杏仁、桂花、蜂蜜等烈性香料，用量一般为0.05%～0.1%，乙基香兰素香味比香兰素强3～4倍，可酌量减少。

任务3　色素

食用色素又称着色剂，它是以食品着色为目的的食品添加剂。食用色素按其来源和性质也可分天然色素和人工色素两大类。

1. 实用人工合成色素

实用人工合成色素大部分属于煤焦油染料，无营养价值，而且或多或少带有一定毒性，对人体有害。但人工合成色素色彩鲜艳，色泽稳定，使用方便。使用时需要严格控制用量。

(1) 一般性质

①溶解性　水溶性色素的溶解度随温度的升高而增加，随pH值的降低而降低。在硬度高的水中色素易变成难溶的色素沉淀。

②稳定性　稳定性是衡量食用人工合成色素品质的主要指标。影响人工合成色素稳定性的因素主要有热、酸、碱、氧化、日光、盐、细菌等。

(2) 食用人工合成色素的配色

①基本色　又称原色，即红色、黄色、绿色、白色、黑色。

②二次色　又称间色。二次色由两种基本色混合而成，如橙色、绿色、紫色。

③三次色　又称复色。两间色相加即成三次色。如黄灰色、红灰色。

三原色拼制的不同色谱如下：

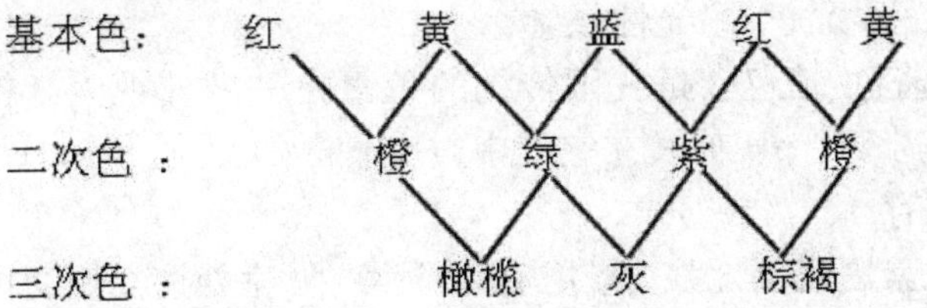

色素溶液的配制应注意以下几点：第一，色素溶液浓度为1%～10%；第二，色素浓度应按每次用量配制；第三，色素溶剂应选用蒸馏水或冷却后的沸水。

(3) 常用的人工合成色素

目前，我国允许使用的人工合成色素有：苋菜红、胭脂红、柠檬黄、日落黄和靛蓝。

①苋菜红　为红色均匀粉末，无臭，0.1%的水溶液呈玫瑰红色，不溶于油脂。耐光、耐热、耐盐、耐酸性能良好。对氧化还原作用敏感。

②胭脂红　为红至深红色粉末，无臭，水溶液呈红色，不溶于油脂。耐光、耐酸性能良

好，耐热、耐还原、耐细菌性能较弱。遇碱稍变成褐色。

③柠檬黄　为橙黄色粉末，无臭，0.1%水溶液呈黄色，不溶于油脂。耐光、耐热、耐盐、耐酸性能均好，耐氧化性差，遇碱稍变红，还原时退色。

④日落黄　为橙色颗粒或粉末装，无臭，0.1%水溶液呈橙黄色，不溶于油脂。耐光、耐热、耐酸性能极强，遇碱呈红褐色，还原时退色。

⑤靛蓝　呈蓝色均匀粉末，无臭，0.05%水溶液呈深蓝色，不溶于油脂。对光、热、酸、碱、氧化均很敏感，耐盐性、耐细菌性能较弱。还原时退色，着色力好。

我国规定的食用人工合成素的使用量为，苋菜红/胭脂红不超过0.05g/kg，柠檬黄/日落黄/靛蓝不超过0.01g/kg。

人工合成色素与天然色素相比，前者的色泽稳定，着色力强，调色容易，价格低廉。但色素大部分属于煤焦油染料，对人体有一定害处。因此，使用者一定要控制使用量，以确保人体的健康。

2. 食用天然色素

食用天然色素大多是指从动、植物组织中提取的色素。色调比较自然，无毒性，有些天然的色素还有营养作用，如胡萝卜素等。但天然的色素提取工艺复杂，性质不够稳定，不易着色均匀，不易调色。我国规定使用的天然色素有:红曲素、紫胶色素、胡萝卜素、叶绿素、糖色等。此外，可可粉、咖啡也是西点中很好的调色料。

(1)红曲素(红曲米)　红曲米为整粒米或不规则的碎米。外表呈棕紫红色。溶于热水、酸及碱溶液，pH值稳定，耐热，耐光性强，对蛋白质的着色性好，一旦着色后经水洗也不退色。

(2)紫胶色素(紫草素色)　是紫胶虫在某些植物上所分泌的紫原胶中的一种色素成分。为鲜红色粉末，酸性时对光和热稳定，易溶于碱液，易与碱金属以外的金属离子生成沉淀。

(3)胡萝卜素　广泛存在于动植物组织中，为红紫色至暗红色的结晶状粉末，稍有特异臭味。对酸、光、氧不稳定，色调在低浓度时呈橙黄到黄色，高浓度时呈红橙色，重金属离子可促使其退色。

(4)叶绿素　广泛存于一切绿色植物中，为有金属光泽的墨绿色粉末，有氨样臭气，水溶液呈蓝绿色，透明、无沉淀，耐光性强。

(5)焦糖　又称酱色、糖色。是我国传统的色素之一。外观为红褐色或黑褐色的液体或固体，易溶于水，色调不受pH值及在空气中过度暴露的影响，但pH大于6.0时易发霉。

3. 食用色素的贮存

食用人工合成色素因吸湿性强，应贮存于干燥、阴凉处，若长期保存应装在密封的容器中，防止受潮变质。天然食用色素一般存在密封、避光、阴凉处，不可直接接触铜、铁质容器。

复习思考题

一、填空题

1. 小麦按播种季节分可分为________、________。

2. 小麦按硬度分可分为________、________、________、________。

3. 面粉按蛋白质分可分为________、________、________。

4. 碳水化合物占小麦粉的________以上，其主要是________和少量的可溶性糖和纤维素等。

5. 面粉储藏方法有________、________。

6. 1 克糖生理氧化产生________能量。

7. 蔗糖可分为________、________、________。

8. 鸡蛋的________是指蛋白能把机械搅打过程中混入的空气包围起来形成泡沫，使蛋液体积增大的性质。

9. 食品加工中运用较广泛的化学膨松剂是________、________、________。

10. ________还可使面筋质地细密，增强面筋的立体网状结构，易于延伸。

二、判断题

1. 全麦粉是由整粒麦粒磨成，但不含胚芽、皮和胚乳，在西点中多用于面包的制作。（ ）

2. 面粉在西点制作中的工艺性能主要是由面粉中所含淀粉和蛋白质性质所决定的。（ ）

3. 玉米粉常取代低精面粉，而用于制作蛋糕。（ ）

4. 黄油是从牛奶中分离加工出来的一种比较纯净的脂肪。（ ）

5. 起酥油是动物油脂的混合物。（ ）

6. 为了防止糖的干缩结块，应将糖放入冰箱中冷藏。（ ）

7. 绵白糖的蔗糖含量为 99% 以上。（ ）

8. 蛋的乳化性主要是指蛋黄中的卵磷脂的作用。（ ）

9. 酵母是一种化学膨胀剂。（ ）

10. 食盐一般在面团搅拌的初期加入。（ ）

三、选择题

1. 在面点制作中，面粉通常按（ ）含量多少分类。

A. 蛋白质　B. 淀粉　C. 糖　D. 水

2. 面粉蛋白质中的麦胶蛋白和（ ）能形成面筋质，成为面坯支架。

A. 麦谷蛋白　B. 麦醇蛋白　C. 麦球蛋白　D. 麦溶蛋白

3. 高筋面粉的蛋白质含量为 12% –15%，湿面筋在（ ）以上。

A. 40%　B. 35%　C. 25%　D. 20%

4. 糖很容易受外界环境的影响，特别是制作西式面点常用的白砂糖、绵白糖，在保管中易发生吸湿溶化和（ ）现象。

A. 干缩结块　　B. 蒸发　　C. 变质　　D. 变色

5. 面包制作中，往往加适量的盐，以增加面团中面筋的密度，增强面筋的(　　)，提高面筋的筋力。

A. 弹性　　B. 韧性　　C. 比延性　　D. 吸水性

6. 鸡蛋的主要性能有(　　)、起泡性和黏结性。

A. 乳化性　　B. 起酥性　　C. 调和性　　D. 搅拌性

7. 人造黄油是以(　　)为主要原料，添加合适的牛乳或乳制品、香料、乳化剂、防腐剂、抗氧化剂、食盐和维生素，经混合乳化等工序而制作的。

A. 氢化油　　B. 水产油　　C. 牛油　　D. 猪油

8. 制作软质面包采用快速发酵法时，(　　)的用量加倍。

A. 酵母　　B. 所用用料　　C. 盐　　D. 糖

模块三　饼干生产工艺

项目一　概述

◆**基础理论和知识**

1. 饼干的概念。
2. 饼干的分类。
3. 饼干的工艺流程。
4. 各类饼干的加工技术。

◆**基本技能及要求**

1. 掌握饼干的概念。
2. 掌握饼干的工艺流程。
3. 掌握各类饼干的加工技术。
4. 了解饼干的分类。

◆**学习重点**

1. 饼干的概念。
2. 各类饼干的加工技术。

◆**学习难点**

各类饼干的加工技术。

◆**导入案例**

贝贝从小就特喜欢吃各式各样的零食，有一次，她突然看到了一袋饼干背面的说明书，说饼干的保存期为两年，她就对她的妈妈说："妈妈，你为何要天天煮饭吃呢？你就把饭煮成像饼干一样，两年都还可以吃，你不是就不用这么累，天天给我们煮饭吃了吗？"于是妈妈回答说："这可不能，我们顿顿吃的饭放不了多久就会坏，久了怎么可能吃得呢？吃了会生病的哟!”贝贝从此就立下志向，长大了一定要好好学习饼干的制作技术，以后争取把这种技术应用到一日三餐上，让广大的妈妈们能从厨房中真真地被解放出来。

◆讨论

1. 饼干的保存期为何如此之长?

2. 饼干可以像面包一样成为人们的主食吗?

饼干制品在我国历史悠久，食用非常普遍，是除面包外生产规模最大的烘烤食品，有人把它列为面包的一个分支。近年来随着我国人民生活水平的不断提高，工艺技术和设备的不断更新和发展，焙烤制品中的饼干已经成为人们生活中一种重要的方便食品。其发展迅速，花色品种繁多，新产品层出不穷，在日常生活中占据着越来越重要的作用。饼干的作用也已由原来的纯粹为了充饥逐渐向今天的休闲方向发展。由于饼干在食品中不是主食，于是一些国家把饼干列为嗜好食品，属于嗜好食品的糕点类，与点心、蛋糕、糖果及巧克力等并列，这是商业上的分类。从生产工艺来看饼干应与面包并列属焙烤食品。

◆知识拓展

饼干的来源

饼干一词来源于法国，称 Biscuit。法语中 Biscuit 的意思是再次烘烤的面包的意思，所以至今还有国家把发酵饼干称为干面包。

任务1 饼干的概念

饼干是以面粉、糖、油脂、乳品、蛋品等为主要原料，经烘焙而成的口感酥松、水分含量少、重量轻、块形完整、易于保藏、便于包装和携带、食用方便、营养丰富的食品。

任务2 饼干的分类

饼干由于配方、生产工艺、口味、外形、消费对象等的不同，因此其分类的方法有许多种。

一、按国家饼干分类标准分类

目前，我国已对饼干分类制定了统一的标准，具体分类如下：

1. 酥性饼干

以面粉、糖、油脂为主要原料，加入膨松剂和其他辅料，经冷粉工艺调粉，辊印或辊切成型，烘烤制成的造型多为凸花，断面结构呈多孔状组织，口感膨松的焙烤食品。

2. 韧性饼干

以面粉、糖、油脂为主要原料，加入膨松剂、改良剂及其他辅料，经热粉工艺调粉，辊压或辊切、冲印成型，烘烤制成的造型多为凹花，外观光滑，表面平整，一般有针眼，断面结构有层次，口感松脆的焙烤食品。

3. 发酵饼干

以面粉、油脂为主要原料，酵母为膨松剂，加入各种辅料，经过调粉，发酵，辊压成型，烘烤制成的松脆且具有发酵制品特有香味的焙烤食品。

4. 曲奇饼干

以面粉、糖、油脂及乳制品为主要原料，加入其他辅料，经调粉，采用挤注、挤条、钢丝切割方法中的一种形式成型，烘烤制成的具有立体花纹或表面有规则波纹的酥化食品。

5. 薄脆饼干

以面粉、油脂为主要原料，加入调味品等辅料，经调粉，成型，烘烤而制成的薄脆食品。

6. 夹心饼干

在两块饼干之间夹以糖、油脂或果酱为主要原料的各种夹心料的多层夹心食品。

7. 华夫饼干

以面粉（或糯米粉）、淀粉为主要原料，加入乳化剂、膨松剂等辅料，经调浆，浇注，烘烤而制成的多孔状松脆片子，在片子之间夹以糖、油脂为主要原料的各种夹心料的多层夹心食品。

8. 蛋圆饼干

以面粉、鸡蛋、糖为主要原料，加入膨松剂、香料等辅料，经搅打，调浆，浇注，烘烤制成的松脆食品。

9. 水泡饼干

以面粉、鲜鸡蛋为主要原料，加入膨松剂，经调粉，多次辊压，成型，沸水烫漂，冷水浸泡，烘烤制成的具有浓郁香味的膨松食品。

10. 粘花饼干

以面粉、白砂糖或绵白糖、油脂为主要原料，加入膨松剂、乳制品、蛋制品、香料等辅料，经调粉，成型，烘烤，冷却，表面裱粘糖花，干燥而制成的松脆食品。

11. 蛋卷

以面粉、白砂糖或绵白糖、鸡蛋为主要原料，加入香料、膨松剂等辅料，经搅打，调浆，浇注，烘烤而制成的松脆食品。

除以上几种饼干外，还有军用的压缩饼干等特制饼干，也有一些西式饼干。

二、按饼干中含油脂量的多少分类

现在生产上一般多按饼干中含油脂量的多少进行分类，又可将饼干划分为以下几类：

1. 曲奇饼干

油脂含量一般为30%～40%。其特点是口感松软，内部结构细腻，通常外观造型简单，不带针孔和花纹。例如丹麦的曲奇饼干。

2. 酥性饼干

油脂含量一般小于30%。酥性饼干采用半软性面团，生产时可采用无针孔凸花印模。其特点是口感酥松，内部结构细密，外观花纹明显，大部分是清晰凸出的花纹。比较典型的是一般的甜饼干如椰子饼干等，还有比较高档的桃酥、椰蓉酥和奶油酥等。

3. 发酵饼干和韧性饼干

油脂含量一般小于20%。因为此类饼干面团的弹性比较大，为了防止出现花纹不清及起泡、凹底等毛病，生产时一般使用针孔凹花印模。

4. 花色类饼干

它是在以上3种饼干的基础上衍生出来的，属于二次加工的饼干，主要包括夹心饼干、营养饼干、休闲饼干及压缩饼干。几种常见的饼干见图3－1。

图3－1 几种常见的饼干

项目二 饼干的生产工艺流程

不同饼干的制作有其不同的工艺流程，现将几种常见类型饼干的生产工艺流程介绍如下。

任务1 韧性饼干工艺流程

韧性饼干主要采用冲印方法成型，其生产工艺流程见图3－2。

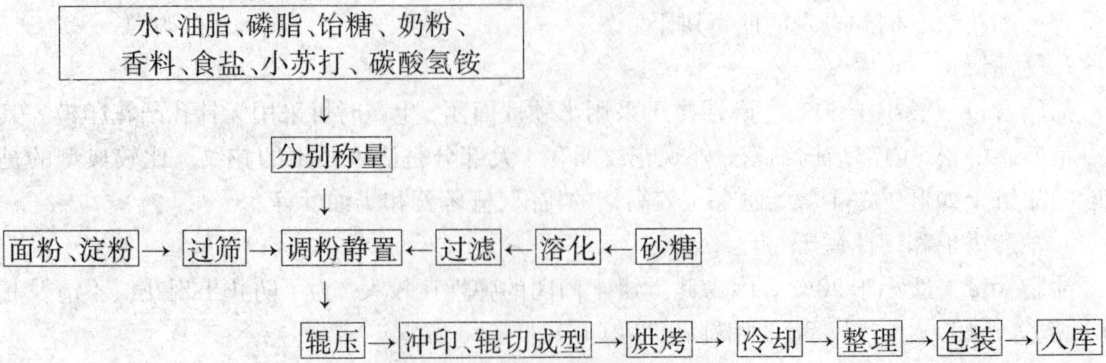

图3－2 韧性饼干生产的工艺流程

任务2　酥性饼干工艺流程

成型方法多为辊印、挤压、钢丝切割，也有用冲印成型。其生产工艺流程见图3－3。

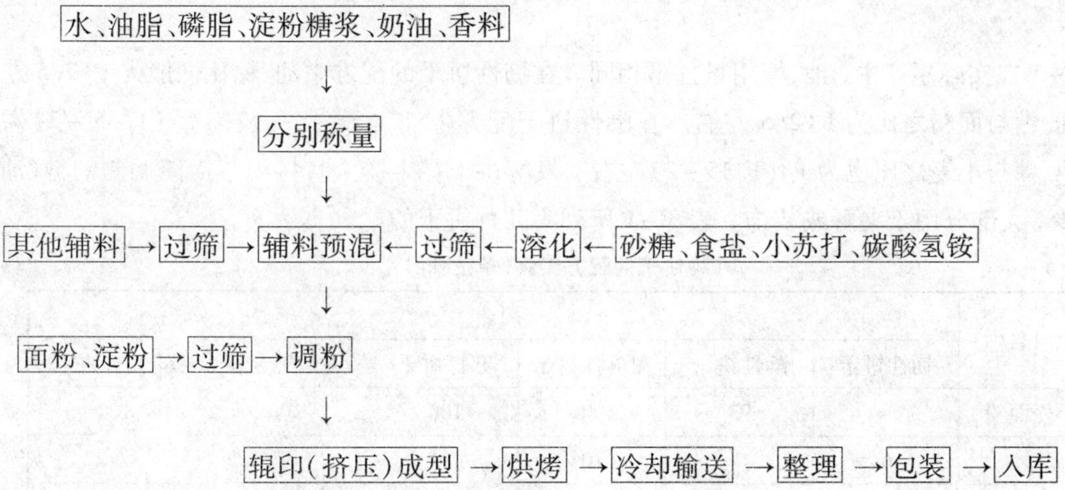

图3－3　酥性饼干生产的工艺流程

任务3　苏打饼干工艺流程

苏打饼干属于发酵类饼干，生产中应先行发酵，其生产工艺流程见图3－4。

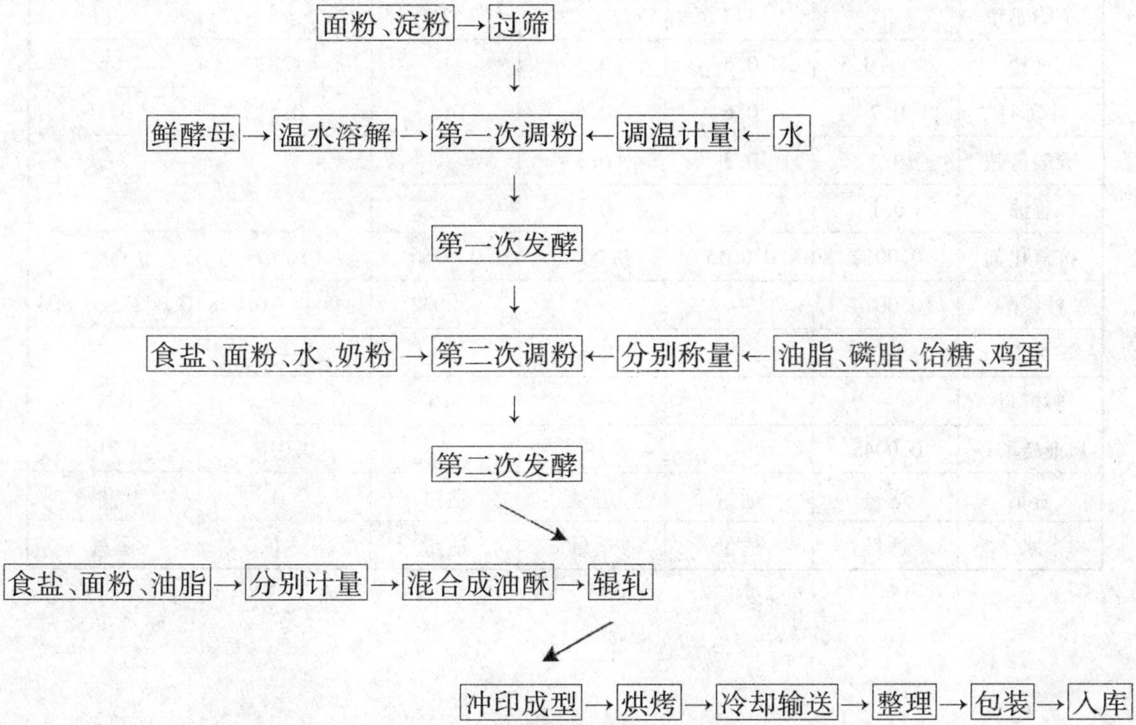

图3－4　苏打饼干生产的工艺流程

项目三 饼干的配方

饼干在实际生产中，油、糖用量各不相同。在韧性饼干的配方中油、糖比一般为1∶2.5左右，油、糖与面粉之比为1∶2.5左右。在酥性饼干配方中油、糖之比一般为1∶(1.35～2)左右，油、糖与小麦之比也为1∶(1.35～2)左右。发酵饼干在生产上直接用于面团调制的糖、油量很少，大部分用于夹酥或装饰。表3－1所列为几种饼干的配方实例。

表3－1 几种饼干的配方实例(单位:kg)

原料名称	用量					
	韧性饼干	酥性饼干	甜酥性饼干	苏打饼干	夹油酥苏打	甜苏打饼干
小麦面粉	94	93	90	100	100	100
淀粉	6	7	10	–	–	–
起酥油	12	14～16	30～40	16	16	20
白砂糖粉	30	32～34	40～41	–	–	3
磷脂	1	1	1	1	–	0.6
淀粉糖浆	3～1	–	–	–	2	–
全脂奶粉	3	4	5	2	–	–
食盐	0.3～0.5	0.5	0.5	1	1.8	1.6
小苏打	0.7	0.6	0.6	0.5	0.5	0.4
碳酸氢铵	0.4	0.3	0.3	–	–	–
香油	0.1	–	0.1	–	–	–
抗氧化剂	0.0012	0.0015	0.0040	0.0016	0.0016	0.0027
柠檬酸	0.0024	–	–	0.0032	0.0044～0.008	0.0027～0.008
鸡蛋	–	–	4～6	4	–	–
鲜酵母	–	–	–	0.5	0.4	0.4
焦亚硫酸钠	0.0045	–	–	–	0.016	0.016
香精	适量	适量	适量	适量	0.02	0.04
水	适量	适量	适量	适量	适量	适量

项目四　面团调制

面团调制就是将预处理的原、辅料按配方要求事先配合好，然后在调粉机中加入定量的水，用搅拌的方式制成适于加工饼干的面团或浆料的过程。

面团调制是否适当，直接关系到产品的外形、花纹、酥松度以及内部的结构等性能。这不仅对产品质量有重要的影响，而且对成型操作是否顺利进行起着决定性的作用。所以，面团调制是饼干生产中十分关键的一道加工环节。

任务 1　面团形成的基本过程

一、蛋白质和淀粉的吸水

面团是由面粉中的面筋性蛋白质及面粉本身的淀粉和其他辅助材料经调制而成的。面团的调制，不仅仅是各种材料简单的物理混合，而且还会发生一系列的变化。在调制开始过程中，部分面粉中的蛋白质和淀粉开始吸收水分，当面筋性蛋白质和水相遇时，水分子与蛋白质的亲水基团相互作用形成水化离子。随着搅拌的进行，蛋白质胶粒吸水也在继续进行。蛋白质颗粒表面吸水，是放热反应，吸水量不大，体积增加不明显。这时尚有部分面粉粒子尚未接触到水分，呈干粉状态，配料中的其他成分也没有被搅拌均匀。这一阶段物料呈分散的非均匀状态混合物，是蛋白质胶粒吸水的第一步。

二、面团的形成

蛋白质胶粒表面吸水后，在机械的不断搅拌下，物料与水分逐渐混合均匀，干粉减少，蛋白质胶粒和淀粉也不断吸收水分，并使水分进入胶粒内部，这就是蛋白质胶粒水化的第二步。由于蛋白质胶粒内部有低分子质量的可溶性物质存在，当吸水作用进一步进行时，就形成了足够的渗透压，水分子便以渗透和扩散的方式进入蛋白质胶粒内部，使胶粒吸水量增大。反应不放热。吸水作用的结果，使蛋白质胶粒之间形成一种连续的膜状基质，并将同时也吸收水分的淀粉颗粒覆盖而结合在面团内。从物理状态上看，面团的体积就会显著膨胀，这就是面筋的胀润，面团也就初步形成了。

在面团形成过程中，吸收到胶粒内部的水称为水化水或结合水。分布在胶粒表面的水称为附着水，充塞于面筋网络结构中。

三、面团的成熟

初步形成的面团，在搅拌桨叶的继续搅拌下，使面团部分面筋网络与其他物料的结合程度差异减少，水均匀分布。整个面团的调制达到成熟阶段，此时面团具有工艺上所要求的软硬适度，弹性和塑性适当，光滑而柔润。

任务 2　影响面团形成的主要因素

一、面粉中的蛋白质的质量

吸水后的小麦蛋白质分子互相结合，形成具有一定的弹性和黏性、不溶于水的胶状物（面筋质），它形成焙烤制品的骨架。由于面粉中所含蛋白质的种类与比例不同，所形成的面筋的数量与性质也各不相同。其中麦谷蛋白是高分子量蛋白质，它对面团面筋质起重要作用。由于高分子量蛋白质的分子表面积大，容易产生非共价键的聚合作用，而且还由于部分剩余蛋白质的碎片起了侧向黏结的作用，可以抵抗骨架的歪扭并带有一定的弹性。至于分子质量较小的麦胶蛋白只能形成不太牢固的聚合体，但也能促使面团的膨胀。

面筋性蛋白质吸水膨胀的程度与调面时加水的速度、温度、混合物料的投料次序、搅拌时间以及调制方式都有关系。例如，加水缓慢就会使面筋蛋白质吸水迅速而充分，反之则吸水慢而不充分。

各种面粉因其种类不同，面粉的吸水力也不同。面筋质越多、灰分越少的面粉吸水量越大。在制粉工艺中，淀粉粒受伤较多时，或面粉的原含水量低，粒度细时，都会使面粉在调制面团时吸水量增加。

二、糖、油的反水化作用

糖有强烈的反水化作用，油脂的反水化作用虽不像糖那样强烈，但也具有重要的反水化特性。面粉中面筋性蛋白质吸水胀润的第二步反应，是依靠胶粒内部的浓度所造成的渗透压力使水分子以扩散的方式渗透到蛋白质分子中去，这一过程使面团吸水量增大，形成了大量面筋质，面团弹性增强，黏度降低。但是，如果面团中含有较多的糖，特别是调制时加入了糖浆，则由于糖的较强的吸湿性而吸收蛋白质胶粒之间的游离水分，同时会使胶粒外部浓度增加，促使胶粒内部的水分向外转移，从而降低蛋白质胶粒的胀润度，造成调粉过程中面筋质形成程度降低，弹性减弱，这就是糖在面团调制过程中的反水化作用。大约每增加1%的糖，面团的吸水率降低0.6%。双糖的反水化作用比单糖强。

油脂的反水化作用是因为油脂与面粉相遇时附着在蛋白质分子表面，形成一层不透性的油膜，阻止水分子向蛋白质胶粒内部渗透，同时减少了表面毛细管的吸水面积，面筋吸水量减少，且得不到充分胀润。另外，油脂的存在也使蛋白质胶粒之间的结合力下降，使面团弹性降低，韧性减弱，这种作用随着油脂温度的升高而变得更为强烈。

三、调制面团时的温度

温度是形成面团的主要条件之一。面团的温度越低，面筋的结合力也就越差，起筋变得迟缓。反之，面筋蛋白质的吸水力会增大，其胀润作用就会增强。当温度达到30℃时，面筋蛋白质胀润度就会达到最大。在此温度条件下，如果加水充足，蛋白质吸水量可以达到150%~200%。在此温度下，淀粉粒吸收的主要是吸附水，故体积增加不大。当温度升高时，吸水量增大，如果温度达到糊化温度53℃~64℃时，淀粉能大量吸收水分，体积膨胀，黏度也大幅度增加。面团温度要根据面粉中面筋的含量、特性、水温、油脂等辅料使用情况灵活掌握。

四、加料次序

面粉与其他原辅料的混合顺序与面团中面筋质的形成有很大关系。当需要面团有较大韧性时，可在面粉中直接加水搅拌均匀。若需面团塑性较大时，就应先将砂糖、油脂、奶粉与水混合均匀，然后再投入面粉搅拌，也可先将面粉与油脂拌匀，再加入其他原辅料及少量水进行搅拌，以减少面团起筋。

五、调制时间

若要使面团充分形成面筋，混合时间宜适当延长，并且对某些面团在搅拌后还要放置一段时间，以便使面筋继续形成。对需要含面筋量少的面团，调制的时间就应适当减少。

六、调制的方式

调制面团时一般使用和面机进行混合作业。由于各类饼干制品的要求不同，对搅拌机桨叶与搅拌速度的选择也不同。面团搅拌时间稍长容易起筋，但时间过长时面筋又会因被拉断而失去弹性。因此，调制韧性面团时可用卧式双桨及立式双桨调粉机(不宜用单桨式，因桨叶容易断裂)。调制酥性面团时，可用作用面较大的桨叶，如肋骨形桨叶的搅拌机，因其剪断力较大，可控制面团的筋力。另外，还可通过调节搅拌桨叶的旋转速度来改善面团的性能。

任务3　各种面团的调制

一、韧性面团的调制

韧性面团与一般酥性饼干面团不同，它是在蛋白质充分水化的条件下调制而成的。该面团要求具有较强的延伸性，适度的弹性，柔软而光润，并且具有一定的可塑性。用这种面团调制成的饼干胀发率比酥性饼干大得多。韧性面团俗称“热粉”，这是因为面团在调制完毕时具有比酥性面团更高的温度而得名。

韧性面团的调制要分两个阶段完成。第一阶段是使面粉在适宜条件下充分胀润。开始时面筋颗粒的表面首先吸水，然后水分向面筋内部渗透，最后内部吸收大量水分，体积膨胀，充分胀润，面筋蛋白质水化物彼此联结起来，面团内部逐渐形成网状结构，结合紧密，软硬适度，具有一定的弹性。第二阶段是使已形成的面筋在搅拌机的不断搅拌下面团被拉伸撕裂，弹性降低。此时，面团中蛋白质网络被破坏，弹性降低而反映出来的面团流变性的变化，面团的弹性显著减弱，这便是调粉完毕的重要标志。

韧性面团所发生的质量问题大部分是由于面团未充分调透，调粉操作中未曾很好地完成第二阶段的全过程，操作者误认为已经成熟而进入辊轧和成型工序所致。当然，也并不排除确有过火候的情形。为调制好韧性面团，应注意以下几个方面：

1. 正确使用淀粉原料

调制韧性面团时，通常需使用一定量的小麦淀粉或玉米淀粉作为填充剂，使用淀粉的目的是为了稀释面筋浓度，限制面团的弹性，还可以适当缩短调粉时间，而且也能使面团光滑，黏性降低，可塑性增加，成品饼干形态好，花纹保持能力增强。一般淀粉的使用量约为面粉的5%～8%，若淀粉使用过量，则不仅使面团的黏结力下降，还会使饼干胀发率减弱，破碎率增加，成品率下降。反之，若淀粉使用量不足5%，则冲淡面筋的效果不明显，起不到调节面团胀润度的作用。

2. 控制面团的温度

韧性面团调制时温度较高，在生产上要注意控制好调粉温度。一般控制在38℃～40℃左右。这样有利于降低其弹性、韧性、黏性，使后续操作顺利进行，提高制品质量。如果面团温度过高，面团易发生走油和韧缩现象，使饼干变形、保存期缩短；如果温度过低，所加的固体油易凝固，使面团变得硬而干燥，面带断裂，成型困难，色泽不匀。另外温度过低，所加的面团改良剂反应缓慢，起不到降低弹性、改变组织的效果，影响质量。因此，冬天使用90℃～100℃的糖水可直接冲入面粉中，这样在调粉过程中就使部分面筋变性凝固，从而降低湿面筋的形成量，同时也可以使面团温度保持在适当范围内。冬季有时还需采用将面粉预热的办法来确保面团有较高的温度，夏天则需用冷水调面。

3. 添加改良剂

添加面团改良剂可以调节面筋的胀润度和控制面团的弹性及缩短面团的调制时间。常用的面团改良剂为含有 SO_2 基团的各种无机化合物，如前面所述的亚硫酸氢钠和焦亚硫酸钠等。

4. 掌握面团的软硬度

韧性面团通常要求软些，这样可使面团调制时间缩短，延伸性增大，弹性减弱，成品酥松度提高，面片压延时光洁度高，面带不易断裂，操作顺利，质量提高。面团含水量应保持在18%～21%。要保证面团的柔软性除了要用热水调粉外，还要保证调粉第二阶段的正确完成。第二阶段完成的标志是面团的硬度开始降低。

5. 面团的静置

在使用强力面粉或面团弹性过强时，采取调粉完毕后静置15～20min的方法，有的面团甚至要用静置30min后再生产的办法来降低弹性。面团经长时间的搅拌、拉伸、揉捏，产生一定强度的张力，并且面团内部各处张力大小分布很不均匀。面团调制完毕后内部张力一时还降不下来，这就要将面团放置一段时间，使拉伸后的面团恢复其松弛状态，内部的张力得到自然降低，同时面团的黏性也有所降低。面团在静置时为防止表面干燥形成硬皮和温度降低，应用布将面团覆盖好，并注意防止被冷风吹。上述静置的作用是调粉过程所不能代替的。

6. 面团调制终点的判断

面团调制好后，面筋的网状结构被破坏，面筋中的部分水分向外渗出，使面团明显柔软，弹性显著减弱，这便是面团调制完毕的标志。判断面团调制终点的标志是：面团表面光滑，颜色均匀，手感柔软而有适度的弹性和塑性；撕开面团，其结构如牛肉丝状；用手拉伸则出现较强的结合力，拉而不断，伸而不缩。

二、酥性面团的调制

酥性面团要求具有较大程度的可塑性和有限的弹性。在操作过程中还要求面团有结合力，而不至于断裂，不粘滚筒和模具。成型后的饼坯有良好的花纹，具有良好的花纹保持能力，形态不收缩变形，烘烤时具有一定的胀发能力，成品花纹清晰。为此，酥性面团在调制中应遵循有限胀润的原则，适当控制面筋性蛋白质的吸水率，根据需要控制面筋的形成，限制其胀润程度，才能使面团获得有限的弹性。在具体调制时应注意以下几个问题：

1. 投料顺序

从工艺流程图上可以看出，酥性面团调粉操作之前应先将油、糖、水（或糖浆）、乳、蛋、膨松剂等辅料投入调粉机中预混均匀，使混合液充分乳化形成乳浊液。在形成乳浊液的后期再加入香精、香料，这样可以防止香味过量挥发。辅料预混结束后，再加入面粉进行面团调制操作。这样的配料顺序不仅可以缩短面团的调制时间，还可以使面粉在有一定浓度的糖浆及油脂存在的状况下吸水胀润，从而限制面筋性蛋白质的吸水，控制面团的起筋。如果不按照这样的顺序进行投料，而是先投入面粉然后再加水和投入各种辅料，那么部分面粉就与水直接接触，造成蛋白质胶粒迅速吸水胀润，便不能达到有限胀润的目的，从而使面团弹性增大，可塑性减弱，并因此引发出一系列的质量问题。

2. 油脂用量

糖和油脂都具有反水化作用，是控制面筋胀润度的主要特性，所以在酥性饼干面团中糖和油脂的用量都比较高。一般糖的用量可达面粉的32%～50%，油脂也要使用到面粉用量的30%～50%或更高一些。

3. 加水量与软硬度

酥性面团在调制时，加水量与湿面筋的形成量有密切的关系，加水不能太多。否则，面筋蛋白质就会大量吸水，为湿面筋的充分形成创造了条件，甚至可以使调好的面团在输送、静置及成型操作中蛋白质继续吸水胀润，形成较大的弹性。同时也要注意调粉时不能随便加水，更不能一边搅拌一边加水。

酥性面团调制得不能太软，过软的面团含水量高，易形成大量的面筋；过硬的面团无结合力而影响成型，所以要严格控制面团的含水量。酥性面团的水分含量约为16%～18%，甜酥性面团的含水量为13%～15%。

4. 加淀粉和头子量

在面团调制中添加淀粉的目的是为了降低面筋浓度和吸水率，这是控制面筋形成的一个重要措施。淀粉几乎不含蛋白质，对于用面筋含量较高的面粉调制酥性面团时加入淀粉，就可使面团的黏性、弹性和结合力适当降低。但淀粉的添加量也不宜过多，只能使用面粉量的5%～8%，过多使用就会影响到饼干的胀发力和成品率。有些生产过程中会产生头子，头子就是饼干成型工序中在使用冲印或辊切成型时分离下来的面带部分。头子应返回到前道工序中重新进行制坯，其中一部分要在面团调制时加入调粉机中调制面团，另一部分要在辊轧面带时加入。头子因经多次辊轧和较长时间的胀润，其内部含有较多的湿面筋，而且弹性也较大。如果把头子大量加入正在调制的面团中，势必要增加面团的筋力，所以不可过多使用，一般能掺入新鲜面团量的1/10～1/8。

5. 调粉温度

酥性面团属于冷粉，调好的面团要有较低的温度。如果温度升高，会提高面筋蛋白质的吸水率，增加面团的筋力，同时温度过高还会使高油脂面团中的油脂外溢，会给以后的操作带来很大的困难。当然，面团温度太低，会使面片表面黏性增大而易粘滚筒，不利于操作，同时结合力也较弱无法操作，致使表面不光，花纹不清。为此，酥性面团的温度应控制在26℃～30℃，甜酥性面团的温度应控制在19℃～25℃。

在实际操作中，冬季可用水或糖水的温度来调节面团的温度，夏季气温高，要使用冰水和经过冷藏的面粉、油脂来调制面团，这样才能获得较为理想的面团。

6. 调粉时间和静置时间

调粉时间的长短是影响面筋形成程度和限制面团弹性的直接因素。适当掌握调粉时间，可得到理想的调粉结果。酥性面团一旦调粉时间过长，就会使面团的弹性增大，造成面片韧缩、花纹不清、表面不平、起泡、凹底、体积收缩变形、饼干不酥松等。另一方面，调粉时间不足，会使面团结合力不够而无法形成面片，同时会因黏性太大而粘辊、粘帆布、粘印模，饼干胀发力不够，饼干易摊散等。

酥性面团调制完毕后是否需要静置，以及静置多长时间，要视面团各种性能而定。倘若面团的弹性、结合力、塑性等均已经达到要求，这样的面团就不需要静置；若面团按预定的规程和要求调制完毕后，出现黏性过大、膨润度不足及筋力差等情况时，可适当静置几分钟至十几分钟，以使面筋性蛋白质的水化作用继续进行，降低面团的黏性，增加结合力和弹性，使这种调粉不足的面团通过静置来获得补偿。

三、苏打饼干面团的调制与发酵

苏打饼干又称发酵饼干，其面团是利用调粉时加入的酵母发酵产生的 CO_2 充盈在面团中，形成膨松状态。成型后在烤制时又借助 CO_2 受热体积膨胀和油酥的起酥作用，使成品质地特别酥松，断面结构具有清晰的层次，并且由于酵母的发酵作用，面团中的部分蛋白质和淀粉分解成易被人体消化吸收的营养物质，制品具有发酵食品的特有香味。

苏打饼干面团的配料不能像酥性饼干那样含有较多的油脂和糖分，其原因之一就是高糖高油会影响酵母的发酵力。高糖分形成的高渗透压会使酵母细胞发生质壁分离，甚至使发酵停止；高油脂可在酵母细胞外形成油膜，隔离细胞与外界的联系，影响酵母的呼吸作用，严重者可使发酵作用停止。另外，面团在发酵过程中所产生的 CO_2 是靠面团中面筋的保气能力而被保存于面团中的，保气性好的面团才能使烤制出来的饼干内部多孔而酥松。为此，在选择面粉时应尽量采用面筋含量高、品质高的面粉。面团的调制和发酵一般采用二次发酵法。

1. 第一次调粉和发酵

第一次调粉通常使用面粉总量的40%～50%，加入预先用温水溶化的鲜酵母或用温水活化好的干酵母液。鲜酵母用量为0.5%～0.7%，干酵母用量为1.0%～1.5%。再加入用于调节面团温度的温水，加水量应根据面粉的面筋含量而定，面筋含量高的加水量就应高些。一般标准粉加水量约为40%～42%，特制粉约为42%～45%。如果是用卧式调粉机，调制时间约需4～6min，使面团软硬适度，无游离水即可。面团温度要求冬天为28℃～32℃，夏天为25℃～28℃，调粉完毕即可进行第一次发酵。

第一次发酵的目的是通过较长时间的放置，使酵母在面团中大量繁殖，增加面团的发酵能力，酵母在繁殖过程中所产生的 CO_2 使面团体积膨大，内部组织呈海绵状结构；发酵的结果是使面团的弹性降低到理想程度。发酵大约需4～6h，即能完成。发酵完毕时，面团的pH值有所下降，约为4.5～5。

2. 第二次调粉和发酵

第一次发酵好的面团，常称作"酵头"。在酵头中加入剩余的50%～60%的面粉和油脂、精盐、饴糖、奶粉、鸡蛋等原辅料，在调粉机中调制5～6min。冬天面团温度应保持在30℃～33℃，夏天为28℃～30℃。如果要加入小苏打，应在调粉接近终了时再加入，这样有助于面团的光滑和保持面团中的 CO_2。

第二次调粉发酵和第一次调粉发酵的主要区别是配料中有大量的油脂、食盐以及碱性膨松剂，使酵母作用变得困难。但由于酵头中大量酵母的繁殖，使面团具有较强的发酵潜力，所以3～4h就可发酵完毕。第二次调粉时应尽量选择弱质粉，可使口感酥松，形态完美。前后两次调粉的共同点是调粉时间都很短，因为长时间调粉会使饼干质地变得僵硬。

3. 影响面团发酵的几个因素

(1) 面团温度

酵母繁殖的适宜温度是25℃～28℃，面团的最佳发酵温度是28℃～32℃。第一次发酵的目的是既要使酵母大量繁殖，又要保证面团能发酵产生足够的 CO_2，所以面团温度应掌握在28℃左右。但是，夏天如在无空调设备的发酵室内发酵，便无法控制面团温度，面团常易受气温的影响而升高，而且在发酵过程中因酵母发酵和呼吸时所产生的热量不易散发而聚集在面团内，均易使面团温度迅速升高。所以，夏季宜把面团温度调得低一些（一般低2℃～3℃）。冬季由于发酵室内的温度通常都低于28℃，调制好的面团在室内初期温度就会低一些，到了发酵后期，会因酵母发酵所产生的热量而使面团温度略有回升。因此，冬季调制面团时，应将温度控制得高一些，但必须缩短发酵时间，否则面团极易变酸。如果面团的温度控制得过低，就会使发酵速度变得缓慢而延长发酵时间，还会导致面团发得不透，并延长生产周期，另外也会造成产酸过高，因此掌握合适的面团发酵温度十分重要。

(2)加水量

发酵面团的加水量的多少应依据面粉的品质及吸水率等因素而定，不能硬性加以规定。面粉的吸水率大，加水量就多一些；反之，则少一些。在进行第二次调粉操作时，加水量不仅要视面粉的吸水率大小，还要看第一次发酵的程度而定。第一次面团发得越老，加水量就越少；反之，第一次发酵不足，则在第二次调粉时就应适当多加一些水。另外，酵母的繁殖力随面团加水量的增加而增大，故在第一次发酵时，面团可适当地调得稍软一些，以利于酵母的增殖。但又不能过软，以免由于油、盐及糖的反水化作用而使面团变软、发黏，不利于成型操作。

(3)用糖量

酵母正常发酵时的碳源主要依靠自身的淀粉酶水解面粉中的淀粉而获得。但在第一次调粉时，原料中能供鲜酵母生长繁殖所需要的碳源主要是面粉中原有的含量很少的可溶性糖，以及由面粉和酵母中的淀粉酶水解淀粉而获得的可溶性糖分。但是，在发酵初期酵母中的淀粉酶活力不强，如果再加上面粉本身的淀粉酶活力很低的情况，这些糖分就不能充分满足酵母生长和繁殖的需要，此时，就需要在第一次调粉时，在面团中加入1%～1.5%的饴糖或葡萄糖，以加快酵母的生长繁殖和发酵的速度，这与加入淀粉酶有相同的效果。当然，如果面粉中淀粉酶的活力很高，就不需加糖。同时，应该注意过量的糖对发酵是极为有害的，会降低酵母的活力。第二次调粉时，无论何种发酵饼干，加糖的目的都不是为了给酵母提供营养，而是为了满足工艺要求和改善成品的口味。因为经过第一次发酵，酵母的数量和活力大增，无需再额外补充营养。

(4)用油量

发酵饼干的面团由于对酥松度的要求，要使用较多的油脂，总使用量比韧性饼干和某些低档的酥性饼干多。但过量的油脂对酵母的发酵是不利的，因为油脂会在酵母细胞膜周围形成一层不透性的薄膜而阻碍酵母正常的代谢作用，特别是当使用液态油脂时，由于其流散较高，而使这种不利影响变得更为剧烈。所以，在调制发酵饼干的面团时，通常使用优良的猪板油或其他固体起酥油。另外，在解决多用油脂以提高饼干的酥松度和尽量减少对酵母发酵活动的影响的矛盾时，一般都采用将一部分油脂在和面时加入，另一部分则与少量面粉、食盐等拌成油酥，在辊轧面团时加入。

(5)用盐量

发酵饼干的食盐加入量一般为面粉总量的1.0%～2.0%。食盐对面筋有增强其弹性和坚韧性的作用，从而提高面团的抗胀力和保气性；食盐同时又是面粉中淀粉酶的活化剂，能增加淀粉的转化率，以供给酵母充分的糖分；食盐是调节口味的主料，能满足改善口味的需要。食盐最显著的特点就是具有抑制杂菌的作用。虽然酵母的耐盐力比其他有害菌强得多，但过高的食盐浓度同样会抑制其活性，使发酵作用减弱。为此，通常将配方中用盐总量的30%在第二次调粉时加入，其余70%的食盐则在油酥中拌入，以防数量过多的食盐对酵母作用产生影响。

发酵面团在发酵过程中物理性能的变化，首先表现为干物质质量的减轻。面团在发酵过程中酵母菌利用了一些营养素，产生的CO_2有相当一部分挥发损失掉，故使面团的质量有所减轻。面团中各气体的成分也有了明显的改变，发酵前面团内的气体主要是空气，发酵后面

团中充斥了大量的 CO_2 和少量的乙醇，结果使面团体积膨大，并带有酒香味。其次是热量的放出和含水量的增加。酵母无论是在无氧呼吸还是在有氧呼吸过程中都要产生一定的热量，并且有水生成，因而面团会出现变软、发黏、流散性增加的现象。发酵后面团中的有机酸含量增加，pH 值降到4.5～5.0。

项目五　饼干成型

不同种类的饼干有其不同的成型方法，现有的成型方法有冲印成型、辊印成型、辊切成型及其他饼干的成型方法等。

任务1　冲印成型

冲印成型是一种将面团辊轧成连续的面带后，用印模将面带冲切成饼干坯的成型方法。这种方法有广泛的适应性，不仅能用于韧性饼干的生产，而且也能适用于其他如苏打饼干和某些酥性饼干等的生产，其技术也比较容易掌握。

冲印成型法目前仍是我国许多饼干生产厂家采用的主要成型方法。冲印成型设备是饼干生产厂家不可缺少的成型设备，这是因为在没有其他成型设备的情况下，只要有冲印成型机械就可以生产多种大众化的饼干及较好的酥性饼干。反之，如果只有辊印成型机而无冲印成型机，就不能生产苏打饼干和韧性饼干，一般的酥性饼干生产也要受到限制，只能生产高档的酥性和甜酥性饼干。冲印成型机操作要求十分高，要求面皮子不粘滚筒，不粘帆布，冲印清晰，头子分离顺利，落饼时无卷曲现象。不管面团是否经过辊轧，成型前必须压延成规定厚度。已经过辊轧的面带仍然较厚，且经过划块折叠的，不能直接冲印成型，必须在成型机前的2～3对滚筒上再次辊轧成薄片，方能冲印成型。不需特殊辊轧的面团，可在成型机前的滚筒上辊轧成规定厚度、光滑的面片后即可进行冲印成型。由于韧性饼干面团弹性大，烘烤时易产生表面起泡现象，底部也会出现洼底，即使采用网带或镂空铁板也只能解决洼底而不能杜绝起泡，所以必须在饼坯上冲有针孔。

冲印成型机前的滚筒有1～3对，目前以2～3对滚筒的成型机较多。轧制面带时，先将韧性面团撕裂或轧成小团块状，在成型机的第一对滚筒前的帆布输送带上堆成60～150mm厚，由输送带穿过第一对滚筒，辊轧成30～40mm厚的初轧面带，再进入第二对滚筒，辊轧成10～12mm厚的面带，最后再经第三对滚筒轧成2.5～3.0mm厚的面皮，即可进入成型工序冲印成型。如图3－5为饼干冲印成型机。

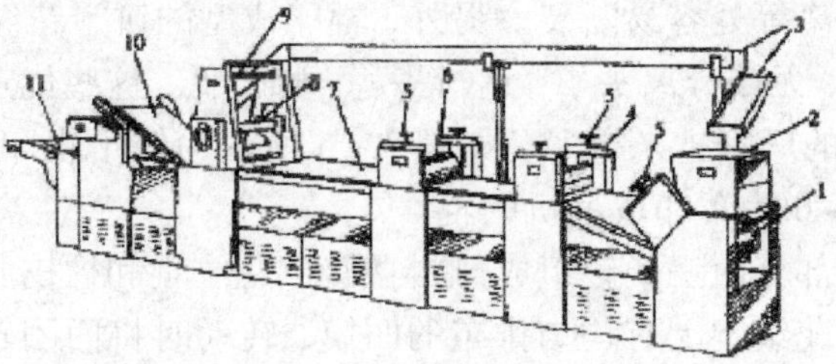

图3－5　饼干冲印成型机

1－头道辊；2－面斗；3－回头机；4－二道辊；5－压辊间隙调整手轮；
6－三道辊；7－面坯输送带；8－冲印成型机构；9－机架；
10－拣分斜输送带；11－饼干生坯输送带

这里有几个问题必须注意：第一对滚筒直径必须大于第二、三对滚筒的直径，一般约为300～350mm，多数情况下为300mm；第二、三对滚筒的直径约为215～270mm，以216mm者居多。这样的变化能使滚筒的剪切力增大，即使是比较硬的面团亦能轧成比较紧密的面带。每对滚筒的下辊位置固定，上辊可以上下调节，通过调节上下辊之间的距离可以达到调节面片厚度的目的。

由成型机返回的头子应均匀地平摊在底部。因为头子比较坚硬，结构比较紧密，且面团压成薄片后表面水分蒸发，比新鲜面团要干硬，铺在底部使面带不易粘帆布。如发现冲印后粘帆布时，可在第一对滚筒前的帆布上刷上一层薄薄的面粉；粘滚筒时也可撒少许面粉或涂一些液态油。每对滚筒的上下均须装有弹性可调的刮刀，使其在旋转过程中自行刮清表面的粉屑，防止越积越多，造成面带不光洁和粘辊。要想做到在面带通过各对滚筒时既不拉长又不断裂，既不重叠又不皱起，就要调节好每对滚筒之间的距离及各对滚筒的运转速度和帆布的运输速度，使各部分的运转协调一致。为了保证冲印成型的正常操作，防止面带绷得过紧，拉长或断裂，在面带的压延和运输过程中，须使第二对滚筒和第三对滚筒轧出的面带保持一定的下垂度，以消除面带压延后内部产生的张力。面带经毛刷扫清面屑和均匀的撒粉后即可进入成型阶段。

成型是依靠冲印机上印模的上下运动来完成的。韧性饼干的生产宜采用带有针柱的凹花印模。因为韧性饼干的面团由于面筋水化得充分，面团弹性较大，烘烤时饼坯的胀发率大，并容易起泡，底部易出现凹底。

冲印成型的特点就是在冲印后必须将饼坯与头子分离。头子用另一条角度约为20°的斜帆布向上输送，再回到第一对滚筒前的帆布上重复压延。韧性饼干的头子分离并不困难。头子分开后，长帆布应立即向下倾斜，防止饼干卷在两条帆布之间。

长帆布与头子帆布之间的距离在不损坏饼坯的情况下，要尽量压低些。最好在长帆布下面垫一根直径为10mm的圆铁，使已经冲断的头子向上翘起，易于分离。头子帆布的一头由木滚筒传动，另一头是扁铁刀口，使刀口在不损伤帆布的情况下尽量薄一些，这实际上也是降低两条帆布之间的距离。

任务2　辊印成型

高油脂饼干一般都采用辊印机成型。因为用冲印成型生产高油脂饼干时，面带在滚筒压延及帆布输送和头子分离等处容易断裂。另外，辊印成型的饼干花纹图案十分清晰。辊印设备占地面积小，产量高，无需分离头子，运行平稳，噪声低，这些优点是冲印成型所无法比拟的，所以采用辊印成型的厂家越来越多。如图3－6所示为饼干辊印成型机，图3－7为饼干辊印成型原理图，图3－8为辊印成型机的辊。

辊印成型机的成型部分由三个辊组成：喂料槽辊、花纹辊和橡皮脱模辊。喂料槽辊上有用于给料（面团）的沟槽，花纹辊上有均匀排布的凹模，转动时将面团辊印成饼坯，在花纹辊的下方，有一个橡皮辊用来将饼坯脱出。

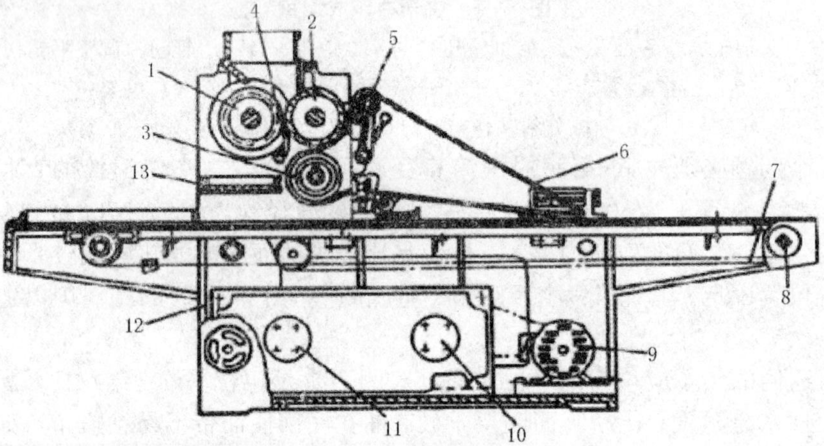

图3－6　饼干辊印成型机

1－喂料辊；　2－印模辊；　3－橡胶脱模辊；　4－刮刀；　5－张紧轮；
6－帆布脱模带；　7－生坯输送带；　8－输送带支承；　9－电机；
10－减速器；　11－无极调速器；　12－机架；　13－余料接盘

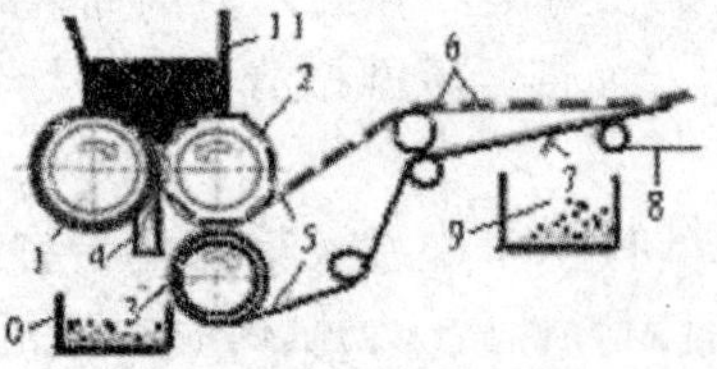

图3－7　辊印成型原理

1－喂料辊；　2－印模辊；　3－橡胶脱模辊；
4－刮刀；　5－帆布脱模带；　6－饼干生坯；
7－帆布带；　8－刮刀；　9－生坯输送带；
10－面屑斗；　11－料斗

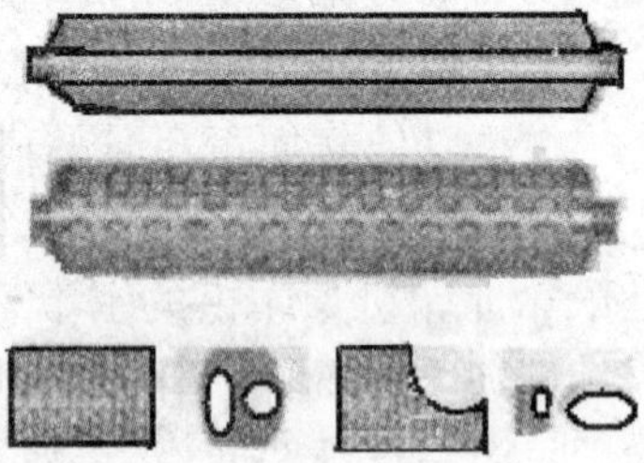

图3－8　辊印成型机的辊

具体成型过程是把调制好的面团盛放于成型机的加料斗内，加料斗下方的开口正好对准喂料槽辊和花纹辊，喂料槽辊与花纹辊在齿轮的驱动下相对回转，料斗内的酥性面团依靠其自身的质量落入两辊表面的饼干凹模之中。以后由位于两辊下面的分离刀将凹模多余的面料沿花纹辊切线方向刮落到面屑接盘中。花纹辊旋转，含有饼坯的凹模进入脱模阶段。此时，橡皮脱模辊依靠自身形变将粗糙的帆布脱模带紧贴在饼坯底面上，并使其接触面间产生的吸附作用力大于凹模的光滑内壁与饼坯间的接触结合力，这样，饼坯便顺利地从凹模中脱出，然后饼坯由帆布输送带送往烤炉钢带上，进炉烘烤。

在辊印成型过程中，分离刮刀刃口位置较高时，凹槽内切除面屑后的饼坯略高于轧辊表面，从而使得单块饼坯的分量增加；当刃口位置较低时，又会出现饼坯毛重减少的现象。刃口位置以在花纹中心线下2~5mm处为宜。

橡皮脱模辊的压力大小也对饼坯成型质量有一定的影响。若压力太小，会出现坯料粘模现象；若压力太大，会使饼坯厚度不匀。因此，橡皮脱模辊的调节，应使其在能顺利脱模的前提下，压力尽量减小一些。

辊印成型要求面团稍硬一些，弹性小一些。面团过软会形成坚实的团块，造成喂料不足，脱模困难，有时会使刮刀铲不清饼坯底板上的多余面屑，使脱出的饼坯外缘形成多余的尾边，影响饼干的外形美观。若面团调得过硬及弹性过小，同样会使压模不结实，造成脱模困难及残缺，烘出的饼干表面有裂纹，破碎率也会增大。

辊印成型还适用于在面团中加入芝麻、花生、桃仁、杏仁及粗砂糖等小型块状的品种。

任务3　辊切成型

辊切成型是集中了冲印成型和辊印成型的特点于一体的一种成型方法。辊切成型机身的前段是冲印成型的压延辊，面团在这里被多对滚筒压延成规定厚度的面带，然后由帆布带将压延好的面带送往成型部分。机身的后半部分即是辊切成型部分。面带先由花纹辊压出饼坯的花纹，然后面带前进，由后方的刀口辊将印好花纹的面带切成饼坯，与此同时产生了头子，再由斜帆布分去头子，重新调面或压延。这种成型法既不像冲印成型那样可集花纹芯子与刀口于一体，也不像辊印成型那样使饼坯一次辊印成型。由于这种成型机是先将面团压延成面带，然后再辊切成型的，因此，具有广泛的适应性。它既可以用于韧性饼干、苏打饼干的生产，又可用于酥性和甜酥性饼干的生产，这种成型方法已得到了广泛的应用。图3-9为饼干辊切成型机，图3-10为辊切成型原理示意图。

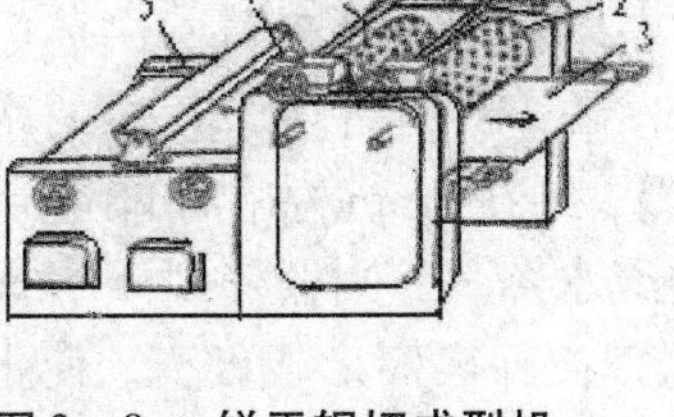

图3-9　饼干辊切成型机

1-印花辊；2-切块辊；
3-帆布脱模带；4-撒粉器；
5-机架

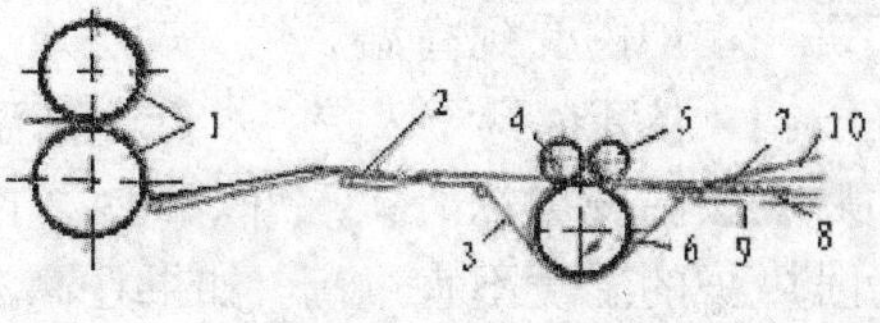

图3-10　辊切成型原理示意图

1-定量辊；2-波纹状面带；3-帆布脱模带；
4-印花辊；5-切块辊；6-脱模辊；7-余料；
8-饼干生坯；9-水平输送带；10-倾斜输送带

任务4　其他成型

1. 杏元饼干的成型

杏元饼干的成型方法是将配好的浆料用挤浆的方式滴加在烘烤炉的载体（钢带）上，一次成型，进炉烘烤。目前杏元饼干的生产设备主要有两种形式：一是以烘盘为载体的间歇挤出滴加式成型机；二是以钢带为载体的连续挤出滴加式生产流水线，它由挤浆部分、烤炉部分和冷却部分组成。间歇挤出式逐渐被淘汰，连续生产机正得到推广。

2. 蛋卷的成型

蛋卷的成型是将调制好的浆料通过上浆板，把浆料涂在高温制皮筒上，烘烤成软皮后，再经制卷系统将软皮卷成一定螺旋角度的蛋卷圆筒，经冷却后切断成规定长度，即成酥脆的蛋卷。制皮滚筒可由电或煤气加热。

3. 华夫饼干的成型

华夫饼干的成型有半机械化和连续化等方式，目前采用半机械化成型的厂家较多。半机械化生产是将面浆倒入刻有方格或菱形花纹的转盘式华夫制片机的烤模中，合上模盖板后，迅速加热，使其在短时间内经受高温而使水分蒸发。面浆中的空气和化学膨松剂所产生的气体，在密闭的烤模内产生很大的压力，使面浆充分膨胀，充满整个烤模的有效空间。在烤模顶部两侧开有狭小的气孔，水蒸气和其他气体带着剩余浆料从小孔中急速排出。

除了以上成型方法外，还有挤花成型、钢丝成型等方法。

项目六　饼干的焙烤、冷却与包装

任务1　饼干烘烤的基本理论

成型机制出饼坯后，要进入烘烤成熟阶段。在烘烤中饼干经短时间加热，发生一系列变化，包括饼坯中水分的蒸发，淀粉的熟化，蛋白质的变性，酵母的死亡及饼坯内各种气体的挥发、膨胀等，使生坯变成了熟饼干，产生了较深的颜色、诱人的香味、酥松可口的多层次结构，并赋予制品优良的保藏性和运输性。

一、水分的变化

1. 水分的蒸发

由于饼坯在炉内受到高温烘烤，表层水分开始蒸发，表层温度迅速升高，饼坯内部的温度则升高缓慢，温度远低于表层，水分由高温处向低温处移动，致使饼坯中心层的水分有所增加。随后表层温度可达180℃，而中心层的温度上升缓慢，约在3min左右才能达到100℃。

烘烤时烘炉的温度不宜过高，如果在高温条件下不供给水蒸气，则会使饼干表面颜色变暗甚至焦煳。强烈的高温会使饼干坯的水分急剧蒸发干燥，在外表面形成硬壳，使水的扩散困难，往往会造成“外焦里生”的现象。

2. 水分的转移

在烘烤过程中，随着温度的升高，饼坯内部的高水分开始向表层水分区移动，由于表层水分不断蒸发、减少，使水分的蒸发逐渐向饼坯内部进行。整个水分变化过程可大致分为三个阶段。

(1)变速阶段

此阶段从开始计时，经过1.5min左右。水分蒸发在饼坯表层进行，表面高温蒸发层的蒸气压力大于饼坯内部低温处的蒸气压力，所以一部分水分又被迫移向饼坯中心，使中心的水分较烤前约增加2%，所排除的水主要是游离水，此时表层温度约升高至120℃。

(2)快速烘烤阶段

时间约需2min，水分蒸发面向饼干内部推进，饼干坯内部的水分层逐层向外扩散。这个阶段水分蒸发的速度基本不变，表层温度在125℃以上，中心温度也达100℃以上。这个阶段水分下降速率很快，饼坯中大部分水在此阶段散逸，主要是游离水，也有部分结合水。

(3)恒速干燥阶段

此时整个饼坯的温度都达到100℃以上，水分的排除速度比较慢，排除的主要是结合水。烘烤的最后阶段，水分的蒸发极其微弱。这一阶段的作用是使饼干上色，使制品获得美观诱人的色泽。这种反应称作焦糖化反应。其反应最适宜的条件是pH值为6.3，温度为150℃，水分为13%左右。

烘烤时，影响水分排除的因素主要有：炉内相对湿度、温度、空气流速及饼干的厚度和含水量等。炉内相对湿度低，有利于水分蒸发，但在烘烤初期相对湿度过低，会使饼干表面脱水太快，使表面很快形成一层硬壳，造成内部水分向外扩散困难，影响了饼干的成熟和质量；炉内的空气流速大，方向与饼干垂直有利于水分蒸发；饼干含水量高，干燥过程较慢，烘烤时间相对较长；含糖、油辅料少且结构坚实的饼干坯烘烤时间长；饼干越厚，烘烤耗时越长，且表面易焦煳。因此，厚饼干要采用低温、长时间的烘烤工艺。饼坯均匀地且满满地排列在网带或烤盘上有利于提高烘烤速度和保证成品的质量。

二、温度的变化

饼干坯在烘烤过程中温度是不断上升的。在进入炉口时，饼坯的温度只有30℃～40℃。首先是表面受热，温度很快升高至100℃；在进炉后1.5～2min内，表层温度就达到120℃左右，中间温度也将上升至110℃左右。待到烘烤点，饼干表层温度可达180℃，中心层温度在108℃～114℃。

三、厚度的变化

饼坯烘烤后其厚度是明显增加的。烘烤后的饼干成品和烘前的生饼坯相比，酥性饼干的厚度一般增加160%～250%，韧性饼干约增加200%～250%。饼坯在烘烤中产生了许多CO_2和NH_3，这些气体受热膨胀，由于面筋的保气性，使之不能很快逸散到饼坯之外，而在饼坯内产生了很大的膨胀力，使饼坯的厚度急剧增加，在2.5min内，酥性饼坯厚度急剧增大，可达原厚度的2倍左右；韧性饼干在3.5min内其厚度增大为原来的1.7～2.5倍左右。随着烘烤进程的延长，膨松剂分解完毕，饼坯表层温度可达到100℃以上，表面的淀粉和蛋白质受热凝固，使厚度又逐渐变薄，饼干定型，直到烘烤结束。

从饼坯的水分、温度、厚度的变化综合来看，温度迅速上升，大量排除水分的时候，也正是饼坯厚度急剧增大的时候。待排除结合水时，饼坯的厚度便不再增大，并开始有所下降。

饼干的胀发率与面团的软硬度、面筋的抗胀力、膨松剂的产气性能、炉温的高低及炉膛内相对湿度的大小均有密切的关系。当面团调得过硬及筋力较大时，面团的抗胀力即大于气体的胀发力，饼坯的厚度就不会有太大的增加；若面团调制得软，烤炉内温度又高，炉内湿空气流动缓慢，饼坯的胀发力就会大。在正常情况下，气体的胀发力稍大于面团的抗胀力，制出的饼干较为理想。若面团的抗胀力过大，就容易出现僵硬，在无孔眼的载体上烘烤，饼干还会出现凹底的现象，反过来说，气体的膨胀力过大，就会使饼干结构过于松散，容易破碎、粘底或烘烤时胀裂，成品率下降。

四、化学变化

1. 膨松剂的变化

调制面团时配料中所加的化学膨松剂有碳酸氢钠、碳酸氢铵等以及一些有机酸盐。当炉内饼坯温度升高到40℃～50℃时，碳酸氢铵开始分解，到饼坯的温度升到60℃～70℃时，碳酸氢钠也开始分解。分解时所产生的CO_2和NH_3，使饼坯膨胀，接近烘烤终点时，这些气体中的绝大部分将排除到饼干之外。

2. 酶的变化

面粉中原有的各种酶及作为改良剂加入的淀粉酶，在饼坯进炉后温度升至45℃～65℃时，活力最大。但是饼坯温度在短时间内即可上升到85℃以上，这时酶的活力就被破坏，因而，酶对饼干烘烤的影响是极其微弱的。

3. 酵母的变化

苏打饼干生产中使用大量的活性酵母，在烘烤初期，温度刚刚上升，酵母的活性就会大大增强，其呼吸作用十分强烈。这个过程是极短暂的，在饼坯温度上升至60℃时，酵母就会全部死亡。

4. 淀粉的糊化

当炉内饼坯温度达到55℃～80℃时，饼坯表面淀粉发生了糊化，使饼坯表面产生光泽。光泽的出现是淀粉糊化的结果，但淀粉的糊化需要较高的水分和温度来实现，因此，要求炉膛进口处有较高的相对湿度。

5. 蛋白质的凝固

饼坯中的蛋白质在受热时发生不可逆的凝固反应。在调粉时，面粉中的蛋白质吸水胀润形成湿面筋，烘烤时，由于蛋白质胶体中水分的逐渐蒸发，其胶体特性失去而凝固。这一过程是在烘烤的快速阶段产生的。蛋白质的凝固对饼干的定型具有重要的意义。

6. 上色反应

上色出现在饼干烘烤的最后阶段，此时水分的蒸发已经极其微弱，酥性饼干大约在进炉后2～3min时，即进入上色阶段。糖类的焦化、奶制品、蛋制品等在烘烤中均参与饼干的上色反应。

此外，在烘烤过程中，酒精、醋酸等物质也会受热挥发出去。饼坯的pH值也因醋酸的挥发或碳酸钠的生成略有升高。

任务2　烘炉内的温度与烘烤时间

炉内的温度过高、过低都不利于饼坯的烘焙。如温度过高会导致饼干烘烤过度，颜色变深，甚至焦煳；如采用的温度过低，饼干会烘烤不足，由于水分蒸发缓慢且不能达到应有的色泽，饼干的含水量过高，颜色灰白，甚至会出现不熟的现象，保存期也被大大缩短。因此，掌握好烘炉的温度和烘焙时间，对饼干成品质量有着非常重要的意义。

一、韧性饼干的烘烤

韧性饼干的面团因在调制时使用了比其他饼干更多的水，且因搅拌时间长，淀粉和蛋白质吸水比较充分，面筋的形成量大，面团弹性较大，所以在选择烘烤温度和时间时，原则上应采取较低的温度和较长的时间。在烘烤的最初阶段底火升高快一些，待底火上升至250℃以后，面火才开始渐渐升高到250℃。在此以后，由于处于定型和上色阶段，底火比面火低一些。如果是某些较高档次的产品，其油、糖含量较高，比较接近于酥性饼干，故可采用高一些的温度进行烘烤。

二、酥性饼干的烘烤

酥性饼干的配料使用范围广，块形各异，厚薄相差悬殊大，在烘烤过程中要确定一个统一的烘烤参数是相当困难的。对配料中油、糖含量高的高档酥性饼干而言，可以采用高温短时的烘烤方法，使其表面温度几乎在0.5min内即可升高到100℃，中心层温度在3min内也能达到100℃。另外为了防止饼干成品破碎，生产中还采用了厚饼坯的生产工艺，厚度比一般饼坯厚50%～100%。对于糖、油含量高的高档酥性饼干，在烘烤中容易出现摊得过大的现象，为解决这个问题，除在调粉时适当提高面筋的胀润度之外，还应在饼坯的定型阶段的烤炉中对湿度进行控制。其措施是采取将烤炉中间区的湿热空气输送到烤炉前区的办法，如果不具备这种条件，也可将中间区湿热空气直接排到炉外来解决问题。

对于配料一般的普通酥性饼干，需要依靠烘烤来胀发体积。因此宜采用较高的底火、较低而呈慢慢上升的面火的烘焙工艺，使其在能保证体积膨胀的同时，又不至于在表面迅速形成坚实的硬壳。

三、苏打（发酵）饼干的烘烤

苏打（发酵）饼干的饼坯在烘烤初期中心温度逐渐上升，饼坯内的酵母作用也逐渐旺盛起来，产生大量的CO_2。使饼坯在炉内迅速胀发，形成海绵状结构。发酵饼干的烘烤温度，入炉初期需要较高的底火和较低的面火，使饼坯处于柔软状态，不使其迅速形成硬壳，有利于饼干坯体积的胀发和CO_2的外逸。发酵饼干的烘烤工艺非常关键，温度和时间的选择是否合适，对成品质量至关重要，俗话说“三分做，七分烤”，虽然在这里夸大了烤的作用，但也不无道理。一个好的面团即使发得十分理想，但在烘烤时，温度、时间选择不当，就会使发酵优良的产品报废。反之，如果面团发得不够理想，若烘烤得法，也仍能获得较好的产品，所以应十分重视烘焙的作用。

发酵饼干的烘烤温度一般选择在底火330℃左右，面火250℃左右。另外，发酵饼干的烘烤不能采用钢带和铁盘，应采用网带或铁丝烤盘。因为钢带不容易使发酵饼干产生的CO_2从底面散失。

任务3　饼干的冷却与包装

一、饼干的冷却

饼干刚出炉时的表面温度很高，可达180℃，中心温度约为110℃，饼干出炉时很软，水分含量也比成品饼干高，含水量为8%～10%，如此高的温度和含水量不适宜马上进行包装，必须把饼干冷却到38℃～40℃时才能包装。如果趁热包装，不仅妨碍饼干内热量的散失和水分的继续蒸发，易使饼干变形，而且还会加速油脂氧化酸败，降低饼干在储存过程中的稳定性。

在冷却过程中，饼干中的水分发生剧烈的变化。饼干经高温烘烤，其中的水分分布是不均匀的，中心层水分含量高，外层较低。冷却时，饼干内部水分向外转移，随着热量的散失，转移到饼干表面的水分继续向空气中扩散，大约5~6min，水分挥发到最低限度；随后的6~10min属于水分平衡阶段；再往后饼干就进入了吸收空气中水分的阶段。但上述数据并不是固定的，它会随着空气的相对湿度、温度及饼干配料等的不同而不同。所以，应根据上述不同的因素来确定冷却时间。根据经验，当采用自然冷却时，冷却传送带的长度为炉长的150%时才能使饼干达到要求的温度和水分。

如果使用较长的烤炉时，在烤炉的后区，饼干还未出炉时，即应停止加热，这样就不至于使饼干出炉后立即遇冷而产生内应力，造成裂缝和变形。这种现象在当天难以发现，只有到第二天才逐渐明显，所以一经发现有裂缝，应立即采取措施防止冷却过快，以免造成损失。

1. 韧性饼干

由于韧性饼干糖、油用量少，在烘烤时脱水量就比较大，急速冷却时，极易造成饼干出现裂缝，所以就更应该防止降温过快和输送带上方的空气过于干燥。为此，可采用输送带上方加罩的方法来解决。另外，韧性饼干常加入亚硫酸钠和焦亚硫酸钠等改良剂，用于调节面团中面筋的胀润度，但是这种改良剂的存在会使成品保藏时的稳定性下降，容易产生酸败。所以加工中要求饼干能充分冷却，使之尽量接近室温后再进行包装。

2. 酥性饼干

酥性饼干出炉时较软，一旦产生积压，饼干就要受外力作用而变形。为了解决这个问题，冷却带的长度宜为烤炉长度的1.5倍以上，但过长的冷却带，既不经济，又占用大量的空间。因此，酥性饼干冷却的适宜条件是：温度为30℃~40℃，室内相对湿度为70%~80%。如果在室温25℃，相对湿度约为80%的条件下，进行饼干自然冷却，时间约为5min，其温度可降至45℃以下，水分含量也达到要求，基本上符合包装要求。

3. 甜酥性饼干

甜酥性饼干所含的糖、油量较高，在高温情况下，即使饼干中的水分含量很低，饼干也会很软，何况刚出炉时饼干表面温度在180℃左右，所以必须防止饼干的变形。甜酥性饼干在烘烤完毕时，水分含量为8%左右，在冷却过程中，随温度的下降，依靠饼干内的余热，水分可继续蒸发，在接近室温时，水分达到最低值，稳定一段时间后，又要逐渐吸收空气中的水分，而使其水分含量上升。饼干的包装应选择在水分含量相对稳定时为最佳，过早包装，饼干的温度降不下来，水分含量也没有降到最低。如过晚包装，已过饼干含水量的稳定期，虽然温度降下来了，但饼干又要吸收周围的水分，使含水量上升，不利于保存。

4. 苏打饼干

由于苏打饼干配方中不含糖，与甜饼干相比，油脂容易酸败，所以最好是在饼干充分冷却后再包装。由于出炉时已经固定成型，不存在冷却变形的现象。但若在冷却时，采用急骤通风，产品也会出现裂缝现象，应加以注意。

二、饼干的包装

饼干冷却到规定温度后立即进行包装。将饼干包装起来可以防止或减少运输及销售过程中饼干的破损；可以防止饼干受虫害和周围环境的污染，使饼干与外界空气隔绝，既可减少因饼干与外界湿空气接触而变潮、变软，甚至发霉，同时也可有效地防止或减轻饼干内油脂的氧化酸败；好的包装还可以吸引更多的消费。所以包装历来都是生产厂家所重视的。

1. 包装要求

根据工艺要求，饼干的包装应尽量在接近室温时进行，最好在出炉后的6～10min内进行包装，此时正是饼干含水量相对稳定的阶段。如包装太迟，饼干的含水量会提高。包装时应分检出烤焦、破碎、花纹不清以及弯曲变形的次品饼干。包装宜迅速，计量要准确，质量须保证。

2. 包装形式

(1)马口铁听包装

采用此包装制成的饼干听(筒或盒)，形状有正方形、长方形、圆形、扁圆形等，大小依据需要来定，不作具体规定。该包装色彩鲜艳，密封好，强度大，无毒，经久耐用，防火，保香性能都较其他包装形式好，但价格较高，一般用于高档饼干的包装。

(2)聚乙烯塑料薄膜包装

用此材料进行包装，封口简便，机械化程度较高，防潮性能好，价格便宜，且聚乙烯袋便于印刷。

(3)真空包装

近几年来，随着新材料的不断出现和包装技术的发展，真空包装技术得到广泛应用。对于真空包装材料的要求是不透气，不透湿，故采用的都是复合膜材料制成的包装袋。真空包装由于抽出了袋中的空气，使得饼干的保存期大大延长。但这种包装的费用较高。

(4)收缩包装

此包装形式是利用拉伸后定型的聚乙烯在加热的情况下有收缩恢复到原来形态的特性，其收缩率可达10%～20%，饼干包装紧密，外形挺括，不易变形，但密封性稍差。

(5)复合材料包装

复合材料是由多种材料复合而制成的，如前所述的真空包装材料即属此类。目前应用较广的是纸－塑复合，透明纸－聚乙烯或聚丙烯复合等，防潮性和密封性都较好，且因有纸和透明纸，便于印刷，色彩鲜艳，价格适中，很受消费者欢迎，有广泛的发展前景。

(6)其他包装形式

其他包装形式有卷装、纸盒装、牛皮纸袋装等。

饼干包装选用何种包装形式，要依品种、销售对象、储存时间长短而定。但不管采用何种形式，都必须符合国家卫生标准。

饼干最适宜的储存温度是18℃以下，相对湿度不超过75%，应避光保存。

项目七　杂粮饼干的制作实例

任务1　玉米苏打饼干

苏打饼干与一般甜味饼干不同，其糖和油的含量少，是使用酵母发酵制成的，酥松可口，营养丰富，常作为主食和嗜好食品。

一、配方

玉米粉40kg，白面粉60kg，小苏打1kg，干酵母2kg，食盐1.5kg和植物油14kg。

二、主要设备

烘炉、搅拌机和压面机等。

三、工艺流程

玉米粉、白面粉、酵母和水→第一次调粉→第一次发酵→第二次调粉→第二次发酵→压面、包油酥→成型→烘烤→冷却→整理→包装、成品

其中第二次调粉的原料是：米粉、面粉、小苏打、油脂、盐和水。

四、操作要点

1. 第一次调粉与发酵

首先把玉米粉与白面粉按4∶6的比例均匀混合，过筛备用。取总发酵量50%的混合粉放入搅拌机中，加入配方中的酵母和适量的水，搅拌4min左右，然后放置在温度为28℃、湿度为75%～80%的环境中发酵6h。

2. 第二次调粉与发酵

在第一次发酵好的面团中加入剩余的混合粉，再加入油脂、精盐和水等辅料，最后加入小苏打，在搅拌机中搅拌4min左右，置于温度为28℃、湿度为75%～80%的环境中发酵3h。

3. 压面、包油酥

将油脂、玉米面粉和精盐混合均匀，制成油酥备用。把发酵好的面团放到压面机中先压7次，折叠4次，包入油酥，再压6次，折叠4次，使面团压至光滑，并使面团形成数层均匀的油酥层即可。

4. 成型与烘烤

把面团压成2mm厚的面块，然后切成大小均匀的长条状，放进烤盘中，再在面片上打上均匀的针孔，放到烘炉中进行烘烤。烘烤初期把底火调为250℃，面火为220℃；中期把面火逐渐升高至250℃，底火逐渐降低至220℃，最后阶段把底火和面火都降至200℃，烘烤大约需要10min，至饼干呈金黄色为好。

5. 冷却与包装

烘烤好的饼干完全冷却后，再进行包装。

五、注意事项

1. 酵母用量

在面团发酵过程中，增加酵母的用量，可以促使面团发酵速度加快。但是，当酵母用量过大时，面团中提供的营养不足，则酵母的生长受到抑制，会影响面团的醒发，从而影响到苏打饼干的膨松感。

2. 小苏打用量

小苏打是制作苏打饼干的一种重要原料。它在烘烤过程中会分解产生CO_2，从而使饼坯的体积膨胀增大，其分解的温度为60℃～150℃。如果小苏打使用时加入量过多，会使饼干的碱性增强，影响口味，同时碱也会与面粉中的色素反应，使饼干内部色泽变黄。

3. 食盐用量

食盐对面筋有增强弹性和韧性的特点，能使面团抗胀力提高，增强面团的保气性，食盐又能增加淀粉的转化率，提供酵母充足的糖分；食盐还可调节口味，满足不同口味的需求。但食盐最显著的特点就是具有抑制杂菌的作用。虽然酵母的耐盐力比其他病原菌强得多，但过高的盐含量同样会抑制其活性，使发酵速度减弱。为此，通常将配方中用盐总量的30%，在第二次调粉时加入，其余的70%则在油酥中拌入，以防用量过多对酵母产生影响。

4. 烘烤温度

烘烤苏打饼干时，第一阶段应当使烤炉的底火旺盛，面火温度则应当相应低些，这样可以使开始阶段的饼坯表面尽可能保持柔软，防止形成硬壳，有利于饼坯体积的胀发和CO_2气体的散逸。如果烤炉的温度过低，即使发酵良好的饼坯也将变成僵片；而在合理的烘烤处理下，尽管发酵不太理想的面团也能得到较好的产品。在烘烤的中间阶段，虽然水分在继续蒸发，但重要的是将胀发到最大限度的体积固定下来，获得优良的焙烤弹性。因此，要求表面火势渐增而底面火势渐减。此阶段温度若不高，表面不能凝固成型，胀发起来的饼坯重新塌陷而使饼干密度增大，制品最终将不够酥松。最后阶段，即饼干上色阶段的炉温通常低于前面各阶段，以防止饼干色泽过深。

任务2　牛奶伴侣燕麦饼干

燕麦里含有丰富的赖氨酸和色氨酸，并且亚油酸也极为丰富，维生素E和B的含量均高于大米、小麦，还含有治疗高血脂的生育三烯醇、可溶性纤维素和低聚糖如β－葡聚糖，由此可见，燕麦饼干的研制有着重要的意义。

一、配方

面粉10kg，燕麦1kg，奶粉750g，棕榈油2kg，鸡蛋300g，白糖2.5kg，精盐50g，小苏打75g，转化糖250g，碳酸氢铵50g，炼乳香精少许。

二、主要设备

磨浆机、辊轧机、成型机、烘烤炉、鼓风机、包装机等。

三、工艺流程

精盐、小苏打、碳酸氢铵（前三者加定量水溶解搅拌）与奶粉、白糖、转化糖、鸡蛋液、香料→搅拌→搅拌（棕榈油和面粉）→调粉→辊轧成型→刷表→烘烤→冷却→整理→包装、入库。

四、操作要点

1. 材料的预处理

（1）面粉预处理。面粉使用前必须过筛，目的在于清除杂质，并使面粉中混入一定的空气，有利于饼干酥松。

（2）糖预处理。白砂糖晶粒在调面团时不易溶化，而且为了清除杂质与保证细度，将白砂糖磨成糖粉，并用100目的筛过筛。

（3）燕麦粉预处理。燕麦粉使用前必须过筛，有利于在面团中均匀分布，增加口感度。

2. 面团的调制

按照面粉的吸水程度适当添加水量，一般为5%左右。加水过多，面团产生韧缩，压片后易于变形；加水不足，面团干燥松散，成型困难，面团过硬，成品不松脆。

3. 辊轧

将调制好的面团经过辊轧，制成厚度均一、形态平整、表面光滑的面片。

4. 成型

经过辊压的面片，经成型机制成各种形状的饼干坯。

5. 刷表

用调制好的鸡蛋液给饼干坯表面刷蛋液，要求做到适度均匀。

6. 烘烤

饼坯入炉烘烤，炉温为200℃~280℃，烘烤时间视温度的高低而定。

7. 冷却

利用鼓风机的鼓风进行降温，空气流速≤2.5m/s，冷却适宜温度为30℃~40℃，室内相对湿度为70%~80%。

8. 包装

采用500g或250g装，包装箱内使用内衬纸，纸箱外部用绳带扎扣。

项目八　曲奇饼干的制作实例

任务1　配方

低筋粉1.5kg，饼干油250g，色拉油500g，糖粉525g，盐10g，牛王(优质牛油)250g，水375g至500g。

任务2　制作方法

糖粉、牛王牛油、盐、饼干油和色拉油慢速拌匀再快速打至原体积的2~3倍(注意中间停机刮下)，再加水(分4到5次慢慢加入)，要等到水与奶油变成相当光洁的膏体状后才能慢速加面粉拌匀。

任务3　成型

用大的裱花嘴在烤盘上均匀地挤成圆卷或蝴蝶形。

任务4　烘烤

采用面火200℃，底火120℃~160℃，烘烤4min。

复习思考题

1. ____________是以面粉、糖、油脂、乳品、蛋品等为主要原料，经烘焙而成的口感酥松、水分含量少、重量轻、块形完整、易于保藏、便于包装和携带、食用方便、营养丰富的食品。

2. 按国家饼干分类标准分类，饼干可分为____________、____________、____________、____________、____________、____________、____________、____________、____________、____________、____________十一类。

3. 影响面团形成的主要因素有____________、____________、____________、____________、____________、____________。

4. ____________与一般酥性饼干面团不同，它是在蛋白质充分水化的条件下调制而成的。该面团要求具有较强的延伸性，适度的弹性，柔软而光润，并且具有一定的可塑性。用这种面团调制成的饼干胀发率比酥性饼干大得多。韧性面团俗称“____________”，这是因为面团在调制完毕时具有比酥性面团更高的温度而得名。

5. 为调制好韧性面团，应注意___________、___________、___________、___________、___________、___________几个方面。

6. 影响面团发酵的几个因素有___________、___________、___________、___________、___________。

7. 饼干的成型方法有____________、____________、____________、____________等。

8. 饼干刚出炉时的表面温度很高，可达180℃，中心温度约为110℃，饼干出炉时很软，水分含量也比成品饼干高，含水量为8%～10%，如此高的温度和含水量不适宜马上进行包装，必须把饼干冷却到38℃～40℃时才能包装。如果趁热包装，不仅妨碍___________和___________，易使___________，而且还会加速___________，降低饼干___________。

9. 包装形式有______________、______________、______________、______________、______________、______________。

模块四　面包生产工艺

项目一　概述

任务1　面包的概念

面包是以小麦粉、酵母、盐和水为基本原料，添加适量糖、油脂、乳品、鸡蛋、果料、添加剂等，经搅拌、发酵、整形、成型、醒发、烘烤、冷却等工序而制成的组织松软的烘培食品。

任务2　面包的分类

1. 按面包风味分

主食面包、花色面包、调理面包、丹麦酥油面包。

主食面包：这类面包的用料比较简单，辅助原料很少使用，主要有面粉、酵母、盐和水，含糖量不超过面粉的10%，油脂低于面粉的6%。各种原料的不同配比可以制作出风味特色多样的主食面包。

花色面包：花色面包的品种甚多，包括夹馅面包、表面喷涂面包、油炸面包圈及因形状而异的品种等几个大类。它的配方优于主食面包，其辅料配比属于中等水平。以面粉量作基数计算，糖用量12%～15%，油脂用量7%～10%，还有鸡蛋、牛奶等其他辅料。

调理面包：属于二次加工的面包，烤熟后的面包再一次加工制成，主要品种有：三明治、汉堡包、热狗等三种。

丹麦酥油面包：由于配方中使用较多的油脂，又在面团中包入大量的固体脂肪，所以属于面包中档次较高的产品。

2. 按面包口感分

硬质面包、松质面包、脆皮面包、软质面包。

3. 按国家区分

英国面包、丹麦面包、德国面包、法国面包。

英国面包以复活节十字面包和香蕉面包闻名；丹麦面包以表面浓厚的糖汁闻名，特点是甜腻而且热量高；德国面包以椒盐8字面包闻名；法国面包以法式长棍面包闻名。

项目二　面包生产工艺流程

任务1　面包生产的工艺

面包的典型生产工艺主要有：一次发酵法、两次发酵法、快速发酵法、两次搅拌一次发酵法、柯莱伍德法、浸渍法、液体发酵法以及冷冻面团法。生产中常用的有一次发酵法、两次发酵法和快速发酵法。

任务2　一次发酵法生产工艺

1. 概念：一次发酵法又称直接发酵法，是指面包制作过程中，将所有的面包原料（除油脂和乳化剂），一次混合调制成面团，再进入发酵制作程序的方法。直接发酵法的优点是操作简单、发酵时间短、面包的口感、风味较好，并且可以节约设备和人力。

2. 工艺流程：配料→面团调制→发酵→分割→搓圆→整形→醒发→饰面→烘烤→冷却→包装→成品。

任务3　两次发酵法生产工艺

1. 概念：两次发酵法又称中种发酵法。是将配方中面粉量分成二段，第一次搅拌的面粉投入量为70%～85%，然后放入相应的水，以及所有的酵母、改良剂等，低速搅拌得到粗糙且均匀的面团，即中种面团，进行第一次发酵。再与配方中剩余的面粉、盐及各种辅料一起进行第二次搅拌至面筋充分扩展，形成主面团，延续发酵，即可进行分割整形。

2. 工艺流程：第一次调粉搅拌→第一次发酵→第二次调粉搅拌（全部余料）→第二次发酵→分割→搓圆→整形→醒发→饰面→烘烤→冷却→包装→成品。

项目三　面包配方设计与表示方法

任务1　主食面包

配方是指以烘烤百分比形式出现的面包配方。烘烤百分比是烘烤工业专用的百分比，与日常实际百分比有所不同，在实际百分比中，总百分比为100%，而在烘烤百分比中，则以配方中的面粉质量永远为100%，其他各种原料的百分比是相对于面粉的多少而定，且总百分比超过100%。

面包配方中基本原料是：面粉、酵母、水和食盐，辅料是：砂糖、油脂、乳粉、改良剂以及其他乳品、蛋、果仁等。

根据主食面包清淡可口的特点，以面粉为主料，加入水、酵母、食盐和少量糖制成大众食品。下表为一次发酵法制作吐司面包的配方。

原料	%	质量/g
高筋面粉	100	1000
糖	20	200
盐	1.5	15
酵母	1.1	11
水	58~60	580~600
奶粉	4	40
奶油	6	60

任务2　甜面包

甜餐包的品种较多，有多种不同花式、不同造型和不同风味的产品。常见的有圆餐包、豆沙包、酥皮包、酥粒包、毛毛虫面包、牛油排包等，目前制作方法多采用一次发酵法。下面以牛油排包为例简述一次法制作甜餐包的生产工艺。

原料	%	质量/g
高筋面粉	100	1200
水	60	720
酵母	1.5	18
盐	1.5	18
糖	20	240
奶油	8	96
鸡蛋	8	96
奶粉	5	60
改良剂	0.3	3.6
总量	204.3	2451.6

任务3　花式面包

花式面包是以面粉为主料，加适量糖、盐、油脂并添加蛋品、乳品、果料等而制成的面包。如香橙花式面包、庞多米花式面包、蜂蜜花式面包、花式豆沙面包、花式鲜奶油面包等。花式豆沙面包配方见下表。

原料	%	质量/g
高筋面粉	100	1200
水	60	720
酵母	1.5	18
盐	1.5	18

续表

白糖	20	240
奶油	8	96
鸡蛋	8	96
奶粉	5	60
改良剂	0.3	3.6
总量	204.3	2451.6

项目四 面团的调制

任务1 面团调制的目的

面团搅拌调制除了可以使各种材料混合均匀，促进面粉吸水形成面筋，更重要的是得到充分扩展，使面团在发酵时能包覆气体膨胀，并在烘烤时具有较佳的烤盘流动性，使烘焙出来的成品无论在口感上或外观上，都能得到最佳的品质。

任务2 面团调制过程中的变化

面团搅拌过程中的变化可分为六个阶段。

(一)拾起阶段

面团开始搅拌的第一阶段，所有干湿物料混合成为粗糙又湿润的面团，硬且毫无弹性或延展性，搅拌缸内壁还残留一些未搅拌均匀的材料。

(二)卷起阶段

当面团继续搅拌，配方中的水分已完全被面粉吸收并开始形成面筋。此时面团已具有强大的筋力，开始卷附在沟形搅拌器上，但质地仍较硬，缺乏弹性，用手触摸时有点黏手，拉取面团仍容易断裂。如果面团是采取中种发酵法，需要分成两次搅拌时，中种面团搅拌至卷起阶段即可进行基本发酵，以免加入主面团搅拌时面筋因搅拌过度而断裂。

(三)扩展阶段

面团表面干燥且光滑，有光泽、不黏缸，内部组织结构实有弹性、柔软，面筋已经开始扩展，用手拉取面团时虽有延展性，但仍会断裂。

(四)完成阶段

面团面筋达到充分扩展，面团会随着搅拌器的搅动而拍打缸边，但始终卷附在搅拌器上，所以会形成“拖尾”现象，并发出噼啪的声响。此时，面团表面细腻、光滑不黏手，内部组织柔软并具有良好的延展性，并可用手将面团抻拉出极薄的薄膜，即使将薄膜拉破，边缘仍会呈现光滑的圆弧状。

到达完成阶段的面团 ，有“面光、手光、板光”的判断标准，也就是面团表面光滑，不黏手及搅拌缸、操作台面。搅拌到完成阶段的面团，即可倒出进行发酵处理。一般面团以直接发酵法操作，以及采取中种发酵法操作的面团，也都要搅拌到完成阶段，面团才能产生足够的面筋包覆气体。

(五)过渡阶段

如果面团搅拌到完成阶段后还继续搅拌，原本已光滑干燥的面团表面会再度出现含水光泽，面筋开始断裂，面团再度黏附搅拌缸，停机后向四周流动，形成会黏手的薄丝状，此时，已不适合制作面包。

(六)面筋断裂

若再继续加以搅拌，面团开始水化且松弛无弹性，表面湿黏，面筋断裂严重，钩状搅拌器已经无法再将面团卷起，用手拉取会形成透明状的丝线，无法制作面包。

任务3　面团调制工艺

(一)检查原辅料的质量情况

(二)检查原辅料数量

(三)原料的预处理

(四)投料顺序

干性原料混合均匀→加入湿性原料搅拌成团→加入油脂搅拌至完成阶段。

(五)面团搅拌工艺要求

面团搅拌至完成阶段，搅拌后面团温度27℃。

项目五　面团的发酵

任务1　面团发酵的目的

(1)使酵母大量繁殖，产生二氧化碳气体，从而使面团体积膨大；

(2)通过发酵，使面团具有良好的延伸性，降低弹性和韧性，从而改善面团的加工性能，便于面团整形，奠定基础；

(3)使面团形成疏松多孔、柔软细密的组织结构；

(4)酵母发酵会产生许多代谢产物，使包具有独特、诱人的芳香及风味；

(5)发酵过程会促进面团面筋的氧化，强化网络结构。提高面团的持气能力，使面包最后醒发和烘烤时获得最大的体积。

任务2　面团发酵的基本原理

面团的发酵是面包酵母利用面团中的糖类为营养成分进行呼吸作用产生二氧化碳和酒精的过程。其反应分为两步：

第一步为有氧呼吸，酵母将糖分解为二氧化碳和水：

$$C_6H_{12}O_6 \longrightarrow 2CO_2 + 2H_2O$$

第二步为无氧呼吸，随着面团中氧气的减少，酵母还会进行无氧呼吸的酒精发酵：

$$C_6H_{12}O_6 \longrightarrow 2C_2H_5OH(\text{酒精}) + 2H_2O$$

面团的发酵以有氧呼吸为主，无氧呼吸发酵为辅，无氧呼吸还会产生乳酸等有机物，也是构成面包特有风味的重要成分。

任务3　影响面团发酵的因素

影响面团发酵的因素主要包括:发酵的温度，湿度，发酵的时间和翻面的程度。

任务4　面团发酵技术

1. 发酵温度

面团发酵的最佳温度为27℃，所以，发酵室的温度一般控制在24℃ ~28℃。

2. 湿度

面团发酵的适宜湿度为相对湿度75% ~80%。

3. 时间

发酵时间根据酵母添加量及发酵温度的不同而发生变化。一般而言，酵母添加量越大，发酵温度越高，发酵时间越短，反之则应相应延长发酵时间。但是，发酵温度高于30℃会因面团产酸过多而发酸。

二次发酵法中种面团在28℃ ~30℃，相对湿度75% ~80%的发酵室中一般要发酵4 ~6h。相同条件下，主面团的发酵时间一般为20 ~60min。

4. 翻面

面团在发酵过程中，一般还要进行翻面操作，也称为揿粉。这是因为随着发酵的进行，二氧化碳越来越多，空气逐渐减少，酵母由有氧呼吸变为无氧呼吸的酒精发酵，发酵速度变慢。因此，利用翻面(增加氧气，排除部分二氧化碳)操作可以促进面团的有氧呼吸，提高发酵速度。

翻面操作主要用于一次发酵法，二次发酵法一般不需要翻面。

任务5　面团发酵成熟的判断

面团发酵分为一次发酵法和二次发酵法。

一次发酵法面团发酵终点的判断:判断一次发酵法面团发酵终点的方法有很多，其中体积法和手触法用得最广，而且通常两者结合起来用，方便又准确。

1. 体积法

发酵面团的体积增大到发酵前体积的两倍，也即体积增大一倍，即可判定发酵成熟。

2. 手触法

先将手指蘸上干面粉，再在面团中间轻轻压下不会感到有很大的阻力，手指从面团抽出后，压下的指印不会很快升起弹回，且周围面团也不会很快地随着按压而下降，则表明面团发酵成熟恰当，可适当进行翻面;如果面团很快恢复原状，表示发酵不足;如果手指按压时，面团很快塌陷凹落下去，则表示发酵过度。

3. 温度法

面团发酵成熟后，温度一般上升4℃ ~6℃，通过测量面团发酵过程的温度变化，可判断面团是否发酵成熟。

4. pH 值法

面团发酵前 pH 值约为6.0，发酵成熟后下降到5.0 左右，低于5.0 则发酵过度。

二次发酵法中种面团发酵终点的判断:实际操作中，可通过观察中种面团的物理特征来判断其发酵是否成熟。

1. 面团体积

发酵好的面种其体积是发酵前的3 ~4倍。

2. 面团下陷

完成发酵后的中种面团其顶部稍有下陷。

3. 面团筋性

用中指和食指捏住一小部分面团轻轻向上拉，如果面团很容易断裂，表示发酵成熟;如果仍有伸展弹性，则尚未完全成熟，需要继续发酵。

4. 面团表面

发酵成熟的面种，面团表面比较干燥。

在实际操作中，通常结合以上几种方法，可以准确的判断面团是否发酵成熟。

项目六　面团的成形与醒发

任务1　成形

面团成形时，应根据产品的要求控制好面团的流变性。一般要求面团柔软、有一定的延伸性，表面不发黏。影响面团流变性的因素有搅拌程度、发酵程度等。如搅拌不足，面团较硬，成形困难;搅拌过度，面团延伸性过大，成形不够紧密。

成形时，有些品种的面团比较黏手，可以撒些干粉来帮助操作，但应尽可能地减少撒粉量，以避免成品内部形成空洞。

手工成形时应尽量做到成形后的每一个面团性状和大小保持一致，接缝口朝下放置于烤盘或模具。

任务2　醒发

面团的最后醒发又称为最后发酵、成型发酵。醒发是把成形好的面团进行最后一次发酵使其达到应有的体积的过程。

面团通过最后醒发可以达到以下目的:

1. 面团经过压片成形等操作后，处于紧张状态，醒发是为了使面团得到恢复，如同从冬眠中苏醒一样，使面筋进一步结合，增加其延伸性，有利于面团体积充分膨胀。

2. 面团经过最后一次发酵，使体积和形状符合产品的要求。

3. 改善面包内部结构，形成疏松多孔的组织。

4. 在醒发过程中对前期工序出现的差错进行补救。

面团经过整形后，尤其是压片、卷折，之前产生的气体大部分被赶出，面筋也失去柔软性，此时如果进炉烘烤，面包成品必然体积很小，组织粗糙，颗粒紧密，且顶部会形成硬壳。所以，为了使面包成品体积大、组织好，必须使整形后的面团进行醒发，即再次发酵，使其重新产生气体，使面筋变得柔软并得到合适的体积。

在醒发阶段，可对前几道工序出现的差错进行补救，可根据具体情况调整醒发时间和温度。但若醒发时出现差错，则前功尽弃，无法挽回。例如，醒发温度过高导致酵母死亡，或醒发严重过度导致塌陷等等，这些情况一旦出现，只能烘烤出品质极差的面包。因此，醒发阶段的操作一定要小心，避免出现差错。

项目七 面团的烘烤、冷却与包装

任务1 面团的烘烤

面包的烘烤根据品种及面团重量的不同一般需要15~35min。面包烘烤的过程通常可分为五个阶段：

1. 烘焙急涨阶段

烘烤急涨可使面团的体积增大20%~30%。此阶段炉温的控制相对低一点，且下火高于上火，以使面团获得适当的烘焙急涨。

2. 酵母继续作用阶段

在这一阶段，面团内部温度在60℃以下，酵母的发酵作用仍在进行，且发酵速度加剧，使得面团达到最大限度的膨胀。当面团温度超过60℃时，酵母便停止活动，不再产生二氧化碳气体及其他代谢产物。

3. 体积定型阶段

在此阶段，面团内部的温度在60℃~82℃之间，酵母活动早已停止，面筋已膨胀至弹性极限，并且面筋蛋白质受热变性形成固化的面筋网络；随着温度的继续升高，面团中的淀粉糊化并凝固于面筋网络中，使面包的体积不再膨大而定型。此阶段应相应提高炉温，上下火可同时提高，使炉内温度达到190℃~200℃，以使面包定型。

4. 表皮颜色形成阶段

这一阶段的主要作用是使面包的表皮着色并产生香气。

此阶段炉温的控制，通常上火应高于下火，但上火也不宜过高，否则会把面包表皮烤焦。

5. 烘烤完成阶段

此时，面团内的水分已蒸发到一定程度，其中心部位也已完全熟透，标志着烘烤完成，可以出炉，面团最终烘烤成为香软可口的面包。

任务2 面包的冷却

面包冷却通常有三种方法：

1. 在密闭室内使用连续的多层输送设备，顶上有排气口，底部有进气口。出炉后的面包从顶上慢慢旋转下来，一直到出口。经过净化处理的冷空气由进气口吸入，热空气由排气口排除，使面包加速冷却。

2. 采用空调设备进行冷却。面包在适当的温度和湿度下得到迅速冷却。目前国外多采用此法。

3. 真空冷却法。此法乃目前较为新式的冷却方法，其优点是在适当的温度、湿度条件下通过一段时间的真空处理，面包在极短时间内达到冷却目的（只需 30min），而且不受季节的影响。

任务 3　面包的包装

1. 包装的目的

为了保证面包品质和符合食品卫生要求，经过冷却或切片的面包，要及时进行包装，其目的如下：

(1)保持面包清洁

经过包装的面包可避免在贮运和销售过程中遭受污染。

(2)防止面包变硬

面包经过包装后，可避免水分继续蒸发，使面包保持柔软，延缓老化，延长保鲜期。

(3)增加产品美观

包装后的面包可提高附加值，改善外观，增加食欲，促进销售。面包的包装最好在面包中心温度冷却至 32℃时进行为好。温度过高，包装后袋内会有过多水汽；温度过低，冷却时间延长，面包被微生物污染的机会加大。

2. 包装的操作及要求

面包包装操作最好在具有空调设备的包装室进行，一般温度控制在 20℃ ~26℃，相对湿度 70% ~80%。包装的方法有手工包装、半机械化包装和自动化包装。手工包装效率较低，卫生较难达到要求，且包装的美观一致性较差。

半机械化和自动化包装都是采用机器包装，区别在于前者还需要使用人工搬运面包置入包装机，而后者则实现了从冷却设备出口到包装机的自动输送并自动喂料、自动包装。

对包装材料的选择，首先要符合食品卫生要求，无毒，无臭、无味，不会直接或间接污染面包；其次要求密闭性好，不透水，不透气；三是要求材料的价格适宜，在一定的成本范围内提高包装质量。

包装常用的材料主要有烘焙纸、玻璃纸、聚乙烯薄膜、聚丙烯薄膜等。包装时除了要求美观外，还应符合食品标签的相关要求，如在包装上注明配料、重量、生产日期、保质期、生产厂家信息等。

项目八　面包储存技术

任务 1　面包老化

面包老化是指：面包在贮藏过程中质量降低的现象，表现为表皮失去光泽、芳香消失、水分减少、瓤中淀粉凝沉、硬化掉渣、可溶性淀粉减少等。

任务 2　延缓面包老化的措施

面包贮存在 20℃以上时，老化慢一些，在零下 7℃ ~20℃之间储存，老化最快。但高温贮存会有其他一些问题，比如高温高湿易长霉等。乳化剂如单甘脂、卵磷脂等表面活性物质均可作用于淀粉，使面包柔软，从而延缓老化。在生产中，辅料对面包老化作用也很明显，糖、乳制品、蛋和油脂不仅能改善面包的风味，还有延缓老化等作用。

任务3　面包的腐败及预防

面包在贮存过程中，由于微生物的污染繁殖，面包瓤芯及表面都会发生腐败现象。

一、瓤芯发粘

面包出炉后，在保存过程中，从面包瓤芯开始，原有的多孔疏松的组织结构被破坏，变得发粘、发软，颜色灰暗，最后变成粘稠状的胶状物质，产生臭味。

二、表皮霉变

面包表皮的微生物污染通常是由霉菌引起的 。面包贮存一定时间后，表面开始出现霉斑。随后斑点逐渐蔓延至整个表面，最后深入面包内部，导致整个面包腐败，并产生霉臭味。

项目九　面包生产实例

任务1　主食面包

主食面包的制作可采用一次发酵法和二次发酵法，以二次发酵法为主。二次发酵法较之一次发酵法虽然耗时较长、操作繁复，但面包成品的品质，无论从外观、风味还是内部组织都要优于一次发酵法。

一、产品配方（以1000g面粉计）

1. 中种面团（面种）

原料	%	质量/g
高筋面粉	70	700
水	65	455
酵母	0.8	8
改良剂	0.3	3

2. 主面团

原料	%	质量/g
高筋面粉	30	300
水	55	95
酵母	0.2	2
盐	1.5	15
糖	20	200
奶油	6	60
鸡蛋	4	40
总量	187.8	1878

二、制作过程

面种的制作：

1. 要求面种温度控制在26℃。
2. 面种搅拌至卷起阶段，不能搅拌至面筋扩展。
3. 面种于28℃、75%相对湿度下，发酵约2.5～3.5h。
4. 发酵终点判定：体积增大3～4倍，面团呈明显的网状结构，有较浓的酒精味。
5. 面团滚圆，台面松弛10～20min。
6. 面团擀薄排气，卷起成型后入模（烤模预先刷好熔化的奶油，方便脱模）。
7. 最后醒发：36℃，85%相对湿度，约80～90min。
8. 烘烤：上火160℃，下火190℃，约35～40min。
9. 出炉后趁热脱模，立于冷却架上冷却至室温。

任务2　辫子面包

辫子包属于花色餐包，通常采用一次发酵法制作工艺。辫子包面团成形的过程就像小姑娘编小辫一样，可编成三辫、四辫、五辫、六辫甚至更多辫数的辫子形状。为便于面团编辫的操作，面团可调制稍硬一点并置入冰箱发酵。

一、产品配方（以1000g面粉计）

原料	%	质量/g
高筋面粉	100	1000
水	51	510
酵母	1	10
盐	1.5	15
糖	18	18
奶油	6	60
鸡蛋	5	50
改剂	0.3	3

二、制作过程

1. 要求面团温度控制在24℃。
2. 面团搅拌加料顺序：

水＋糖＋蛋＋改良剂→慢速拌匀→加面粉、酵母→慢速拌匀、中速搅拌至面筋扩展→加奶油→中速搅拌至面筋完全扩展→加盐，搅拌2min至均匀。

3. 面团用塑料薄膜包好，送入冰箱内冷冻发酵60min。
4. 面团分割，分割重量为100g/条。
5. 面团搓条，台面松弛5min。
6. 面团搓均匀长条，编辫成型（3、4、5、6辫等）后摆盘。
7. 最后醒发：36℃，82%相对湿度，约50～60min。

8. 表面刷两次蛋液，撒芝麻，入炉烘烤。

9. 烘烤：上火 175℃，下火 165℃，约 30min。

任务3　罗宋面包（梭形面包）

罗宋面包是一款由高精面精制而成的硬质面包。最早是从俄罗斯传入中国的。之所以叫“罗宋”，是因为在旧上海，人们习惯把从俄罗斯来的东西叫做“罗宋”，如罗宋汤、罗宋牌、罗宋帽等。

一、产品配方（以 1000g 面粉计）

原料	%	质量/g
高筋面粉	100	1000
水	50	500
酵母	1	10
盐	1.8	18
糖	25	25
黄油	12	12
鸡蛋	15	150
奶粉	0.5	5

二、制作过程

1. 根据一般面包制作方法，把所有材料搅拌成面团，搅拌至能拉出薄膜的扩展阶段，在 28°C 左右基本发酵 1h 后（发酵到 2.5 倍大），排气，分割成 4 份，滚圆，进行 15min 中间发酵。

2. 把中间发酵好的面团压平，用擀面杖擀成椭圆形。

3. 把椭圆形翻面，从上往下卷起来。

4. 卷的时候注意，两边稍微往里收。

5. 卷好后，收紧，捏实，成为两端细中间鼓的橄榄形。

6. 将整形好的面团排入烤盘，放入醒发箱进行最后发酵，约 40min，发酵到 2.5 倍大。

7. 发酵好的面团取出，在室内放几分钟，使面团的表面稍微干燥。

8. 用锋利的刀片（刮胡刀）在面团顶部划一道约 1cm 深的长口子。

9. 在划好的口子里挤上一道软化的黄油（每个面团约挤 4g 黄油）。

10. 在面团表面刷上一层鸡蛋液。

11. 再撒上厚厚一层糖粉，即可入烤箱烤焙。190°C，约 15min，烤到表皮金黄色。

任务4 乳白面包

一、产品配方(以1000g面粉计)

原料	%	质量/g
高筋面粉	100	1000
水	50	500
白脱香料	1	10
酵母	1	10
盐	0.25	2.5
糖	22.5	225
植物油	15	150
鸡蛋	1	10
奶粉	0.65	6.5
奶油	0.2	2.5

二、制作过程

1. 鼓酵子:

酵子要小，只需占面粉用量的27%左右即可。

先将20g酵母用水调开，加糖2g(是酵母培养基)，放置15~30min酵母活化。加温水350g(包括酵母液中水量)、面粉675g，调匀后在温度27℃~28℃发酵4h左右。

2. 调粉:加温水450g、植物油125g及所有其它配料，开动搅拌机调匀后，将酵子按比例加入，调开后，除留下35g公斤补面外，其余1790g面粉按比例分批加入。最后加入留下的全部植物油。调好的面团在温度25℃~26℃发酵约1个h。

3. 成型:250g重的面包需400g下秤，将面团搓成鸭蛋形，结口向下，摆在铁盘上，将槽子扣在面团上，在温度30℃左右发酵约2h，待面团发起距槽子底1cm时，即可烘烤。

4. 烘烤:炉温在200℃左右，烘烤约17min即可成熟，面包表皮呈金黄色，内瓤成层，冷却后包装。

任务5 甜面包

甜面包的品种较多，有多种不同花式、不同造型和不同风味的产品。常见的有圆餐包、豆沙包、酥皮包、酥粒包、毛毛虫面包、牛油排包等，目前制作方法多采用一次发酵法。下面以牛油排包为例简述一次法制作甜面包的生产工艺。

一、产品配方(以1200g面粉计)

原料	%	质量/g
高筋面粉	100	1000
水	60	720
酵母	1.5	18
盐	1.5	18
糖	20	240
奶油	8	96
鸡蛋	8	96
奶粉	5	60
改良剂	0.3	3.6
总量	204.3	2451.6

二、制作过程

1. 要求面团温度控制在28℃左右。

2. 面团搅拌加料顺序:

水+糖+蛋+改良剂→慢速拌匀→加面粉、酵母→慢速拌匀、中速搅拌至面筋扩展→加奶油→中速搅拌至面筋完全扩展→加盐，搅拌2min至均匀。

3. 主面团不需延续发酵，马上分割，分割重量为60g/个，搓圆松弛20min。

4. 面团成型为细长条形，两头稍尖，中间稍鼓，保证一致性，整齐排列在刷油烤盘中。

5. 面团制作成型后入醒发箱醒发。

6. 最后醒发:38℃，85%相对湿度，约60~70min。

7. 烘烤:上火170℃，下火180℃，约15min。

8. 出炉后，迅速在表面抹上奶油，提高和改善成品的风味及外观。

任务6　热狗面包

热狗是香肠的一种吃法。夹有热狗的整个面包三明治也可以直接称作热狗。

一、产品配方(以1000g面粉计)

原料	%	质量/g
高筋面粉	80	800
低筋面粉	20	200
砂糖	16	160
盐	1	10
酵母	1	10
奶粉	3	30

续表

鸡蛋	12	120
牛奶	50	500
黄油	12	120
生菜、洋葱、番茄、美乃滋		适量
香肠		若干

二、制作过程

1. 将干性材料和湿性材料一起搅拌至面团表面光滑，加入黄油。
2. 搅拌至面团表面光滑能拉开面膜。
3. 以温度30℃基本发酵50min。
4. 将面团分割成60g/个，滚圆、松弛20min。
5. 卷成橄榄形，放入烤盘。
6. 以30℃温度、75%湿度发酵60min。
7. 发酵好后，表面刷上蛋液，以上火200℃、下火180℃烘烤12min。
8. 冷却后，将面包从中间切开，放入生菜、洋葱和香肠，挤上美乃滋和番茄酱。

任务7　奶油面包

一、产品配方(以1200g面粉计)

原料	%	质量/g
高筋面粉	90	1080
低筋面粉	10	120
细砂糖	16	200
盐	0.2	2.6
酵母	1	12
牛奶	3	100ml
鸡蛋	12	600
无盐奶油	50	120
蛋液		适量

二、制作过程

1. 除无盐奶油外，将其他材料倒入搅拌缸内，搅拌至面团不黏手(牛奶要保留120ml，当面团搅拌成团后慢慢加入)。
2. 加入切成小块的无盐奶油，搅拌至完全融合。
3. 继续搅拌，至面团能撑成薄膜状。
4. 取出滚圆，收口朝下捏紧，放入涂抹少许油的烤盘中。
5. 在面团表面罩上保鲜膜，进行第一次发酵。

6. 发酵完成后，将面团分割成70g/个。

7. 滚圆，并松弛10min。

8. 将小面团用双手搓揉成水滴状，擀面团成30cm的长的面皮。

9. 由上向下慢慢卷起，收口朝下。

10. 放在烤盘上，注意间距，放入醒发箱中醒发(温度38℃，湿度90%)，直到体积变成1.5～2倍大小即可。

11. 刷蛋清，上色。

12. 烤箱先预热到170℃，放入其中，烘烤18～20min至表面呈金黄色。

13. 面包烤好后放凉，冷却后包装。

任务8　花样面包

一、产品配方(以1000g面粉计)

原料	%	质量/g
高筋面粉	100	1000
细砂糖	18	180
酵母	1	10
淀粉	0.5	5
鸡蛋	11	110
花生油	6	60
蛋液		适量

二、制作过程

1. 原料过筛，将400g面粉、酵母和适量水搅拌成面团，静置发酵约4h。

2. 加入糖150g、盐、油、鸡蛋、适量水和剩余的面粉搅拌均匀，静置发酵1h。

3. 将面团分割成160g/个，搓圆，放入烤盘中。

4. 放入醒发箱醒发。

5. 刷蛋液，挤上各式花样的酱烤制。

任务9　葡萄干小面包

一、产品配方(以200g面粉计)

原料	%	质量/g
高筋面粉	100	200
水	55	110
酵母	1.5	3
盐	1.5	3
砂糖	5	10
黄油	5	10
鸡蛋	5	10
葡萄干	20	40

二、制作过程

1. 将干性和湿性材料搅拌至表面光滑有弹性，加入黄油搅拌至面团能拉开面膜。

2. 加入葡萄干搅拌均匀。

3. 室温 28℃发酵 40min。

4. 将面团分割成 50g/个，滚圆、松弛。

5. 将面团上蘸上砂糖。

6. 放入烤盘，以温度 28℃、湿度 80% 发酵 40min 左右。

7. 发酵好后，在表面划两刀。

8. 以温度 200℃烘烤 14min。

任务 10　葱油小面包

一、产品配方（以 400g 面粉计）

原料	%	质量/g
高筋面粉	100	200
牛奶	145	290
砂糖	15	30
盐	3.5	7
酵母	1.5	3
玉米油	15	30
葱	25	50

二、制作过程

1. 将除葱和玉米油除外的所有原料放入搅拌机搅拌。

2. 锅热后倒入玉米油，然后小火将切碎的葱爆香。

3. 面团搅拌至拾起阶段，倒入放凉的葱和葱油，继续搅拌至扩展阶段。

4. 室温下发酵至原面团的两倍大。

5. 将发酵好的面团排出气体后，分割成 12 份，稍醒发 10min。

6. 将醒发好的面团揉成圆形后放入烤盘。

7. 将整形好的面团放入烤箱，再次进行发酵。

8. 取三片芝士，两面分别粘上干粉。

9. 芝士片切成细丝，待用。

10. 待 40min 后，面包坯发酵至原来的两倍大，已经涨得又白又胖时，拿出，上面刷一层蛋液，烤箱 180°C 预热。

11. 将切好的芝士片均匀撒在面包坯上，将烤盘放入预热好的烤箱中。

12. 烘烤 18min，表面烤成金黄色即可。

任务 11　芝麻面包

一、产品配方（以 200g 面粉计）

原料	%	质量/g
高筋面粉	100	200
酵母	1.5	3
砂糖	5	10
盐	1.5	3
水	60	120
鸡蛋	5	10
黄油	10	20

二、制作过程

1. 将干性和湿性材料搅拌至表面光滑，加入黄油搅拌至面团完成。
2. 室温 25℃基本发酵 50min 左右。
3. 将面团分割成 120g 一个，滚圆、松弛 20min。
4. 将面团排气、对折，卷成圆柱形。
5. 放入烤盘，以温 25℃室温发酵 50min 左右。
6. 发酵好后，表面撒上芝士碎，用筷子打上孔。
7. 以温度 200℃烘烤 15min 左右。

任务 12　吐司面包

所谓的土司面包指的是在面包上涂一层蒜泥或是奶油再去烤的面包，以蜂蜜吐司面包例。

一、产品配方（以 1000g 面粉计）

原料	%	质量/g
高筋面粉	100	1000
蜂蜜	12	120
盐	1.8	18
酵母	1	10
蛋黄	4	40
鲜奶油	7	70
炼乳	5	50
水	60	600
黄油	6	60

二、制作过程

1. 将干性和湿性材料一起搅拌至表面光滑。
2. 加入黄油。
3. 搅拌至面团能拉开光滑面膜。
4. 以温度30℃发酵60min，分割成225g/个。
5. 滚圆。
6. 放入450g吐司模具中(放入两个面团)。
7. 以温度30℃、湿度75%发酵60min。
8. 以烤箱上火170℃、下火210℃烘烤30min。

任务13　蜂蜜面包圈

一、产品配方(以250g面粉计)

原料	%	质量/g
高筋面粉	100	250
蜂蜜	8	20
白砂糖	4	10
牛奶	40	100
酵母	1.6	4
盐	0.8	2
黄油	8	20

二、制作过程

1. 用配方分量内的一半温水溶解酵母。

2. 将面粉、糖、盐、奶粉等干性材料倒入容器并拌匀。然后加入溶解酵母的水、另一半水、打散的鸡蛋等除黄油以外的配料。

3. 用力揉成面团，并把面团放在案板上。这个时候的面团会很黏手，表面也很不光滑。但是要坚持揉下去，不要轻易添加面粉。

如果面团粘在案板上，可以用塑料刮板把粘在案板上的零碎面团铲起来，重新揉到大面团里去。

4. 面团会渐渐变得有弹性，表面也变得光滑起来，而且，随着面筋的形成，面团也开始变得没有那么黏手了。

这时候的面团不太容易抻得很薄，抻得稍微薄一点就会被扯出很多裂洞。

5. 把已经软化的黄油加入到面团里，并且用力的把黄油揉到面团里面去。

6. 适时的检测面筋的强度。把面团小心地抻开，看看是否可以形成一张薄薄的薄膜了。(面团可以抻开非常坚韧的薄膜，即使用手指捅，也不太容易捅破。即使薄膜破裂也会呈现光滑的圆孔)

7. 把揉好的面团放进容器里，表面盖上保鲜膜或者湿布，放在室温下进行第一次发酵。

8. 面团发酵到原来的2倍大，用手指蘸上面粉，用面团顶部捅一个窟窿。拔出手指后，插出的孔洞既不塌陷，也不回缩，而是保持原状的话，发酵就完成了。

9. 把发酵好的面团挤出空气，分成所需要的份数，放在室温下醒发15min左右，进行第二次发酵。

10. 发酵好的面包坯刷上鸡蛋液、撒上芝麻。入烤箱上下火230°烤制10～12min即可。

任务14　奶油鸡蛋面包

一、产品配方（以430g面粉计）

原料	%	质量/g
高筋面粉	100	350
低筋面粉	22.8	80
鸡蛋	14.3	50
牛奶	22.8	80
奶油	57.1	200
酵母	1.1	4
奶粉	5.7	20
盐	1.1	4
白砂糖	17.1	60
黄油	11.4	40

二、制作过程

1. 将主料、配料按顺序放入搅拌机（水、牛奶、高筋面粉、酵母、奶油、砂糖、鸡蛋、盐），水、牛奶、鸡蛋室温，启动和面至扩展阶段。

2. 室温基础发酵50min。

3. 排除面团中的空气。

4. 将完成一次发酵的面团十六等分，松弛15min。

5. 松弛好的面团搓成长条形，长度35cm。

6. 把搓好的面折成麻花形状。不要带劲折，否则会改变形状。做完型的面包捏紧头。

7. 把做好型的面包均匀地摆在放有油纸的烤盘中开始二次发酵。二次发酵时间60min，温度35°C。

8. 二次发酵完成后在面包的表面刷上全蛋液。（二次发酵完成后大小是原来的两倍）

9. 在190°C预热好的烤箱中烘焙13min。烤好的面包刷上黄油。

任务15　法国面包

法国面包，因外形像一条长长的棍子，所以俗称法式棍，是实际上独一无二的法国特长的硬式面包。以软式法国面包为例，介绍一下法国面包的做法。

一、产品配方(以500g面粉计)

原料	%	质量/g
高筋面粉	100	500
白砂糖	6	30
牛奶	62	310
酵母	1.2	6
奶油	12	60
盐	0.6	3

二、制作过程

1. 鲜牛奶倒入微波碗中高火加热90s取出放至室温，放入6g发酵粉搅匀，静置8min。
2. 高筋粉+发酵水+盐+细砂糖揉成面团15min，加入鲜奶油揉至扩展阶段。
3. 放在温暖处发酵至2倍大。
4. 轻拍面团拍去面团中的空气，分割滚圆松弛20min。
5. 松弛完成后擀卷成长条状，包入喜欢的馅料从左卷起。
6. 烤盘试先抹油放入卷好的面团。
7. 继续发酵45min。
8. 取出，刀上沾水在发好的面团上划几刀，喷水。
9. 入烤箱之前再喷一次水。
10. 170°C 20min。

任务16　德国面包

一、产品配方(以615g面粉计)

原料	%	质量/g
高筋面粉	100	615
酵母	2	12
盐	2.1	13
黄油	2.4	15
白糖	1.1	7

二、制作过程

1. 水、掰碎的新鲜酵母和糖放入搅拌机。

2. 先放入面粉，再放入天然酵母，使天然酵母尽量不要直接接触水。低速搅拌均匀后，加入盐。低速搅拌均匀，然后转高速搅拌约5min，到面团光滑。

3. 加入捏碎的室温黄油，低速搅拌均匀后，转中低速搅拌约3min。

4. 面团放入抹了油的容器中。搭上亚麻布，发酵30min。进行一次三折，不用取出来放在撒了手粉的工作台上。因为容器抹了油，手沾湿便可以很容易地在容器里给面团折摺。搭上亚麻布，再次发酵30min。

5. 发酵后的面团体积有明显增大，非常饱满。

6. 面团放在撒了手粉的工作台上，分成15个，每个约80g，分别折三折。静置15min。

7. 面团分别滚圆。从第一个，做到最后一个。再从第一个面团开始。收口朝上，用手掌侧面在面团中间压一下。

8. 左手拇指顺着压的印子将面团往里塞，食指将下面的面团往上带，右手就将上下两侧的面团捏紧，最后形成橄榄球型。

9. 面团放在亚麻布上发酵。收口朝上。表面轻轻撒面粉，再搭上层亚麻布。发酵45min。

10. 45min快完的时候，烤箱预热到最高温度。面包移到烤盘上，收口朝下方。用刀片，像割法面一样，45°角下去割面包。等待烤箱预热的时间里，割开的口子会自然张大；面包表面喷水，喷到湿。烤箱里喷水。（带蒸汽）烤15min，然后（关掉蒸汽功能）烤到表面颜色金黄，约3～5min即可。

任务17　日本调理面包

一、产品配方（以150g面粉计）

原料	%	质量/g
高筋面粉	100	150
酵母	2	3
盐	1.7	2.5
黄油	26.7	40
白糖	6.7	10
鸡蛋清	6.7	10

二、制作过程

1. 先用30r/min的慢速搅拌3min，再用70～80转/分的高速搅拌12min。

2. 调好的面团放在冷室（0℃）1～24h。

3. 冷冻后的面团压成片，包上黄油再反复压几次。

4. 成型后在室温条件下醒发90min。然后在38℃，相对温度85%的条件下最后醒发10～15min。

5. 在醒发的羊角面包坯上喷一层鸡蛋清。

6. 在230℃条件下烘烤17min左右。

任务18　油炸面包

一、产品配方(以100g面粉计)

原料	%	质量/g
高筋面粉	100	70
低筋面粉	42.9	30
盐	2.1	1.5
奶粉	7.1	5
白糖	14.3	10
鸡蛋	14.3	10
水	57.1	40
酵母	7.1	5

二、制作过程

1. 面团搅拌。面团搅拌同烘焙普通面包相似，面团温度26℃。如果温度过高，易发酵过度；油炸时间长，吸油多，面包太腻；形状不规整，色泽发白。

2. 面团发酵。油炸面包的面团发酵时，不需完全发酵，一般发酵到八成，即发酵后面团体积为发酵前体积2倍，用手指按下后有明显的指印，不需翻面。

3. 面团整形。油炸面包通常有三种形状，即圆圈状、圆形包馅、长圆形热狗状。

整形步骤如下：(1)压厚片；(2)松弛10min；(3)模具成型；(4)将面包坯放在漏空的栅网上。

4. 醒发。油炸面包坯在醒发时不需要太高的温度，应在较低温度条件下醒发，醒发温度为35℃。如果温度太高，整形后的面包坯流动性好，向四周推开，使成品扁平。醒发室相对湿度为70%，如果醒发室相对湿度过大，屋顶水珠较多，会直接漏到面团上，醒发面团皮薄，滴上水珠后很快破裂，跑气塌陷，而且烘焙时，不易着色，应特别注意控制湿度。另外，往醒发室送盘时，应先平行从上往下入架，轻拿轻放，不得振动，防止面团跑气塌陷。

5. 油炸。(1)油炸食品必须选购能控制温度并带有沥油、栅网的电炸锅。(2)选择符合卫生要求的食用油。氢化植物油发烟点高，不易氧化变质，不产生泡沫，用该油炸面包表层不油腻。(3)油温一般在180℃～190℃，不超过200℃，正常吸油率15%～20%。(4)炸制时间是1～2min，炸好后沥去多余油，用消毒纸吸干面包表面油。

复习思考题

一、填空题

1. 面包生产中的主要原料包括__________、__________、__________、__________。

2. 糖类决定面团的__________性能。

3. 焙烤用料油脂的加工特性包括__________、__________、__________、__________、__________。

4. 焙烤食品加工中所用乳制品的种类有__________、__________、__________等。

5. 在焙烤食品生产中，一般食盐用量以__________为宜。

6. 面筋性蛋白包括__________、__________。

7. 面筋的物理特性有__________、__________、__________、__________。

8. 油脂酸败的方式有__________、__________、__________。

9. 常用乳制品种类有__________、__________、__________、__________、__________。

10. 常用蛋制品有__________、__________、__________、__________、__________。

11. 疏松剂通常分为__________、__________。

12. 面包类面团改良剂包括__________、__________、__________、__________、__________。

13. 生产面包的四大要素是__________、__________、__________、__________。

二、选择题

1. 下面哪种因素不直接影响面团发酵(　　)。

A. 温度　　B. 加水率　　C. 酸度　　D. 空气的流速

2. 下列哪种物质不影响面包面团的调制(　　)。

A. 糖　　B. 油脂　　C. 香兰素　　D. 食盐　　E. 奶粉

3. 对于刚出炉面包下列说法不正确的是(　　)。

A. 水分分布不均匀　B. 易起皱皮　　C. 表皮很脆　　D. 可以切片

4. 对于利用快速发酵法生产的面包，下列说法正确的是(　　)。

A. 风味最佳　　B. 耐老化　　C. 质量最好　　D. 生产效率高

5. 面包按国别分为(　　)。

A. 欧式　　B. 美式　　C. 日式　　D. 中式

6. 使酵母正常成长应考虑的因素是(　　)。

A. 潮湿程度　　B. 温度　　C. 氧气含量　　D. 酵母食料

7. 影响面团发酵的因素有(　　)。

A. 温度　　B. 酵母的质与量　　C. 加水率　　D. 面团的 pH 值

8. 焙烤食品烘烤时的加热原理有(　　)。

A. 传导　　B. 对流　　C. 辐射　　D. 远红外线

三、判断题

1. 面包是土耳其人发明的。 ( )

2. 所有焙烤制品的面团调制，都需停留在面筋完成阶段。 ( )

3. 只有个别特殊品种的酵母在使用前不需要活化。 ( )

4. 面团在调制时，往往需要调出几个面筋的特性。 ( )

5. 面包制作时，添加奶粉的量增加表皮颜色加深。 ( )

6. 生乳用于面包时，必须先经加热处理后再予使用，否则搅拌后的面团会减少吸水性、产生黏手及影响面包体积。 ( )

7. 葡萄干如用在面包、蛋糕或西点时应先泡水，时间以不超过30分钟为宜。 ( )

8. 水为面包原料中最廉价的一种，在不影响面包品质下，面包应尽量在配方中增加水的用量。 ( )

9. 做面包配方内使用奶粉可使烤好的面包表面色泽悦目。 ( )

10. 吐司面包(白面包)糖的用量超过10%最好。 ( )

11. 面包发酵时间越长，面包外表颜色越深。 ( )

12. 快速直接法制作面包至少得给予20分钟的发酵时间。 ( )

13. 使用速度较慢的搅拌机搅拌面包面团时，最好采用中种发酵法。 ( )

14. 配方换算容易是烘焙百分比的优点之一。 ( )

15. 烘焙百分比的特性是以配方中面粉之百分比为100%。 ( )

16. 基本发酵室的温度为+27～+28℃，相对温度约75～80%。 ( )

四、名词解释

1. 胀润作用

2. 面筋

3. 延伸性

4. 韧性

5. 弹性

6. 可塑性

7. 面包

8. 酵母的活化

模块五　蛋糕生产工艺

项目一　概述

任务 1　蛋糕的概念

蛋糕是以蛋、糖、面粉和(或)油脂为主要原料，经充分搅打、调制，形成包含大量细密气泡的膨松体糕糊，浇入模盘，采用烘烤的熟制方式制成的一种糕点食品。

任务 2　蛋糕的分类

蛋糕主要分为三大类，分别是面糊类蛋糕、乳沫类蛋糕和戚风蛋糕。

1. 面糊类蛋糕也称磅蛋糕，是用大量的黄油经过搅打再加入鸡蛋和面粉制成的一种蛋糕。

2. 乳沫类蛋糕分为两种

(1)海绵蛋糕

此类蛋糕是使用全蛋或者蛋黄和全蛋混合作为蛋糕的基本组织和膨大原料，依靠鸡蛋和糖搅打出来的泡沫和面粉结合而形成的网状结构，内部组织有很多圆洞，类似海绵一样所以叫海绵蛋糕。

(2)天使蛋糕

天使蛋糕是一种单纯使用蛋白制作，而且完全无油脂的蛋糕，因此内部组织的颜色是白色，外表的装饰也是多用白色的鲜奶油或是糖霜，整个蛋糕洁白似雪，如同纯洁天使的化身，所以称为天使蛋糕。

3. 戚风蛋糕

戚风蛋糕综合了面糊类蛋糕和乳沫类蛋糕的面糊，改变乳沫类蛋糕的组织和颗粒而成。戚风蛋糕的质地非常轻，组织松软、水分充足、久存不易干燥、气味芬芳、口味清淡。在制作的过程中需要靠把鸡蛋清打成泡沫状，来提供足够的空气以支撑蛋糕的体积，然后再和加了蛋黄的黄面糊混合。虽然戚风蛋糕非常松软，但它却带有弹性，且无软烂的感觉，吃时淋各种酱汁很可口。另外，戚风蛋糕还可做成各种蛋糕卷、波士顿派等。

项目二　普通型蛋糕

普通型蛋糕，指的是将糕糊装模、烘烤制熟，直接(或只做简单分割等处理)作为成品出售、食用的一类蛋糕。包括清蛋糕和油蛋糕两种基本类型。

任务1　清蛋糕

清蛋糕一般不加油脂或仅加少量油脂。充分利用了鸡蛋的发泡性，气泡致密，质地松软而富有弹性。

一、产品配方(以600g面粉计)

原料	%	质量/g
低筋面粉	100	600
鸡蛋	133	800
糖	133	800
奶粉	3	20
油	13.3	80
泡打粉	0.8	5
蜂蜜	1.7	10

二、制作过程

1. 打蛋　先将鸡蛋液、白砂糖加入打蛋机混合，使糖粒基本溶化，再用高速搅打至蛋液呈乳白色(象牙白)，体积膨胀至原来的2～3倍，搅打时间大约在15～25min之间。再加入水继续搅打至泡沫稳定。

2. 调糊　将过筛后的小麦粉均匀地撒入打好的蛋浆中，调粉机慢速调匀即可；顺一个方向调粉，慢速调粉可防止面筋形成。

3. 注模　注入刷色拉油并已预热的烤盘模具内，注入量为模具容积的1/2～2/3。

4. 烘烤　烤箱预热至180℃以上，烤箱内放入水盆增湿；炉温180℃～220℃(底火210℃、上火180℃)烘烤12～20min。

5. 冷却　烘烤出炉后，稍冷却，然后脱模，再继续冷却。

任务2　油蛋糕

油蛋糕是指内部含有较多油脂(通常是在常温下为固态的油脂，如奶油、人造奶油)的蛋糕，不重视搅打充气，主要依靠脂肪搅打充气、蛋液与油脂的乳化作用，使制品油润松软。

一、产品配方(以85g面粉计)

原料	%	质量/g
低筋面粉	100	85
黄油	71	60
糖	94	80
鸡蛋	59	50
奶粉	17.6	15
水	76.5	65
可可粉	18.8	16
泡打粉	11.8	10
苏打粉	5.9	5

二、制作过程

1. 调糊

黄油软化，稍打发至发白，加糖粉打发，分次加入鸡蛋，每次充分吸收后再加，忌一次加入出现油水分离。奶粉与水调匀，加入糊中，勿动，再筛入低筋粉，可可粉，泡打粉和小苏打,橡皮刮刀切拌均匀。

2. 注模

调好的面糊迅速注模，要求五分或六分满。

3. 烘烤

180℃，约25~30min。

4. 冷却

稍冷却后，即可食用。

项目三　调理型蛋糕

调理型蛋糕是以普通蛋糕坯为基础，采用奶油膏、糖膏或果酱等，经再加工而成，也有以蛋糕坯作馅心外包其他面团复合制成，这种做法能丰富花色品种，并具有多种风味。

任务1　常用馅料和装饰料

调理型蛋糕用到的馅料、装饰料种类繁多，它们的合理使用，既可以改善制品的风味、造型，又有烘托气氛的作用，受到人们的普遍欢迎。

这些材料一般都可直接在市场上买到，也可自己动手制备，在具体使用过程中，需要采用多种手法和技巧，才能达到理想的效果，如:涂抹、裱花造型、雕塑造型等。

(一)糖水

1.配方

蔗糖500g、清水200g。

2. 制作方法

(1)将糖和清水一起盛在不锈钢锅内，在火上烧煮并不断搅动，以防焦底，烧沸时离火；

(2)稍加冷却后，用细筛子过滤一下，去除浮沫及杂质，盛放在洁净的盛器内备用。

糖水可根据具体需要，进行浓缩或加开水冲淡。

(二)奶油膏

1. 配方

奶油或人造奶油1000g，细糖粉300~700g，水200g，柠檬酸2g，香精适量。

2. 制作方法

①糖粉放入不锈钢锅里，加水煮沸，加入柠檬酸，小火煮沸至糖浆温度接近104℃，冷却至40℃左右，备用；

②把奶油放入洗净的不锈钢容器里，加入糖浆，慢速搅拌均匀，高速打成膨松体。要求：糕体色泽乳白、膨松、细腻、滑润且挺架。奶油膏可以根据实际需要，进行调香、调色等处理。

(三)蛋白膏

配方

鸡蛋清500g，白砂糖1200g，水1000g，食用明胶100g，香草粉少许。

①糖粉放入不锈钢锅里，加水煮沸，加入泡软的明胶，小火煮沸至糖浆温度接近104℃，备用；

②鸡蛋清打成雪花状膨松体，将沸热糖浆冲入，先慢后快，边冲浆边搅打，冲完后，继续搅打，搅打至能立住花即为烫蛋白，要求：洁白细腻，有亮光，甜度大，可塑性好。盛放蛋白膏的容器，应放在热水浴上，保持一定温度，防止凝固过速。

(四)蛋白糖粉(糖霜)

1. 配方

糖粉500g，鸡蛋清100g，白醋10g。

2. 制作方法

①将糖粉过筛加入鸡蛋清，用木制搅板搅拌至白色；

②起发后，加入白醋，继续搅拌至能立住花时，用适量的香精调好口味(如需调色，可取出部分搅好的糖粉，加入食用色素，调成各种颜色)，然后用湿布盖好，即成搅糖粉，要求：洁白、细腻、有韧性。

(五)风糖(返砂糖、白马糖)

1. 配方

白糖1kg，白醋20g(150g左右的葡萄糖)、水400g。

2. 制作方法

①白糖和水放入锅中加热熬煮，不断搅动，待糖全部溶化后，加入白醋，熬至大约120℃(即小拔丝，或者用一个直径1cm的铁丝圈，蘸入糖液中，提起时能吹出泡)时，离火；

②将糖液倒在干净的、撒有凉水的石板操作台上，待糖液摊开后，再撒一层凉水，使之冷却；

③糖液温度降到40℃左右时，用木搅板，搅拌拨白，即为风糖。放于容器内，用湿布盖好，防止表皮干燥。特点：洁白细腻。

任务2　调理型蛋糕制作实例(以虎皮蛋糕卷的制作为例)

一、产品配方(以85g面粉计)

原料	%	质量/g
低筋面粉	100	70
白糖	100	70
植物油	71	50
鸡蛋	4个	3个
水	57	40
玉米淀粉	10	7

二、制作过程

1. 蛋糕卷原料中的三个蛋白放在无油无水的容器中，分三次加入45g白糖，打至蛋白倒扣不倒。

2. 蛋糕卷中的三个蛋黄加入水，植物油，25g白糖，搅拌至发白;加入过筛后的低筋面粉搅拌均匀。

3. 先将一小半蛋白放入蛋黄糊中，自下而上翻拌好，再倒入蛋白中，混合均匀。

4. 烤盘中放入油纸，将蛋糕糊倒入，并震几下，让蛋糕糊中没有大的气泡。

5. 蛋糕放入预热至180℃的烤箱中，烤20min左右取出，将四面的纸撕开，放凉。

6. 鸡蛋黄三个，加入白糖25g，加入玉米淀粉7g放在无油无水的容器中，打蛋器打发。

7. 继续打至蛋黄发稠，不容易滴落，将面糊倒入铺好油纸的烤盘中，烤箱190℃预热，烤至上色即可。

8. 将烤好并冷却的蛋糕，反过来，上面刷打发好的奶油，卷起来。

9. 将蛋糕皮倒过来，上面刷打发好的奶油。

10. 再将蛋糕卷卷起来，放30min固定，锯齿刀切片。

复习思考题

一、选择题

1. 制作海绵蛋糕时油脂的(　)越好，油脂小粒子分布会更均匀，得到的蛋糕也越大。

A. 吸水性　　B. 融和性　　C. 润滑性　　D. 乳化分散性

2. 蛋黄在焙烤食品加工工艺中主要是起(　)作用。

A. 起泡　　B. 乳化　　C. 氧化　　D. 延伸

3. 蛋白打不起来的错误做法(　)。

A. 加白醋　　B. 加塔塔粉　　C. 加蛋清　　D. 加柠檬汁

4. 戚风蛋糕出炉后收腰的原因是(　)。

A. 出炉后马上脱模　　B. 面糊装盘数量太少

C. 配方液体材料太少　　D. 塔塔粉过多

5. 蛋糕收缩的原因是(　)。
A. 烘烤时间过长　B. 面糊搅拌过久　C. 水分太多　D. 油过少

二、判断题

1. 除生产蛋糕外，一般制品的配方中含蛋量不超过30%。(　)
2. 新鲜酵母使用在软式面包，而干酵母使用在硬式面包，不可互换使用。(　)
3. 乳沫类小西饼之面糊须使用挤花袋来整形。(　)
4. 面糊类蛋糕含油脂成份越高，搅拌时拌入空气越多，故比重较轻。(　)
5. 乳沫类蛋糕可分为蛋白类(天使蛋糕)和全蛋或蛋黄类(海绵蛋糕)。(　)
6. 戚风蛋糕面糊是综合面糊类与乳沫类蛋糕之面糊。(　)
7. 配方平衡时，配方之水量，轻奶油蛋糕较重奶油蛋糕多。(　)
8. 重奶油蛋糕组织松软、颗粒粗大，而轻奶油组织紧密，颗粒细腻。(　)
9. 海绵蛋糕加入油脂可增加柔软性及口感，但不宜直接添加固体油脂。(　)
10. 海绵蛋糕是属于面糊类蛋糕。(　)
11. 蛋糕的分类可分为面糊、海绵、戚风等三大类。(　)
12. 蛋糕配方中添加柔性原料，可增加蛋糕的韧性。(　)
13. 蛋糕配方中之总水量，蛋量不包括含在内。(　)
14. 在重奶油蛋糕中，蛋是主要的湿性原料。(　)
15. 好的重奶油蛋糕，必须加入铵粉使其膨发。(　)
16. 打发蛋白时添加之塔塔粉是一种碱性盐。(　)
17. 戚风蛋糕中所使用的发粉越多，所制作出来的蛋糕体积越大，组织越细。(　)
18. 为增加蛋糕风味，且为避免经过烤焙后香味会随水分蒸发散失，故香料 添加越多越好。(　)
19. 要使蛋糕组织紧密，可酌量减少韧性原料用量。(　)
20. 做蛋糕的面粉最好采用低筋面粉，其蛋白质含量最好为6.5%左右。(　)
21. 天使蛋糕的配方标准是面粉的用量大于蛋白。(　)
22. 面糊类蛋糕(例如水果条)，如果固体油脂量高，则发粉量可酌量减少。(　)
23. 蛋糕在炉内烘焙时，其中央部分下陷是由于柔性材料太少的关系。(　)
24. 刚烤出的蛋糕，即给予鲜奶油装饰可保有较多的水份。(　)
25. 重奶油蛋糕采用面粉油脂拌合法搅拌，其组织较其他搅拌法细腻。(　)
26. 制作戚风蛋糕蛋白打发速度越快，产品烤后较粗糙。(　)
27. 戚风蛋糕在蛋白打发后与其材料搅拌太久，会使面糊消泡，产品膨大不良。(　)

模块六　月饼生产工艺

◆基础理论和知识

1. 月饼的概念。
2. 月饼的生产工艺流程。
3. 月饼生产的操作规程。
4. 各类月饼的制作
5. 月饼的质量标准

◆基本技能及要求

1. 掌握月饼的的概念。
2. 掌握月饼的生产工艺流程。
3. 掌握月饼生产的操作规程。
4. 了解各类月饼的制作。
5. 了解月饼的质量标准。

◆学习重点

1. 月饼的概念。
2. 月饼的生产工艺流程。
3. 月饼生产的操作规程。

◆学习难点

各类月饼的制作

◆导入案例

大班冰皮月饼成功案例。月饼是中秋佳节的传统食品，但近年来其主要用途已由家庭消费变为人情消费，成为中秋送礼之首选。高额的利润驱动着厂家拼命生产，结果每年月饼大战过后便是月饼过剩，造成巨大浪费。究其原因，在各式或豪华或精美的包装之下的这些月饼本身几乎无差异，试想如此众多的雷同产品一齐供应短暂的时令市场，怎能不造成积压呢？

一、市场环境。1993年香港月饼市场已不如从前那么具有吸引力，由于业内生产企业越来越多，而生产成本由于某种原因还在上升，同时产品的差异性越来越小，故整个市场竞争非常激烈。众多厂商纷纷以品牌或价格作为竞争的主要手段，有的甚至兼打两张牌进行促销。但大班决定采取不同的策略，推出全新的冰皮月饼，以差异化对抗同质化。

二、产品推广。开发新产品是有风险的，但大班制作冰皮月饼依据市场调查的结果认为，人们已经厌倦了月饼甜、腻的传统口味，转而渴望清爽、清淡的口感。所以大班决定采用进口原料制作，不经烘制，而制成毫不油腻的冰皮月饼，其颜色也一反传统的金黄而呈清冷的白色。细看一个个月饼冰清玉洁、晶莹剔透，微微显出里边绿豆沙的馅。大班的冰皮月饼从里到外都与众不同，如新月般悄然出场，立即引起了月饼市场的大轰动和月饼生产的大变革。

◆讨论

1. 月饼既然是中秋佳节的传统食品，为什么每年月饼大战过后便是月饼过剩，还会造成巨大浪费？

2. 你认为大班的冰皮月饼为什么能取胜？

项目一　概述

月饼由月饼饼皮和馅料组成，经调制、成型和成熟工艺制成。月饼饼皮由糖浆或饴糖与面粉调制而成的浆皮面坯或称糖浆面团制成。也有的采用拌糖法调制面团，即将蔗糖加水混合后调入面粉中，这种面团既具有适度韧性，又有良好的可塑性，成型时花纹清晰。月饼在我国有着悠久的历史。据史料记载，早在殷、周时期，江、浙一带就有一种纪念太师闻仲的边薄心厚的“太师饼”，此乃我国月饼的“始祖”。汉代张骞出使西域时，引进芝麻、胡桃，为月饼的制作增添了辅料，这时便出现了以胡桃仁为馅的圆形饼，名曰“胡饼”。我国历史上就有中秋“赏月”、吃“月饼”的习俗。中秋赏月的习俗距今已有两千多年的历史。中秋最早只是“祭月”节令。赏月大约是从东汉时期开始形成的。东晋权臣庾亮有《南楼赏月》诗、南朝梁元帝赋有《江上望月》诗。到北宋初年，朝廷正式设立中秋节。《宋史·太宗记》记载：“以八月十五为中秋节”和“中秋节食玩月羹”、“民间争占酒楼玩月”等，已经描绘出中秋节的赏月情景。经过历史的演变，月饼的内涵丰富了，身份提高了，它已不单单是一种食品，而是一种“文化”的象征。吃月饼，实际吃的是一种文化、一种气氛、一种情感。

任务1　月饼的特点及分类

我国月饼品种繁多，按产地分为：广式、京式、苏式、台式、滇式、港式、潮式，甚至日式等；就口味而言，有甜味、咸味、咸甜味、麻辣味；从馅心讲，有五仁、豆沙、冰糖、芝麻、火腿月饼等；按饼皮分，则有浆皮、混糖皮、酥皮三大类。相关分类简介如下。

一、广式月饼

广式月饼是目前最大的一类月饼，它起源于广东及周边地区，目前已流行于全国各地，其特点是皮薄、馅大，通常皮馅比为2∶8，皮馅的油含量高于其他类月饼，吃起来口感松软、细滑，表面光泽突出，突出的代表是广州莲香楼及广州酒家的白莲蓉月饼。

二、京式月饼

京式月饼起源于京津及周边地区，在北方有一定市场，其主要特点是甜度及皮馅比适中，一般皮馅比为4∶6，以馅的特殊风味为主，口感脆松，主要产品有北京稻香村的自来红月饼，自来白月饼，还有五仁月饼等。

三、苏式月饼

苏式月饼起源于上海、江浙及周边地区，其主要的特点是饼皮酥松，馅料有五仁、豆沙等，甜度高于其他类月饼，主要产品有杭州利民生产的苏式月饼等。

四、滇式月饼

滇式月饼主要起源并流行于云南、贵州及周边地区，目前也逐渐受到其他地区消费者的喜欢，其主要特点是馅料采用了滇式火腿，饼皮酥松，馅料咸甜适口，有独特的滇式火腿香味，主要产品是昆明吉庆祥生产的云腿月饼。

五、其他月饼

其他帮式的月饼相对量较少，如冰皮月饼、果蔬月饼、海味月饼、椰奶月饼、茶叶月饼等。图6－1～图6－4为常见的几种月饼。

自来红月饼

自来白月饼

提浆月饼

翻毛月饼

图6－1　京式月饼

蛋黄莲容——糖浆皮月饼

紫薯冰皮月饼

酥皮水果月饼

图6－2　广式月饼

滇式云腿

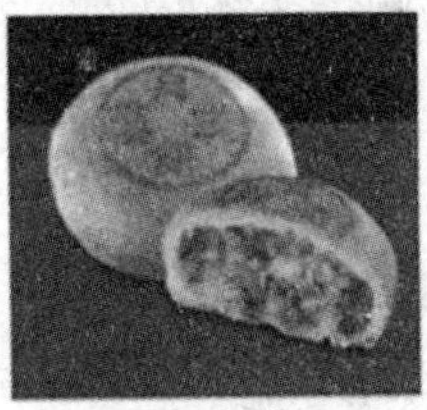
滇式月饼

图6－3　滇式月饼

苏式凤梨月饼

巧克力冰淇淋月饼

潮式月饼

图 6－4　其他月饼

任务 2　月饼生产主要原辅材料

月饼生产的主要原料是糖、油、面、蛋等，辅料很多，如各种果仁、果蔬、花卉加工制品及肉制品等。对于主要原料的特性在原料模块中已详细介绍，这里不再重述。

任务 3　基本工艺方法

将蔗糖先熬成糖浆，再加入油脂和其他配料，将其搅拌成乳白色的乳浊液，再加入面粉调制成坯。由于糖浆的密度和黏度大，反水化能力增强，使蛋白质适宜吸水而形成部分面筋。此种面坯组织细腻、柔软，可塑性好。

一、皮料的制作方法

1. 糖浆的调制。糖浆的种类很多，其调制方法因其配方不同而异，比较简单的一种是 1000g 砂糖加 500g 水，煮沸溶解即成，但必须待糖浆冷却后才能使用。也可在其中加适量饴糖或添加 2.5% 的柠檬酸，这两种物质对糖起抗结晶作用，可使制品外皮保持柔软。

2. 面团的调制。首先将煮沸溶化过滤后的糖浆及已溶化的碳酸氢铵投入调粉机中，再启动调粉机充分搅拌，使其乳化成为乳浊液。然后加入面粉继续搅拌，调制成软硬适中的面团。停机以后，将面团放入月饼成型机的面料斗中待用。或将调制好的软硬适宜的面团搓成长条圆棍形，并根据产品规格大小要求，将其分摘成小剂，用擀面棍或用手捏成面皮即可。

二、面坯成形

浆皮类点心的成形多用木质印模进行。使用植物油浸泡模具几小时至一天，然后用清水洗，再在阴凉的地方吹干，最后用少许花生油将模槽内壁涂抹一遍，以便成型脱出。操作时将包好的饼团放入模内，模口朝上，饼团封口亦朝上，用手按压，先重后轻，直到饼团扁平。印模按压好后，将印模两侧往案板边上轻轻磕打一下，翻过来，使模口朝下，一边持模敲打，一边接住脱模的饼坯，脱模后即成型完毕。一般规模较大的厂家均采用月饼成型设备。

三、成熟方法

俗话说："三分做，七分烤"。烘烤是浆皮月饼生产中十分重要的一环，必须严格遵守操作规程。一般成形后的生坯经手工或成形机摆盘以后，送入烘炉内进行烘烤。烘烤之前，先调好烘烤炉温度。第一炉月饼烘烤温度要适当高些，上火为 220℃ ～230℃，下火为 270℃左右，以后各炉均在 200℃ ～220℃。在正常烘烤温度下，一般需要烘烤 15min 才能成熟。烤到饼面成金黄色，腰起鼓，无青边，即表明制品已成熟应立即出炉。

任务4　注意事项

一、常见质量缺憾及补救方法(见表6-1)

表6-1　常见质量缺憾及补救方法

质量缺憾	产生原因	补救方法
月饼饼皮不回软、不回油、不光亮	转化糖浆的问题	调整糖水比例、转化剂种类及用量，调整煮制温度、时间、加热容器、转化糖浆的浓度
	馅料的质量问题	馅料与饼皮要相辅相成，馅料应选用纯正的原料，并按标准配方加入足量的油脂
烤制后饼皮颜色过深，甚至焦糊	表皮蛋液稠度不匀	调整蛋液中的加水量，并搅拌均匀；刷两遍蛋液，第一遍刷完后等待几分钟再轻轻刷一遍
	转化糖浆转化过度	熬制转化糖浆时一定要控制蔗糖的转化率，一般要求蔗糖的转化率达到75%
	烘烤温度过高，时间过长	调整烘烤温度及上火下火温度
饼底产生焦糊、有黑色斑点	底火温度过高，升温过早	控制温度和时间；上火为210℃～250℃，下火为180℃～200℃，烤至饼皮呈金黄色时(一般为3～5min)将炉温调整到上下火一致(210℃～220℃)，现烘烤8～12min，至饼皮呈均匀的枣红色为止
	饼坯底皮过薄或破皮	调整皮馅比例，一般以3∶7为宜
	烤盘不干净	在饼坯装盘前，严格清除盘内污物
成品有收腰、凹陷、凸起、变形、花纹不清晰等现象	面粉筋力过大、面团韧性太强	选用低筋或中筋面粉
	转化糖浆浓度过低	调整糖浆浓度，一般为75%～82%。如果糖浆较稀、水分含量较高，会使产品坚硬、收缩变形

二、面坯调制注意事项

1. 糖浆要提前熬制(最好15天以上)冷却后备用，以利蔗糖转化。

2. 糖浆要与油脂充分搅拌，完全乳化，否则面坯的弹性和韧性不均，外观粗糙，结构松散，甚至走油、上劲。

3. 面坯的软硬度应由糖浆的量来调节，不能加水。

4. 面坯应使用中筋粉或低筋粉，调制后静置时间不宜过长，否则韧性增强，可塑性减弱。

三、烘烤注意事项

1. 烘烤前先调节好烘烤炉的温度。

2. 浆皮类点心要求表面呈金黄色，可适当增加上火的热辐射。

3. 烘烤时间不够，则饼皮不膨胀，带有青色或乳白色，饼皮出现收缩和“离壳”现象，且不易保存。烘烤过度，则饼皮破裂、露馅。

4. 烘烤成熟后，应完全冷却后再进行包装。

项目二　月饼生产工艺

任务1　月饼生产的工艺流程

月饼生产的工艺流程如下：

原料→原料预处理→制馅→分馅→包馅→成型装饰→烘烤→冷却→包装成品

↑

制皮

任务2　皮料的调制

一、糖浆的调制

糖浆的种类很多，其调制方法因其配方不同而异，比较简单的一种是100kg砂糖，40kg水，1.4kg柠檬酸，糖和水加热至110℃加入柠檬酸，防止糖的结晶，有利于制品外皮保持柔软。糖浆制好后储存半个月以后再用。

二、碱水的调制

将碱粉25kg、小苏打0.95kg、沸水100kg混合溶解，再用纱布过滤后存放起来待用。

三、面团的调制

不同品种的月饼面团调制方法不尽相同，现以糖浆面团为例作一介绍。糖浆面团是将事先用蔗糖制成的糖浆或麦芽糖浆与面粉调制而成的面团。这种面团松软、细腻，既有一定的韧性又有良好的可塑性，适合制作浆皮包馅类糕点，如广式月饼、提浆月饼等。

糖浆面团可分为砂糖面团、麦芽糖浆面团、混合糖浆面团三类，以这三类面团制作的糕点，生产方法和产品性质有显著区别，以砂糖浆制成的糕点比较多。砂糖浆面团是用砂糖浆和面粉为主要原料调制而成的，由于砂糖浆是蔗糖经酸水解产生转化糖而制成的，加上糖浆用量多，制作浆皮类糕点时约占饼皮的40%左右，使饼皮具有良好的可塑性，不酥不脆，柔软不裂，并且在烘烤时易着色，成品存放2天后回油，饼皮更为油润。麦芽糖浆面团是以面粉与麦芽糖为主要原料调制而成的，用它加工出的产品的特点为：色泽棕红、光泽油润、甘香脆化。混合糖浆面团是以砂糖糖浆、麦芽糖浆等与面粉为主要原料调制而成的，用这种面团加工出的产品，既有比较好的色泽，也有较好的口感。具体糖浆面团典型配方见表6－2。

表6－2　　糖浆面团配方(单位:kg)

名称	原料					
	面粉	砂糖	饴糖	水	膨松剂	油
提浆月饼	100	32	18	16	0.3	24
广式月饼	100	82(糖浆)		2(碱水)		24
甜肉月饼	100	40	5	15		21

糖浆面团的调制方法如下:首先将糖浆放入调粉机内，加入水、膨松剂等搅拌均匀，加入油脂搅拌成乳白色悬浮状液体，再逐次加入面粉搅拌均匀，面团达到一定软硬程度，撒上浮面，倒出调粉机即可。搅拌好的面团应该柔软适宜、细腻、发暄、不浸油。由于糖浆黏度大，增强了对面筋蛋白的反水化作用，使面筋蛋白质不能充分吸水胀润，限制了面筋大量形成，使面团具有良好的可塑性。

调制糖浆面团时应注意以下几点:

1. 糖浆必须冷却后才能使用，不可使用热浆；

2. 糖浆与水(碱水等)充分混合后，才可加入油脂搅拌，否则成品会起白点，再者对于使用碱水的，一定要控制好用量，碱水用量过多，成品不够鲜艳，呈暗褐色，碱水用量过少，成品不易着色；

3. 在加入面粉之前，糖浆和油脂必须充分乳化，如果搅拌时间短，乳化不均匀，则调制的面团发散，容易走油、粗糙、起筋，工艺性能差；

4. 面粉应逐次加入，最后留下少量面粉以调节面团的软硬度，如果太硬可增加些糖浆来调节，不可用水；

5. 面团调制好以后，面筋胀润过程仍继续进行，所以不宜存放时间过长(30～45min 成型完毕)，时间拖长面团容易起筋，面团韧性增加，影响成品质量。

四、皮料的制作

按要求调制出软硬适宜的面团。使用时，经适当处理后，搓成长条圆形，并根据产品规格大小要求，将其分摘成小坨(剂)，用擀棍或用手捏成面皮即可。

任务3　馅料的调制

馅料俗称馅心，是用各种不同原料，经过精细加工拌制而成的。馅料的制作是月饼生产中重要的工艺过程之一。

任务4　包馅、成型、烘烤

1. 包馅时，皮要厚薄均匀，不露馅。

2. 印制成型时，面皮收口在饼底。

3. 烘烤时，将制好的月饼坯放入预先刷过油的烤盘内。再往月饼外层刷一层蛋清液。入炉烘烤，炉温一般控制在250℃～280℃。大约15min 即可。烘烤时间要严格控制，烘烤时间过长，则饼皮破裂，露馅;烘烤时间过短，则饼皮不膨胀，带有青色或乳白色，饼皮出现收缩和“离壳”现象，也易发霉。烘烤成熟后出炉，出盘，自然冷却后包装。

任务5　卫生指标

月饼卫生指标应按糕点、面包卫生标准 GB7099－2003 要求执行。即月饼在生产时应符合表6－3 理化指标的规定，同时符合表6－4 微生物指标的规定。

表6－3　理化指标

项目	指标
酸价(以脂肪计)(KOH)/mg/g) ≤	5
过氧化值(以脂肪计)/% ≤	0.25
砷(以 As 计)/(mg/kg) ≤	0.5
铅(以 Pb 计)/(mg/kg) ≤	0.5
黄曲霉毒素 B_1/(μg/kg) ≤	5
食品添加剂	按 GB2760 规定

表6－4　微生物指标

项目	指标			
	热加工		冷加工	
	出厂	销售	出厂	销售
菌落总数/(cfu/g) ≤	1000	1500	5000	1000
大肠菌群(MPN/100g) ≤	30	30	150	300
致病菌(系指肠道致病菌和致病性球菌)	不得检出	不得检出	不得检出	不得检出
霉菌计数/(cfu/g) ≤	50	100	100	150

图6－5～图6－7 为手工制作月饼的过程图。

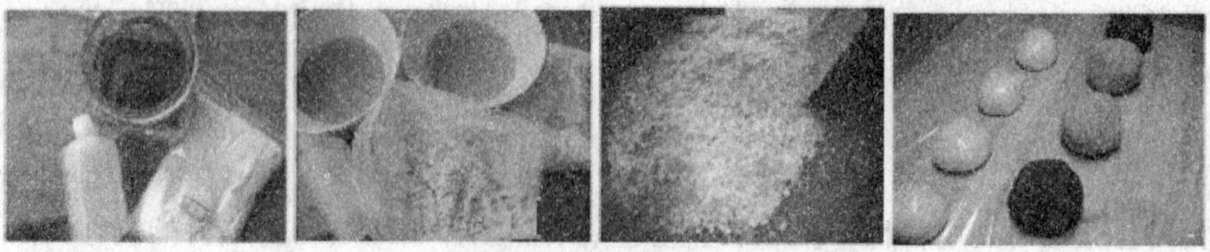

图6－5　配料、和面

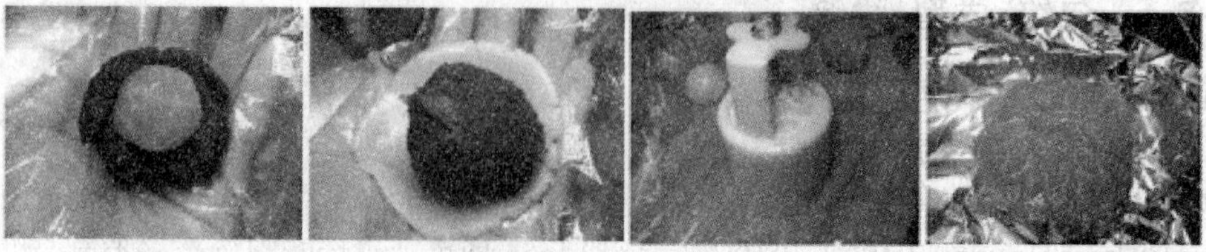

图6－6　包馅、成型

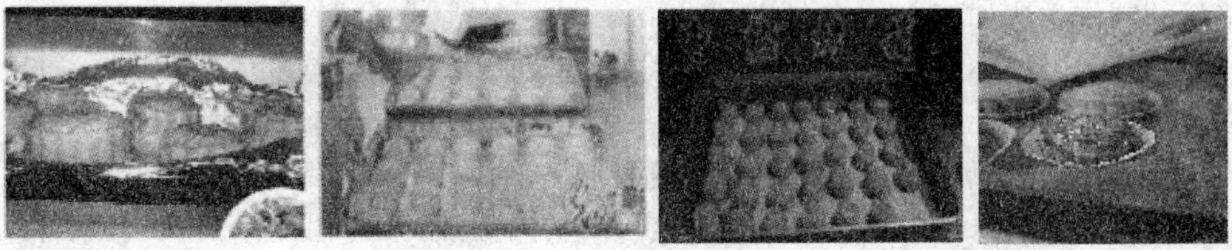

图6－7 涂抹蛋液、烘烤

项目三 广式月饼

广式月饼，又名广东月饼，是我国月饼的一大类型，盛行于广东、海南、广西等地，并远传至东南亚及欧美各国的华侨聚居地。广式月饼因主产于广东而得名，早在清末民初已享誉国内外市场。广式月饼的主要特色是：选料上乘、精工细作、饼面上的图案花纹玲珑浮凸，式样新颖，皮薄馅丰、滋润柔软，色泽金黄，口味有咸有甜，可茶可酒，味美香醇，百食不厌。它的品名一般以饼馅的主要成分而定，如五仁、火腿、莲蓉、豆沙、豆蓉、枣泥、椰蓉、冬蓉等。它的原料极为广泛，如蛋黄、皮蛋、香肠、叉烧、鸡丝、烧鸭、冬菇、奶粉等都可作为原料，并且一种皮可包多种馅心，以生产众多的花色品种。深受消费者的欢迎。

任务1 工艺流程

碱水 油脂 面粉过筛
↓ ↓ ↓
砂糖、葡萄糖、水→糖浆熬煮→冷却→乳化→面团调制
↓
分皮→包馅→成型→刷蛋液→烘烤→包装→冷却→成品
↑
馅料预处理→馅料调制→分馅

任务2 工艺要求

一、饼皮料的配制（可生产50kg成品）

面粉59.25kg，糖浆6.1kg，饴糖1.25kg，生油1.4kg，碱水0.175kg。面粉过筛，置于台上，中间扒开塘，倒入加工好的糖浆，先与碱水兑匀，再放油搅和，逐步拌入面粉，拌匀后搓揉，直到皮料软硬适度，皮面光洁即可。广式月饼的饼皮系属糖皮类，是用糖浆或饴糖调制成面，又称“单层饼皮”，其特点是饼皮松软，不易破碎。

另备蛋液1kg，在烘前涂饼面用，以增加光泽。

二、饼馅的配制

各种馅料制备时配方见表6－5。

馅料的制作方法如下：

1. 豆沙馅　以红小豆为主要原料，先将红小豆煮烂擦碎用竹箩滤去豆皮，沉淀后用布袋滤去多余水分，与砂糖一起入锅炒制，炒制一段时间后再倒入生油进行拌炒，至水分蒸发完，近于成块，倒入面粉、糖玫瑰，炒匀为止。这种制法品质较好，且保存期长。

2. 豆蓉馅　以绿豆粉为主料，先将油放入油锅内加热，加入生葱，炸黄去渣，再加适量水烧开，放入砂糖、盐、五香粉等，溶化后倒入绿豆粉，不停地搅拌熬制成泥即成。豆蓉馅不易保管，故水分含量应不超过10%。用油量一般为绿豆粉的35%～50%，糖量为绿豆粉的100%～140%。

3. 枣泥馅　以红枣、黑枣为主料，先将枣蒸烂，去核后放入筛中擦除枣皮，滤出枣浆。按每100kg枣浆加50～80kg的砂糖、50～80kg的熟猪油或植物油，同时入锅溶化，浓缩成厚泥，最后加入5kg左右糕粉拌匀即成。

4. 百果馅　将白膘切成小丁，用糖腌（比例为1∶1）。果料、蜜饯切碎，将砂糖与糖渍白膘加清水溶化，再加入芝麻、果料、蜜饯等搅拌，最后加糕粉拌匀即可。

表6－5　各种广式月饼馅料配方

原料	名称							
	豆沙	豆蓉	枣泥	百果	火腿	椰蓉	冬蓉	莲蓉
砂糖	16	15	8.25	9.5	8.75	12.25	7.5	16.875
红小豆	12							
生油	5.5	3	6.5	1.5	7.5		1.5	6.565
糖玖瑰	1.5		1	1.5				
面粉	1							
绿豆粉		10.5	1.5					
猪油		1				5.25	1.5	
五香粉		0.25			0.175			
麻油		2.5			0.25			
精盐		0.1			0.065			
生葱		1						
黑枣			18.7					
熟糯米粉			1.5	2.5	3	26.25	3.75	
净白膘肉				7.5	6.75		3	
橄榄仁				1	1			
瓜子仁				2	2			
核桃仁				2	2			
熟芝麻				2.5	2			

续表

糖冬瓜				2.5	1.5		15	
大橘饼				0.5	5.5			
大曲酒				0.375	0.125			
杏仁				0.5	1.5			
糖金钱橘				1.5	2.5			
火腿					1.5			
胡椒粉					0.175			
椰子粉						10.5		
鸡蛋						6.575		
香精						100ml		
熟面粉							3.75	
莲子								15
碱水								0.25

5. 椰蓉馅

以椰子肉粉为主料，先将蛋及砂糖搅拌溶化，然后投入椰子肉粉及其他原料拌制而成。

6. 冬蓉馅

以糖冬瓜为主料，先将糖冬瓜绞成糊状再与其他原料混匀而成。

7. 莲蓉馅

以莲子为主料，先将莲子去皮、去心，再将莲瓣放入不锈钢锅内煮烂，绞成泥，榨去多余水分备用。以 1 ~1.5 倍的砂糖，加水溶化，熬制，待水分基本蒸发后，加入植物油，继续搅拌，炒干成稠厚的沙泥即可。

8. 火腿馅

火腿切成小丁，切料颗粒要均匀，不可乱斩。应按糕粉吸水量加水，加白糖时，要先将其溶解；炒蓉时，随时注意火候，过旺易焦，不足则不黄，一定要用不锈钢锅炒，铁锅会使浅色馅变深。下油要慢，少量多次才能吸收，否则油、馅易分离。其余与百果馅制法相同。

三、包馅

先将饼馅及饼皮各分 4 块，皮每块约为 5kg，馅每块约为 8kg，皮、馅各分 40 只。取分好的皮料，用手掌压扁，放馅，收口。口朝下放台上，稍撒干粉，防止成型时粘印模。包馅时基本按皮占 35%、馅占 65% 的比例进行包制。

四、成型

把捏好的月饼生坯放入特制的印模内，封口处朝上，揿实，不使饼皮露边或溢出模口，然后敲脱印模，逐个置于烘盘内。

五、饰面

将饰面用的鸡蛋打匀，先刷去饼上干粉，再用排笔在饼面上刷一层薄薄的蛋液，以增加光泽。

六、烘烤

炉温一般用250～280℃，烘烤约15～20min便可。烘烤是关键，要正确掌握炉温与时间。烘软品时，炉温略低，时间稍长。若馅内拌有生白膘，烘烤时间要适当延长。

任务3　质量要求

一、色泽

表面棕黄色或金黄色，有光泽，蛋浆层薄且均匀，没有麻点和气泡，底部周围没有焦圈，圆边应呈现黄色。如果表面颜色深，圆边颜色过浅，呈现乳白色，则说明馅料含水过高（如豆沙、莲蓉、枣泥），久存容易产生脱壳和霉变。

二、形状

表面和侧面圆边处微凸，纹印清晰，不皱缩，没有裂边、漏底、露馅等现象。如表面突起，中心下陷，侧面圆边凹进，表明烘烤不熟。

三、外皮

松软而不酥脆，没有韧缩现象。

四、内质

皮、馅厚薄均匀，无脱壳和空心现象。果料粗细适当，橘皮、橘饼等必须细碎。

五、滋味

应有正常的香味和各种花色的特有香味，如使用香精，不宜过浓，不能有刺鼻的感觉。

六、理化指标

一般水分不大于15%，个别品种不大于19.5%；脂肪约为15%；糖一般不少于22%（以蔗糖计算）。

项目四　苏式月饼

苏式月饼的制作较其他月饼的年代为早，在北宋时期已有制作。苏式月饼所选用的原材料和辅料十分讲究，富有地方特色。核桃仁在苏式月饼馅料配制中占主要地位，而其他月饼用量极少。今天的苏式月饼，在质量上略有提高，其花色品种也有了很大的发展，但在制作方法与馅料、皮酥等配制方面，仍与传统的配制方法相仿。苏式月饼是流传于苏、浙、沪等地区月饼的统称，与广式月饼齐名，为我国民间月饼制作方法的两大流派之一。其特殊的一个特点是“酥”，入口即酥化，香脆、松嫩，富有营养。从外形看，酥松饱满，层次清晰，色泽美观。口感清新淡雅，甜度不高，不像广式月饼味道浓郁、甜度高，这是苏式糕点的精华。苏式月饼的花色品种分甜、咸或烤、烙两类。甜月饼的制作工艺以烤为主，有玫瑰、百果、椒盐、豆沙等品种；咸月饼以烙为主，品种有火腿猪油、香葱猪油、鲜肉、虾仁等。其中清水玫瑰、精制百果、白麻椒盐、夹沙猪油是苏式月饼中的精品。

任务1　工艺流程

面粉→过筛　　　　　　　　馅料调制

↓　　　　　　　　　　　　↓

油、糖→拌匀→和面→醒面→包酥→分块→包馅→成型→盖印→入盘→烘烤→成品

↑

油、面→擦酥

任务2　工艺要求

一、饼皮料的配制

1. 制皮　面粉按配方称量置台板上开塘，中间加猪油（麻油）、饴糖和热水充分搅拌均匀，再拌入面粉和成光滑的面团。具体用量见表6－6。

表6－6　　皮料配方（单位:kg）

名称	原料					制法
	精粉	熟猪油	麻油	饴糖	80℃热水	
黑芝麻盐（素）	8		2.6	1	6	调成面团
其他	9	3.1		1	3.5	调成面团

2. 制酥　面粉和猪油（麻油）按配方称量，揉搓均匀即可。配方见表6－7。

表6－7　　酥料配方（单位:kg）

名称	原料			制法
	精粉	熟猪油	麻油	
黑芝麻盐（素）	1.25		1.88	调匀擦透成油酥
其他	5	2.85		调匀擦透成油酥

3. 制皮酥　制皮酥有大包酥和小包酥两种。现以每500g月饼6只计算，皮、酥备以5kg为单位（即60只成品），取皮1.6kg，酥0.78kg；素芝麻椒盐月饼取皮1.45kg，酥0.61kg。

大包酥 将油酥包入皮料，用滚筒压成薄皮（0.66cm厚），卷成圆形长条，用刀切成10块，再将小块的两端刀痕处，折向里边，用手掌按成薄饼形即可包馅。但要注意，酥包入皮内用滚筒擀薄时，不宜擀得太窄太短，以免皮酥不匀，影响质量。

此种方法的优点是制作效率高，适合月饼的大量生产；缺点是皮酥不太匀，饼皮容易碎裂。

小包酥 将皮料与油酥各分10小块，油酥逐一包入皮料，用滚筒稍稍压延后卷折成团，再用手掌按成薄饼形，即可包馅。

此种方法的优点是皮酥均匀，饼皮光滑，不易碎裂；缺点是比较费工。

二、饼馅的配制

各种馅料制备时的配方见表6－8。

表6－8　各种广式月饼馅料配方(单位:kg)

原料	名称							
	清水玖瑰	水晶百果	甜腿百果	黑芝麻盐(素)	黑芝麻盐(荤)	松子枣泥	清水洗沙	猪油夹沙
砂糖	11	11	11	12	11	16		
熟面粉	5	5	5	1.75	1.5			
熟猪油	4.25	4.25	4.25		4.15	3.5		
糖制猪油丁	5	5	5		5	0.75	2.5	8
熟火腿肉			1					
麻油				6.5				
黑芝麻屑				5	4			
黑枣						8		
豆沙							28.5	22.5
核桃仁	1.5	2.5	1.5	2.5	1.5			
松子仁	1.5	1	1	1.5	1	2		
瓜子仁	1	1	0.5	1.25	1	1		
糖橘皮	0.5	0.5	0.5	0.5	0.5	0.5	0.5	
黄丁	0.5	0.5	0.5	0.5	0.5	0.5	0.5	1
黄桂花		0.5	1	1	1	0.5	1	0.5
玖瑰花	1							0.5
精盐				0.25	0.25			

馅料的制作，根据配方拌匀，揉透滋润即可。但下列馅料需预制成半成品。

1. 松子枣泥。先将黑枣去核洗净，蒸烂绞成碎泥。糖放入锅内加水，加热溶化成糖浆，浓度以用竹筷能挑出丝为适度，然后将枣泥、油、松子加入，拌匀，烘到不粘手即可。

2. 猪油夹沙。红小豆9kg，砂糖15kg，饴糖1.5kg，生油2.5kg，水3kg，制成豆沙(制法与豆沙馅同)。然后，将豆沙与糖、猪油丁、玫瑰花、桂花拌匀即可。

三、包馅

按馅逐块包入皮酥内即成，但猪油夹心月饼需先取豆沙馅按薄置于皮酥上，再取猪油丁、桂花等混合料同时包入皮酥内。

四、成型

馅料包好后，在皮酥的封口皮处，贴上方形小纸，压成1.5cm左右厚的扁形生饼坯。规格以每0.5kg6只计算，每只为90g，也可做成每0.5kg4只或12只。为了区分各种馅料的月饼，一般在月饼的生坯上盖上各种名称的印章。

五、烘烤

月饼生坯推入炉内，炉温保持在240℃左右，待月饼上的花纹定型后，适当降温，上、下火要求一致，烤6～7min熟透即可出炉，待凉透后下盘。

六、储存

在装盒以前需完全冷透，轻拿轻放，防止皮酥脱落，影响质量及美观。如运输，最好在月饼外面加蜡纸或尼龙袋。保藏期间一般存放在阴凉通风处。在30℃的气温下可保藏一个月，但“豆沙”和“枣泥”等软货保藏时间较短。

任务3　质量要求

1. 色泽　表面金黄油润，圆边浅黄，底部没有焦斑。
2. 形状　平整饱满，呈扁鼓形，没有裂口和漏底现象。
3. 酥皮　外表完整，酥皮清晰不乱，无僵皮和硬皮。
4. 内质　皮馅厚薄均匀，无脱壳和空心现象，果料切块粗细适当。
5. 口味　饼皮松酥，有各种馅料的特有风味和正常香味，无哈喇味和果皮的苦味或涩味。

项目五　京式月饼

京式月饼是以北京地区制作工艺和风味特色为代表的一类月饼。作法如同烧饼，外皮香脆可口。京式月饼最大的特色是宫廷风格，做工考究，制作程序之复杂居中国四大月饼体系之首。仅以选料来说，老北京京式月饼的选料程序相当繁琐，以月饼所用枣料为例，必须选用指定月份的密云小枣，其核小、肉甜、汁蜜，然后经筛选挑出规格一致的小枣，再经去核、去皮、去渣、粗制、精制、定级、分选等工序方可使用。

京式月饼的另一风格是满、蒙族风格。因为京式月饼起源于中国北方，虽然长久以来，吸收许多南方月饼的特点和工艺，但其满、蒙族风格仍然相当明显。比如，奶味重，奶香浓郁，这是因为满、蒙族人民都被喻为“马背上的民族”，长期以来形成了用奶和蜜进行保鲜的习惯，也形成了奶味浓郁的饮食风格。

从20世纪80年代后，京式月饼从民众的视野中消失。80年代前中国的生活水平较低，京式月饼不得不降低工艺和材料要求来满足需求，但随后民众对月饼的要求提高，广式月饼因此抢占市场，而京式月饼并没有及时地就月饼的质量与口感进行改良，所占的市场份额越来越小。京式月饼主要有以下几类。

提浆月饼类：以面粉、食用植物油、小苏打、糖浆制皮，经包馅、磕模成型、焙烤等工艺制成的月饼饼面图案美观，口感酥而不硬，香味浓郁。

自来白月饼类：指以面粉、绵白糖、猪油或食用植物油等制皮，以冰糖、桃仁、瓜仁、桂花、青梅或山楂糕、青红丝等制馅，经包馅、成型、打戳、焙烤等工艺制成的皮松酥、馅绵软的月饼。

自来红月饼类：指以精制面粉、食用植物油、绵白糖、饴糖、小苏打等制皮，以熟面粉、麻油、瓜仁、桃仁、冰糖、桂花、青红丝等制馅，经包馅、成型、打戳、焙烤等工艺制成的皮松酥、馅绵软的月饼。

京式大酥皮月饼类（翻毛月饼）：指以精制面粉、食用植物油等制成松酥绵软的酥皮，经包馅、成型、打戳、焙烤等工艺制成的皮层次分明、松酥，馅利口不黏的月饼。

任务1　提浆月饼

提浆月饼是京式糕饼中的糖皮饼品种。所谓“提浆”，是由于熬制饼皮糖浆时，用蛋白液或豆浆提出糖浆中的杂质而得来的。但目前生产用的蔗糖，品质纯净，制作糖浆已不再采用蛋白液提浆的方法。现在是将面团中所用的糖粉，化成糖浆后使用，这种糖浆过去称为提浆。提浆的目的有两个：一是化浆时加入少量蛋清，提取糖内的部分杂质；二是使糖液转化成单糖，防止蔗糖的结晶。

一、工艺流程

白砂糖、饴糖、水→熬糖浆　　面粉　　馅料调制

↓　　↓　　↓

油、小苏打→搅匀→制面团→分摘→包馅→印模成型→烤制→成品

二、工艺要求

1. 饼皮的配制　提前2～3天把皮料用的白糖放入3～4kg水中煮沸，直到看不见糖粒为止，再加放饴糖搅拌均匀，待冷却后即为糖浆，备用。调粉，先将糖浆与油、小苏打加入调粉机内，搅拌均匀后将面粉分三次加入，每次加入后搅拌时间为7～8min，分次加面搅拌的目的是为了使面团有充分的延伸性，便于包馅。皮面所用配料见表6－9。

表6－9　　部分提浆月饼皮料配方（单位：kg）

名称	原料						
	精粉	白砂糖	麻油	花生油	饴糖	小苏打	炼乳
百果	15.5	5		3.5	3	0.05	
奶油	15.75	3	3		2.5		2.5
椒盐	17	4.25	3.25		3.75	0.075	
双麻	15	4	3		3.75	0.075	
精粉	15.5	4	3		3.75	0.075	
豆沙、枣泥	15.75	4	3		3.5	0.075	

2. 制馅　将糖、油及各种辅料按配方称量，搅拌均匀后，加入熟面粉继续拌匀即可成馅。馅料配比见表6－10。

表6－10　　部分提浆月饼馅料配方（单位：kg）

原料	名称						
	百果	奶油	椒盐	双麻	精粉	豆沙	枣泥
熟面粉	3.75	9.5	7.5	7.5	8		
砂糖	8	8.5	6	8.5	10		
麻油	3.5	4.5	5	4.25	4.5		
冰糖		1.5		1.5	1.5		

续表

青红丝		1.25		0.5	1.5		
玫瑰花		1.25		1.5	1.5		
糖橘饼				0.75	0.25		
枣泥							25
豆沙						25	
青梅					1		
五香粉			0.1				
精盐			0.25				
葱			1.5				
核桃仁	2.5						
松子仁	1.5						
桂花	0.5						
瓜子仁	0.5						
葡萄干	0.5						
糖冬瓜	1.75						

3. 分摘、包馅、成型　将面团分成若干小剂（坯），包入与皮软硬一致的馅心。根据所需月饼大小基本按照皮占60%、馅占40%的比例进行包制。然后封口朝上放入木制印模中，用手掌逐个按紧，按平，磕入烤盘中。

4. 烘烤　入炉温度在200℃以上，一般在210℃～240℃，约10min，当制品烤至呈金黄色时即可出炉。

三、质量要求

底面呈褐色，边墙黄白色。外形呈扁圆形，花纹清晰，不露馅。饼皮起发均匀，松软细密，不酥脆，无皱缩现象。皮馅厚薄均匀，无脱壳和空心现象，馅细腻，辅料分布均匀，不偏馅。口感酥而不硬，具有果料香味，无异味。理化指标一般为水分不大于12%，脂肪不少于16%，糖（以蔗糖计）不少于25%。

任务2　自来红月饼

一、工艺流程

配皮料→制皮→打劲→包馅→定型→置盘→美化→烘烤→冷却→成品

↑

配馅料→制馅→切馅

二、工艺要求

1. 饼皮的配制　将糖、油、开水、苏打、面粉按先后顺序放入搅拌机中搅拌，直至搅拌成软硬适宜的面团。饼皮配方为精粉10kg，标准粉10kg，白糖1kg，饴糖1kg，香油9kg，苏打适量。

2. 制馅　将糖、油、面依次放入搅拌机中搅拌均匀，再加入其他辅料继续搅匀。馅料配方为白糖 8kg，香油 4.8kg，熟制标准粉 4kg，瓜子仁 0.15kg，桂花 0.5kg，青红丝 0.5kg，冰糖 1kg，桃仁 1.5kg。

3. 打劲　取约 1.5kg 面团放在案板上，用手按平，再用擀棍擀薄，从中间切开，再从外往里卷成条，达到面劲儿滋润。

4. 切馅　将馅摊成长方形馅块，然后分切。

5. 包馅　按照皮馅比为 6∶4 来进行包制，包制时注意系口封严，不要偏皮、露馅。

6. 定型　将包好馅的半成品（系口向上）放入模型中，用手按成扁圆形生坯。

7. 置盘　将定型后的半成品生坯翻个，系口朝下，码在盘内，要求间隔均匀。

8. 美化　用饴糖、白糖、蜂蜜和碱熟制成枣红色的浆水，即磨水，口尝微微发涩。用磨水在生坯表面打印圆形戳记。

9. 烤制　将盛有美化后生坯的烤盘放入炉内，进炉温度为 210℃，炉烘烤期间的温度为 200℃，出炉温度为 210℃，烘烤约 10min 成熟。

三、质量要求

扁圆形鼓状，上印磨水戳，块形整齐，0.5kg 约 6 个。表面平整，呈深棕黄色，底呈金黄色，墙呈麦黄色，磨水戳呈黑红色并端正整齐。内部无空洞，不偏皮，不露馅，不含杂质。具有桂花香，松酥适口，无其他异味。

任务 3　自来白月饼

一、工艺流程

自来白月饼生产工艺流程同自来红月饼。

二、工艺要求

自来白和自来红月饼二者皮料和馅料有一定差别，自来白月饼皮料为富强粉 20kg，白糖 1.5kg，白油 10kg。馅料为白糖 8kg，标准粉 4kg，白油 4.8kg，桃仁 1kg，瓜子仁 0.25kg，桂花 0.5kg，山楂 1.5kg，冰糖 1kg，青红丝 0.5kg。

自来白月饼生产工艺要求基本类似于自来红月饼，白糖馅的白月饼不打戳记，其他馅的月饼需打戳记注明。生坯进炉烘烤时，炉温为 180℃，烤制 16min 左右便可成熟出炉，冷却后即为成品。

三、质量要求

要求块形整齐，扁圆形，一般 0.5kg 约 6 个。表面呈乳白色，底呈金黄色，表面不崩顶，不起泡。皮馅均匀，稍有空洞。入口松酥，不黏牙，有果料桂花香味。

任务 4　京式大酥皮月饼类（翻毛月饼）

京式大酥皮月饼又名翻毛月饼，属暗酥糕点，制品外皮完整，不见层次，剖面层次分明，馅心居中不外露。它较苏式月饼色泽更洁白，而质地更精细，层薄而清晰，皮如絮状，翻起来，因而得名“翻毛月饼”。

一、工艺流程

面粉→过筛、油、面→擦酥　　　馅料调制
↓　　　↓　　　↓
油、糖→拌匀→和面→醒面→包酥→分块→包馅→成型→盖印→入盘→烘烤→成品

二、工艺要求

京式大酥皮月饼的生产工艺要求基本类似于苏式月饼的制作，只是在二者皮料和馅料用量配备上有一定差别，京式大酥皮月饼皮料为富强粉16kg，白糖粉1kg，猪油3kg，水5kg；酥料为富强粉28kg，猪油14kg；馅料为白糖17kg，熟面粉9kg，猪油9kg，桃仁3.5kg，花生仁2kg，芝麻仁2kg，杏仁2kg，瓜子仁0.5kg。包馅时皮馅比为6∶4。

三、质量要求

1. 色泽　表面金黄色，红印清晰，腰部乳白，底部中黄。
2. 外形　扁鼓形，表皮完整不碎，不跑糖、露馅。
3. 内部组织　酥皮层次分明，皮馅均匀，无空洞不含杂质。
4. 口味　有果仁香味，松，绵软，无异味，不粘牙。

项目六　潮式月饼

潮式月饼又称水晶饼、软馅饼，原产于广东潮州和汕头，用猪油调制酥皮。它在外形上与苏式月饼相像，用料却又略似广式月饼，潮式月饼的馅料以冬瓜条、肥膘丁、香葱、熟猪油、芝麻为主，饼皮酥肥，馅心肥软，带有浓郁葱香味，入口具有甜、香、软、肥的特殊风味。除在中秋前后作为中秋月饼而销售外，亦可作为平时糕点食用。

任务1　工艺流程

面粉→过筛、油、面→擦酥　　　馅料调制
↓　　　↓　　　↓
油、糖→拌匀→和面→醒面→包酥→分块→包馅→成型→盖印→入盘→烘烤→成品

任务2　工艺要求

一、饼皮料的配制

1. 制皮　面粉按配方称量置台板上开塘，中间加猪油（麻油）、饴糖和热水充分搅拌均匀，再拌入面粉和成光滑的面团。具体用量见表6－11。

表 6-11　　皮料配方　　(单位:kg)

名称	原料					制法
	精粉	熟猪油	花生油	饴糖	开水	
糖冬瓜	24	12		2	6	调成面团
其他	10	3	1.8	1.3		调成面团

2. 制酥　面粉和猪油(麻油)按配方称量,揉搓均匀即可。配方见表 6-12。

表 6-12　　酥料配方　　(单位:kg)

名称	原料		制法
	精粉	熟猪油	
糖冬瓜	6	1.6	调匀擦透成油酥
其他	10	13.8	调匀擦透成油酥

制皮、制酥、包酥、包馅同苏式月饼的制法。

二、饼馅的配制

各种馅料制备时配方见表 6-13。

表 6-13　　各种潮式月饼馅料配方　　(单位:kg)

原料	名称			
	糖冬瓜	豆沙	冬蓉	果仁
糖冬瓜	17		35	45
熟糯米粉	6.5			
熟猪油	6	11	7	5.6
猪油丁	7		7	
砂糖粉		24	15	14.5
开水	6			
芝麻	5		5	4
青葱	0.5			
红小豆		7		
核桃仁				4
杏仁				4
瓜子仁	3			
糖金橘				1
青梅丁				1
糕粉			5	4.2
熟面粉				10
糖桂花		2		
饴糖		3		

馅料的制作，根据配方拌匀，揉透滋润即可。

三、烘烤

烘烤时可依制品的品种来定，一般以文火带旺为宜，过旺会使月饼皮焦化。烘烤时间约为5～10min，若饼坯较厚，炉温可稍低些，烘烤时间为8～15min。

任务3　质量要求

1. 色泽　饼面深黄油润，腰部金黄泛白，底部棕黄无焦斑。

2. 外形　圆整扁平，饼面印章清晰，底部收口紧密。

3. 内部组织　微显酥层，包心厚薄均匀，馅料软而略韧，白膘、蜜饯、果料大小适中，无杂质。

4. 口味　皮松酥爽口，馅心肥润软糯，甜美可口，并有一定的葱香味或酯香味，无油脂哈喇味。

项目七　其他

经过千百年的演变和发展，我国月饼质量不断提高，花色不断翻新，品种不断增加，除上述所介绍的几大类产品外，近几年来又涌现出很多新品种，其中以巧克力月饼和冰皮月饼最引人注目。个体大小也由常见的每0.5kg4个发展至10个，甚至18个。

任务1　冰皮月饼

冰皮月饼与传统月饼的制造方法不同，传统月饼需以200℃以上的高温烘制一段时间，但冰皮月饼是用专门的冰皮面粉，加入凉开水拌成面团，再包入馅料，放进模具中。虽然整个过程的卫生控制非常严格，但是不经过高温烘制，出现微生物风险会较高。所以冰皮月饼在运送和储存期间，需有更严格的温度控制，携带冰皮月饼到户外时，应使用旅行冰箱将月饼冷藏，在进食前才从冰箱中取出月饼。

该类月饼的制作较简单，馅料必须在包馅前加工成熟馅，然后将市售的冰皮粉料加入适量凉开水和成合适的面团，包馅成型后即为成品，但在储存及销售过程中要冷藏。先将其加工工艺介绍如下：

一、工艺流程

配皮料→制皮→包馅→装模→定型→冷藏→成品
　　　　　　　　↑
配馅料→制馅→切馅

二、工艺要求

1. 将冰皮粉和粟粉按配方称量混合放在容器里，把砂糖和油调匀后放入水中烧5～10min左右，再放入牛奶，使月饼皮更加滑润。水开后倒入事先调好的粉中均匀搅拌，不能上劲，用手轻轻按压，使面粉和油均匀调和以至颜色呈均匀状且没有气泡。皮料配方为黄油7.5kg，牛奶10kg，冰皮粉3.8kg，粟粉7.6kg，砂糖3.8kg，和水30kg，馅料可使用各种甜馅。

2.案板上先洒一些冰皮粉，用工具在案板上将粉团切成小团，再搓揉成扁圆形状，注意中间比边缘略厚。再把做好的甜馅揉成圆团置入面饼中间，再由下往上均匀包裹再收口，注意包裹时要匀称。

3.在模具中先洒些冰皮粉，再倒出。取粉皮23g左右包入甜馅，置入月饼模中并用手压平，注意要均匀轻压。后按左右顺序敲打模使面团成型。

4.把做好的月饼放入冰箱冷冻10~20min，这样美味的冰皮月饼就做好了。由于所有材料都已经蒸熟，所以不用再蒸烤。把做好的月饼放进冰箱冷藏一下就行。

任务2　鸡丝月饼

鸡丝月饼属于清真月饼，为咸馅，不同于一般的甜馅月饼，保藏时间较短，不宜隔夜，一般都现制现销。

一、工艺流程

鸡肉→绞成肉泥→加麻油、酱油等拌匀

↓

面粉、花生油、饴糖等→搅匀→酥皮→包馅→烘烤→成品

↑

面粉、花生油→擦匀

二、工艺要求

1.原料及配方

(1)皮面　精白面粉10.5kg，花生油3.3kg，饴糖1.3kg，80℃热水约4.5kg。

(2)油酥　精白面粉6.5kg，花生油25kg。

(3)馅料　新鲜鸡肉1.75kg(去骨后绞肉机绞碎)，白芝麻屑5.25kg，麻油1kg，酱油1.5kg，绵白糖1.25kg，精盐0.25kg，味精75g。

2.制皮

面粉置台板上开塘，中间加花生油、饴糖和热水充分搅拌均匀，加糖和成光滑的面团。

3.制酥

面粉和花生油揉搓均匀即可。

4.制皮酥

采用大皮酥和小皮酥均可。

5.馅料的配制

先把宰杀好的鸡去头、翅、爪、内脏，再去骨，绞成肉泥，拌入麻油、酱油、绵白糖、味精等，最后拌入芝麻屑和盐。盐的用量可根据需要增减。

6.包馅成型

将馅逐块包入皮酥内即成。每只皮重32.5g，酥15g，馅43g，合计每只为90.5g，烘熟后每只为86g左右。

7.烘焙

根据炉温，烘焙时间可定在6~10min，炉温要适当，过高易焦，过低要跑糖露馅。

三、质量要求

饼为扁圆形，色泽浅黄；口感酥松，香味浓郁。

任务3　巧克力月饼

巧克力的食用历史悠久，一直是西式美食与文化的时尚典范。巧克力在中国的消费历史很短，甚至还存在很多对巧克力食用认识上的误区，因此除国外品牌产品及部分西式糕点应用外，真正自主应用巧克力产品品种、类别、形式都很少，在很多方面都是空白。其实巧克力是富有营养和健康的食品，是很有品位和文化特色的时尚消费品，在中国的消费潜力和发展空间都非常大。随着我国经济的发展和人民消费水平的提高，巧克力应该更多、更好地应用于中国烘焙食品，为消费者创造更多时尚和美味的精品，促进东西美食文化的融合发展。近年中秋月饼面临创新的课题，巧克力月饼的出现成为了中式月饼传统与时尚，继承与创新的一个新亮点。

巧克力月饼的特色有以下几点。①美味、时尚：集合了巧克力的高雅品位与中式月饼的喜庆文化，中西佳配，双重满足。巧克力月饼皮料香浓、醇厚、爽滑，回味绵长，与多种不同的馅料（莲蓉、豆沙、果仁、蛋黄等）共同组合的丰富口味是巧克力月饼精彩的诱人特色。②营养、健康、人类食用巧克力已有2000多年的历史，巧克力丰富的营养元素能为身体提供必需的矿物质和天然存在于可可豆中的植物化合物，最新科学研究表明，巧克力中的某些营养元素有益于心脏等身心健康，并能让人心情愉快，再配合品种多样的馅料构成了健康和均衡的营养。

巧克力月饼是一个中西佳配的新品种，更因赋予了品位和营养概念，自然在价格定位上属于中高档次。厂商可以尽情地在创新上把文化与品赏文章做足，在沿袭中式月饼风格之外进行一些新鲜有趣的尝试。比如在包装里精美西餐刀叉的配合使用，并附赠一些品赏文化来营造巧克力月饼高雅、新奇、独特的品赏氛围。更有一种迎合时尚人士趣味的另类组合，精制几款高档果仁、酒心等夹心手工巧克力，来陪衬精美的巧克力月饼。

总之，愈来愈多样化的消费心态，也促使厂商拿出更多有创意的产品来满足不同的消费人群。掌握了多样化、差异化的市场趋势而创新中秋月饼，将是厂商提升业绩的保证。随着中国经济对外开放步伐的加大，民族烘焙食品产业已面临愈来愈多的外来食俗和消费文化的冲击。要前进，要发展，必须要革新才能与时俱进。巧克力月饼的出现也仅仅只是开始，如何使危机转化为新的动力，促进中国烘焙产业向更高层次的发展，是我们共同的责任。

该类月饼的不同之处是饼皮为纯巧克力，因此，制作饼皮的关键就是控制好工作环境，其中主要控制好温度、湿度，使巧克力团块和其他皮料一样，便于包馅成型。

①熔化巧克力。要将大块纯正的巧克力原料制作成小块的带馅心的巧克力，需要先将巧克力熔化。熔化巧克力时用巧克力炉。熔化巧克力的温度一般不超过40℃。巧克力熔化时不必将它切得很碎。将巧克力切得很碎熔化时反而容易产生颗粒，因此只需将巧克力切成小块即可。但是须注意，熔化巧克力时千万不可沾水或渗入水蒸气等。

②制作巧克力月饼的温度。制作巧克力月饼时一定要掌握好温度。如果温度掌握不好，制作出来的成品会出现缺少光泽、泛白、不易脱模等现象。

③将熔化的巧克力倒入模具至半满，倾斜旋转模具至巧克力粘满模具四周。

④轻轻将制好的馅料放入巧克力中间，再添加巧克力，填充模具。

⑤放入冰箱15min后，当巧克力凝固时扣出模具即完成。

项目八　月饼的质量标准

中秋佳节家人团圆，吃月饼赏月是中华民族的传统文化。月饼是我国特有的时令食品，已有千年历史。月饼的花色、品种不断增加，形成了京式月饼、广式月饼、苏式月饼等具有地方特色的产品。随着我国经济水平的提高和食品工业的进步，月饼的生产加工技术也得到了较快的发展，一些大、中型企业已实现了自动化生产加工和包装。为维护广大消费者的合法权益，让消费者吃上放心的月饼。食品厂必须在增加产品数量的同时，把产品质量放在第一位，确实做到优质、高产、低消耗。为了提高产品质量，把几种代表性月饼的质量标准叙述如下，供参考。

任务1　感官评价要求

月饼的感官评价指标符合 GB19855－2005 要求。

一、广式月饼见表6－14

表6－14　　广式月饼感官评价要求

项目		要求
形态		外表饱满，表面微凸，轮廓分明，品名花纹清晰，无明显凹缩、爆裂、塌斜、坍塌和露馅现象
色泽		饼面棕黄或棕红，色泽均匀，腰部呈乳黄色或黄色，底部棕黄不焦，无污染
组织	蓉沙类	饼皮厚薄均匀，馅料细腻无僵粒，无夹生，椰蓉类馅芯色泽淡黄、油润
	果仁类	饼皮厚薄均匀，果仁大小适中，拌和均匀，无夹生
	水果类	饼皮厚薄均匀，馅有该品种应有的色泽，拌和均匀，无夹生
	蔬菜类	饼皮厚薄均匀，馅有该品种应有的色泽，无色素斑点，拌和均匀，无夹生
	肉与肉制品类	饼皮厚薄均匀，肉与肉制品大小适中，拌和均匀，无夹生
	水产制品类	饼皮厚薄均匀，水产制品大小适中，拌和均匀，无夹生
	蛋黄类	饼皮厚薄均匀，蛋黄居中，无夹生
	其他类	饼皮厚薄均匀，无夹生
滋味与口感		饼皮松软，具有该品种应有的风味，无异味
杂质		正常视力无可见杂质

二、京式月饼见表 6－15

表 6－15　　京式月饼感官评价要求

项目	要求
形态	外形整齐，花纹清晰，无破裂、露馅、凹缩、塌斜现象，有该品种应有的形态
色泽	表面光滑，有该品种应有的色泽且颜色均匀，无杂色
组织	皮馅厚薄均匀，无脱壳，无大空隙，无夹生，有该品种应有的组织
滋味与口感	有该品种应有的风味、无异味
杂质	正常视力无可见杂质

三、苏式月饼见表 6－16

表 6－16　　苏式月饼感官评价要求

项目		要求
形态		外形圆整，面底平整，略呈扁鼓形；底部收口居中，无僵缩，露酥、塌斜、跑糖、露馅现象，无大片碎皮；品名戳记清晰
色泽		饼面浅黄或浅棕色，腰部乳黄泛白，饼底棕黄不焦，不沾杂色，无污染现象
组织	蓉沙类	酥层分明，皮馅厚薄均匀，馅软油润，无夹生、僵粒
	果仁类	酥层分明，皮馅厚薄均匀，馅松不韧，果仁粒形分明、分布均匀，无夹生、大空隙
	肉与肉制品类	酥层分明，皮馅厚薄均匀，肉与肉制品分布均匀，无夹生、大空隙
	其他类	酥层分明，皮馅厚薄均匀，无空心，无夹生
滋味与口感		酥皮爽口，具有该品种应有的风味，无异味
杂质		正常视力无可见杂质

任务 2　理化指标

月饼的理化指标符合 GB19855－2005 要求。

一、广式月饼见表 6－17

表 6－17　　广式月饼理化指标

项目	蓉沙类	果仁类	果蔬类	肉与肉制品类	水产制品类	蛋黄类	其他类
干燥失重/% ≤	25.0	19.0	25.0	22.0	22.0	23.0	企业自定
蛋白质/% ≥		5.5		5.5	5.0		
脂肪/% ≤	24.0	28.0	18.0	25.0	24.0	30.0	企业自定
总糖/% ≤	45.0	38.0	46.0	38.0	36.6	42.0	企业自定
馅料含量/% ≥	70						

二、京式月饼见表6－18

表6－18　　京式月饼理化指标

项目	要求	项目	要求
干燥失重/% ≤	17.0	总糖/% ≤	40.0
脂肪/% ≤	20.0	馅料含量/% ≥	35

三、苏式月饼见表6－19

表6－19　　苏式月饼理化指标

项目	蓉沙类	果仁类	肉与肉制品类	其他类
干燥失重/% ≤	19.0	12.0	30.0	企业自定
蛋白质/% ≥		6.0	7.0	
脂肪/% ≤	24.0	30.0	33.0	企业自定
总糖/% ≤	38.0	27.0	28.0	企业自定
馅料含量/% ≥	60			

任务3　部分地方风味月饼质量标准

一、京式月饼

以北京地区制作工艺和风味特色为代表的月饼。

1. 提浆类　以小麦粉、食用植物油、小苏打、糖浆等制成饼皮，经包馅、磕模成型、焙烤等工艺制成的饼面图案美观，口感酥而不硬，香味浓郁的月饼。

(1)感官评价要求见表6－20

表6－20　　提浆类感官评价要求

项目		要 求
形态		块形整齐，花纹清晰，无破裂、露馅、塌斜现象。不崩顶，不拔腰，不凹底
色泽		表面光润，饼面花纹呈麦黄色，腰部呈乳黄色，饼底部呈金黄色，不青墙，无污染
组织	果仁类	饼皮细密，皮馅厚薄均匀，果料均匀，无大空隙，无夹生，无杂质
	蓉沙类	饼皮细密，皮馅厚薄均匀，皮馅无脱壳现象，无夹生，无杂质
滋味与口感	果仁类	饼皮松酥，有该品种应有的口味，无异味
	蓉沙类	饼皮松酥，有该品种应有的口味，无异味

(2)理化指标见表6－21

表6－21　　提浆类理化指标

项目	指标		项目	指标	
	果仁类	蓉沙类		果仁类	蓉沙类
干燥失重/%≤	14.0	17.0	总糖/% ≤	35.0	36.0
脂肪/% ≤	20.0	18.0	馅料含量/%≥	35	

2. 自来白类　以小麦粉、绵白糖、猪油或食用植物油等制成饼皮，用冰糖、桃仁、瓜仁、桂花、青梅或山楂糕、青红丝等制馅，经包馅、成型、打戳、焙烤等工艺制成的皮松酥、馅绵软的月饼。

(1)感官评价要求见表6－22

表6－22　　自来白类感官评价要求

项目	要求
形态	圆形鼓状，块形整齐，不拔腰，不青墙，不露馅
色泽	表面呈乳白色，底呈麦黄色
组织	皮松软，皮馅均匀，不空腔，不偏皮，无杂质
滋味与口感	松软，有该品种应有的口味，无异味

(2)表6－23 自来白类理化指标

表6－23　　自来白类理化指标

项目	指标	项目	指标
干燥失重/%≤	12.0	总糖/% ≤	35.0
脂肪/% ≤	20.0	馅料含量/%≥	35

3. 自来红类　以精制小麦粉、食用植物油、绵白糖、饴糖、小苏打等制成饼皮，用熟小麦粉、麻油、瓜仁、桃仁、冰糖、桂花、青红丝等制馅，经包馅、成型、打戳、焙烤等工艺制成的皮松酥、馅绵软的月饼。

(1)感官评价要求见表6－24

表6－24　　自来红类感官评价要求

项目	要求
形态	圆形鼓状，面印深棕红磨水戳，不青墙，不露馅，无黑泡，块形整齐
色泽	表面呈深棕色黄色，底呈棕褐色，腰部呈麦黄色
组织	皮酥松不硬，馅利口不黏，无大空洞，不偏皮，无杂质
滋味与口感	疏松绵润，有该品种应有的口味，无异味

（2）理化指标见表6-25

表6-25 自来红类理化指标

项目	指标	项目	指标
干燥失重/% ≤	15.0	总糖/% ≤	40.0
脂肪/% ≤	25.0	馅料含量/% ≥	35

4. 京式大酥皮类（翻毛月饼） 以精制小麦粉、食用植物油等制成松酥绵软的酥皮，经包馅、成型、打戳、焙烤等工艺制成的皮层次分明，松酥，馅利口不黏的月饼。

（1）感官评价要求见表6-26

表6-26 京式大酥皮类（翻毛月饼）感官评价要求

项目		要求
形态		外形圆整，饼面微凸，底部收口居中，不跑糖，不露馅
色泽		表面呈乳白色，饼底部呈金黄色；不沾染杂色；品名标记清晰
组织	果仁类	酥皮层次分明，包芯厚薄均匀，不偏皮，无夹生，无杂质
	蓉沙类	酥层次分明，包馅厚薄均匀，皮馅无脱壳现象，无夹生，无杂质
滋味与口感	果仁类	酥松绵软，有该品种应有的口味，无异味
	蓉沙类	酥松绵软，馅细腻油润，有该品种应有的口味，无异味

（2）理化指标见表6-27

表6-27 京式大酥皮类（翻毛月饼）理化指标

项目	指标		项目	指标	
	果仁类	蓉沙类		果仁类	蓉沙类
干燥失重/% ≤	13.0	17.0	总糖/% ≤	36.0	38.0
脂肪/% ≤	20.0	19.0	馅料含量/% ≥	45	

二、滇式月饼

以云南地区制作工艺和风味特色为代表的一类月饼。

1. 云腿月饼 以面粉、火腿、白糖、食用油脂为主要原料，并配以辅料，经和面、制馅、包馅成型、烘烤等工艺而制成的皮酥脆而软、馅甜咸爽口、火腿味浓的月饼。

2. 串饼类月饼 以面粉、鸡蛋、白糖、食用油脂为主要原料，并配以辅料，按一定工艺制作而成的月饼。

（1）滇式月饼感官评价要求

①云腿月饼应符合表6-28的规定

表6-28 云腿月饼感官评价要求

项目	要求	项目	要求
形态	凸圆形	组织	皮馅分明，不露馅，无杂质
色泽	金黄色，不焦糊	滋味与口感	火腿香味浓郁，无异味

②串饼类月饼应符合表6－29的规定

表6－29　串饼类月饼感官评价要求

项目	要求	项目	要求
形态	扁圆	组织	表面有自然裂纹
色泽	浅黄或荞面黄，不焦糊	滋味与口感	甜、酥，有各品种应有的口味，无异味

（2）滇式月饼理化指标

①云腿月饼应符合表6－30的规定

表6－30　云腿月饼理化指标

项目	指标	项目	指标
干燥失重/%	12～16	总糖（以蔗糖计）/%	18～28
脂肪/%	18～28	馅料含量/% ≥	50

②串饼类月饼理化指标应符合表6－31的规定

表6－31　串饼类月饼理化指标

项目	指标	项目	指标
干燥失重/%	6～10	总糖（以蔗糖计）/%	18～28
脂肪/%	18～26	馅料含量/% ≥	50

三、潮式月饼

以小麦粉、饴糖、油、水等制皮，小麦粉、油制酥，经制酥皮、包馅、成型、烘烤等工艺加工而成的口感酥脆的月饼，原产于广东潮汕地区。

1. 潮式月饼感官评价要求见表6－32

表6－32　潮式月饼感官评价要求

项目		要求
形态		外形圆整扁平，无露酥、僵缩、跑糖、露馅现象，收口紧密
色泽		饼面黄色，呈油润感，腰部黄中泛白，饼底棕黄、不焦，不沾染杂色
组织	水果类	微见酥层，饼馅均匀，馅料软而略韧，果料大小适中，无夹生，无杂质
	蓉沙类	微见酥层，饼馅均匀，馅料油亮，细腻，无夹生，无杂质
口味		饼皮酥脆，不黏牙，具有该品种应有的风味，无异味

2. 潮式月饼理化指标应符合表 6－33 的规定

表 6－33　　潮式月饼理化指标

项目	指标		项目	指标	
	水晶类	蓉沙类		水晶类	蓉沙类
干燥失重/%	12～18	13～23	总糖/%	16～26	20～28
脂肪/%	22～32	30～40	馅料含量/% ≥	50	50

四、晋式月饼(西法月饼)

以山西地区制作工艺和风味特色为代表的一类月饼。

1. 晋式月饼感官评价要求见表 6－34

表 6－34　　晋式月饼感官评价要求

项目		要求
形态		外形饱满，大小一致，无明显凹缩、塌斜和爆裂，无露馅现象
色泽		色泽均匀，腰、底部为棕红，表面为棕黄而不焦，不沾杂色
组织	果仁类	饼皮厚薄均匀，皮馅无脱壳现象，果料大小适中，拌和均匀，无夹生现象，无杂质
	椰蓉类	饼皮厚薄均匀，皮馅无脱壳现象，拌和均匀，无夹生现象，无杂质
	蓉沙类	饼皮厚薄均匀，皮馅无脱壳现象，馅料细腻无僵粒，无夹生现象，无杂质
	水果类	饼皮厚薄均匀，皮馅无脱壳现象，馅料中有大小适中的水果块，无夹生现象，无杂质
	果酱类	饼皮厚薄均匀，皮馅无脱壳现象，馅料色泽一致，无夹生现象，无杂质
	椒盐馅类	饼皮厚薄均匀，皮馅无脱壳现象，无夹生现象，无杂质
	杂粮类	饼皮厚薄均匀，皮馅无脱壳现象，无夹生现象，无杂质
口味		饼皮松软，具有蛋香味和该品种应有的风味，无异味

2. 晋式月饼理化指标应符合表 6－35 的规定

表 6－35　　晋式月饼理化指标

项目	指标						
	果仁类	椰蓉类	蓉沙类	水果类	果酱类	椒盐馅类	杂粮类
干燥失重/%	12～18	10～16	12～18	13～19	12～18	11～17	11～17
脂肪/%	13～20	18～26	12～18	8～16	8～16	16～24	12～18
总糖/%	22～32	29～39	26～36	30～40	25～35	20～30	22～32
馅料含量/% ≥	50						

五、台式桃山皮月饼

以白豆、糖、奶油、果料、蛋制品等为原料，经蒸豆、制皮、包馅、成型、烘烤等工艺而制成的月饼。原产于台湾地区。

1. 台式桃山皮月饼感官评价要求见表6－36

表6－36　台式桃山皮月饼感官评价要求

项目	要求
形态	外形饱满，轮廓分明，花纹清晰，没有明显凹缩和爆裂、塌斜、露馅现象
色泽	饼面金黄或棕黄，腰部呈浅黄色，底部棕黄不焦，不沾染杂色
组织	饼皮厚薄均匀，皮馅无脱壳现象，馅细腻无僵粒，无夹生现象，无杂质
滋味与口感	饼皮松软，具有该品种应有风味，无异味

2. 台式桃山皮月饼理化指标应符合表6－37的规定

表6－37　台式桃山月饼理化指标

项目	指标	项目	指标
干燥失重/%	10～23	总糖/%	35～45
脂肪/%	12～21	馅料含量/% ≥	45

六、冰皮月饼

以熟粉、糖、油等为原料，经制皮、包馅、成型等工艺而制成的月饼。原产于广东地区。

1. 冰皮月饼感官评价要求见表6－38

表6－38　冰皮月饼感官评价要求

项目	要求
形态	外形饱满，轮廓分明，花纹清晰，没有明显凹缩和塌斜、露馅现象
色泽	具有该品种应有色泽，不沾染杂色
组织	饼皮厚薄均匀，皮馅无脱壳现象，馅细腻无僵粒，无夹生现象，无杂质
滋味与口感	饼皮松软，具有该品种应有风味，无异味

2. 冰皮月饼理化指标应符合表6－39的规定

表6－39　冰皮月饼理化指标

项目	指标	项目	指标
干燥失重/% ≤	35	脂肪/%	12～22
总糖（以蔗糖计）/% ≤	45	馅料含量/% ≥	60

复习思考题

1. ____________由月饼饼皮和馅料组成，经调制、成型和成熟工艺制成。____________由糖浆或饴糖与面粉调制而成的浆皮面坯或称糖浆面团制成。也有的采用拌糖法调制面团，即将蔗糖加水混合后调入面粉中，这种面团既具有适度____________，又有良好的____________，成型时花纹清晰。

2. 月饼生产的主要原料是____________等，辅料很多，如各种果仁、果蔬、花卉加工制品及肉制品等。

3. 糖浆面团可分为____________、____________麦芽糖浆面团和____________三类。

4. ____________以精制小麦粉、食用植物油、绵白糖、饴糖、小苏打等制成饼皮，用熟小麦粉、麻油、瓜仁、桃仁、冰糖、桂花、青红丝等制馅，经包馅、成型、打戳、焙烤等工艺制成的皮松酥、馅绵软的月饼。

5. ____________以小麦粉、绵白糖、猪油或食用植物油等制成饼皮，用冰糖、桃仁、瓜仁、桂花、青梅或山楂糕、青红丝等制馅，经包馅、成型、打戳、焙烤等工艺制成的皮松酥、馅绵软的月饼。

模块七　糕点生产工艺

◆基础理论和知识

1. 糕点的概念、分类及特点。
2. 面团的调制。
3. 馅的制作。
4. 各类糕点的制作技术。

◆基本技能及要求

1. 掌握糕点的概念。
2. 掌握面团的调制。
3. 掌握馅的制作。
4. 掌握各类糕点的制作技术。
5. 了解糕点的分类及特点。

◆学习重点

各类糕点的制作技术。

◆学习难点

1. 面团的调制。
2. 馅的制作。

◆导入案例

贝贝从小就喜欢吃各种糕点，尤其是那入口即化的糕点更是让他无法抵抗，即使是他极不愿干的事，若用糕点做为付出的代价的话，他就会毫无犹豫，为此，他还立志长大了一定要去做一位糕点大师。

贝贝一见到糕点师傅就觉得特别的亲切，总是投以羡慕的目光，而且有问不完的问题。比如，糕点是用什么做的？长多大了就可做糕点？各类糕点的做法有什么不同？为什么用白色的面粉能制出金黄色的糕点?

◆讨论

1. 贝贝为什么立志长大了一定要去做一位糕点大师?

2. 你认为糕点是用什么做的?

3. 你认为各类糕点的做法有什么不同?

4. 为什么用白色的面粉能制出金黄色的糕点?

项目一　糕点概论

任务1　糕点的概念

糕点是以小麦粉、油、糖、蛋、奶、果料为主要原料，经过面团调制、成型、熟制工序制成的具有一定色、香、味、型的食品。

任务2　糕点的分类

糕点品种繁多，但糕点的分类目前尚未有统一的方法，习惯上按以下方法进行分类。

一、按地区分类

糕点
- 中式糕点:京式糕点、苏式糕点、广式糕点、川式糕点、滇式糕点、潮式糕点、扬式糕点和闽式糕点等。
- 西式糕点:英式、俄式、日式、德式、法式、意式等。

◆知识拓展

西点的起源

西点是西式面点(west pastry)的简称。主要是来源于欧美国家的点心。它是以面、糖、油脂、鸡蛋和乳品为主要原料，辅以干鲜果品和调味料，经过调制、成型、成熟、装饰等工艺过程而制成的具有一定色、香、味、形的营养食品。近年来，西点在我国日渐兴盛。它不仅丰富了人们的生活和食品市场，而且也在一定程度上推动了国内食品加工行业的发展。近几年来，各种规模的饼屋呈现出前所未有的普及和发展，在不少城市的大街小巷竞相出现。

西点是西方饮食文化的重要组成部分，在世界上享有很高的声誉。西点的发源地在欧洲，在英国、法国、德国、意大利、奥地利、俄罗斯等国已有相当的历史。

西点最初是随西方各国商人、传教士和外交官的到来陆续传入我国的。起初多见于教堂、外交官邸等局部场所，影响甚小。19世纪中叶至20世纪三四十年代是西方饮食文化大规模传入中国的时期，其中20世纪二三十年代在我国的传播最快，达到了全盛时期。20世纪90年代初期，我国西点的发展出现了崭新的发展阶段。西点走向社会，面包房、饼屋日益增多，西点得到了新的发展，基础原料逐渐规格化，生产工艺日臻完善，生产设备日益先进，国内外技术交流和培训日益活跃，行业协会相继建立，我国西点业步入了健康、持续发展的轨道。

二、按加工方式及产品性质分类

- 糕点
  - 中式糕点
    - 按面点原料分：麦类制品、米类制品、杂粮制品和其他原料制品。
    - 按面点熟制方法分：蒸、煮、炸、煎、烙、烘烤、复合熟制制品。
    - 按制品形状分：饭、粥、糕、团、条、包、饺、羹、冻等制品。
    - 按口味分：甜味、咸味、咸甜味、甜咸味制品。
    - 按地方特色分：京式、苏式、广式三大地方特色制品。
    - 按原料及掺入不同物料和添加料的不同分：麦类制品、米类、米粉类制品和其他制品三类。
  - 西式糕点
    - 按西点制品的温度分：常温点心、冷点心和热点心。
    - 按西点的用途分：零售点心、宴会点心、酒会点心、自助餐点心和茶点。
    - 按西点制作的岗位分：面色类、糕点类、冷冻甜品类、巧克力类、精制小点心类和工艺造型类。
    - 按西点加工工艺及坯料性质分：蛋糕类、混酥类、清酥类、面包类、泡芙类、饼干类、冷冻甜食类、巧克力类和艺术造型类等。

任务 3 中西糕点的区别

- 区别
  - 用料方面
    - 西点：小麦粉用量较少，重油、重蛋、重糖，常辅以果酱、巧克力、果仁、水果等，使用的油脂为奶油。重用料和营养。
    - 中点：小麦粉用量较多，常用的油脂为植物油和猪油。选料精细。
  - 制作方法方面
    - 西点：常以夹馅、挤糊、挤花成型，生坯熟制后多数还需要美化、装饰。工艺性强，成品典雅。
    - 中点：多以包捏、模压、切块等成型，生坯熟制后为成品。讲究馅心、注重口味、技法多样、花样繁多。
  - 成品色、香、味、型方面
    - 西点：造型华丽精美，奶油、蛋、糖、果酱、果仁和水果等风味突出。口味清香，甜咸酥松。
    - 中点：造型简朴、逼真，风味以香、甜、咸、酥、脆等为主。

项目二 糕点的加工工艺流程

任务 1 各类糕点的加工工艺流程

一、中式糕点的加工工艺流程

1. 酥类

原料配比→面团调制→分块→成型→装盘烘烤→冷却→成品

2. 酥皮包馅类

原料配比→面团、馅料调制→包馅→成型→装饰→装盘→烘烤冷却→成品

3. 松酥类或松酥包馅类

原料配比→面团（皮）调制→（包馅或不包馅）成型→烘烤→冷却→成品

4. 浆皮包馅类(水油皮类基本相同)

原料配比→面团(皮)调制→包馅→成型→装盘→装饰→烘焙→成品

5. 酥层类

原料配比→面皮调制、油酥调制→皮酥包制→成型→装饰→烘烤→冷却→成品

6. 发酵类

原料配比→发酵面团调制→成型(或包馅成型)→烘烤→冷却→成品

7. 烘糕类

原料配比→拌粉→装模→炖糕→成型→烘烤→冷却→成品

8.(烤)蛋糕类

原料配比→调糊→装模→烘烤→脱模→冷却→成品

二、西式糕点的加工工艺流程

1. 蛋糕

原料配比→面糊调制→注模→烘烤→冷却→装饰→成品

2. 派

原料预处理、配比→面团调制→成型→烘烤→夹心→涂巧克力→冷却→成品

3. 烫面类点心(奶油空心饼和爱克力)

原料配比→烫面团调制→加蛋→挤糊→烘焙→夹馅→装饰→成品

4. 帕夫酥皮点心

原料配比→皮面调制包油→反复折叠→成型→烘烤→成品

5. 小西饼

原料配比→皮面调制→成型→装盘→烘焙→成品

6. 米饼

原料大米→洗米→浸泡→脱水→粉碎→调粉→蒸制→冷却→压坯→成型→干燥→静置→焙烤→调味→成品

三、糕点加工总的工艺流程

原料的选择和配比→面团(糊)的调制→成型→熟制→冷却→装饰→成品

任务2　糕点的基本加工工艺流程

一、原料的选择和处理

按照产品特点选择合适的原辅料，并对原辅料进行预处理。

二、面团(糊)调制

按照配方和不同产品加工方法，采取不同混合方式(搅打、搅拌等)将原辅料混合，调制成所要求的面团或面糊。

三、成型

将调制好的面团或面糊加工制成一定的形状。成型的方式有手工成型、模具成型、器具成型等。中式糕点有时需要制皮、包馅等，西式糕点则有夹馅、挤糊、挤花、切块等，有时也包括饰料的填装。对于不宜烘烤的馅料如膏状馅料、新鲜水果等，一般应在烘烤后填装。

四、熟制加工

熟制工序中采用较多的是烘烤方式，其他方式还有油炸、蒸煮等。对于不需装饰的制品，经熟制工序后即为成品。

五、冷却

将熟制后的产品经自然冷却至室温，以利于后面工序的操作，如装饰、切块、包装等。

六、装饰

大多数西式糕点需要装饰，即经熟制工序后的制品选用适当的装饰料对制品进一步美化加工。所需的装饰料应在使用前制备好。

项目三　原料的选择和处理

有关原料部分的基础知识，前面在模块二中已作了较为详细的介绍，这里只针对本模块特有的一些知识作相应的补充介绍。

任务1　小麦粉

一、强力粉

1. 强力粉：是指湿面筋含量在35%以上或蛋白质含量为12%～15%的面粉。
2. 适用范围：适合于制作点心面包、松饼（帕夫起酥点心）等。

二、中力粉

1. 中力粉：是指湿面筋含量在26%～35%或蛋白质含量为9%～11%的面粉。
2. 适用范围：适合于制作水果蛋糕、派、肉馅饼等。

三、薄力粉

1. 薄力粉：是指湿面筋含量在26%以下或蛋白质含量为7%～9%的面粉。
2. 适用范围：适合于制作饼干、蛋糕、甜酥点心和大多中式糕点。

四、专用粉

相应的产品用相应的专用粉。

五、预混合粉

蛋糕预混合粉，是由低筋粉、发酵粉、粉末油脂、食盐、砂糖、脱脂奶粉等原料，经特定工艺，预先制成的一种混合粉，使用时只需加水和鸡蛋，即可方便地制作出松软可口的高品质蛋糕。其配比为：低筋粉100，发酵粉5.0，粉末油脂30，食盐1.0，砂糖100，脱脂奶粉5.0。

目前，发达国家或地区，根据不同糕点的要求，在小麦粉加工时还采用氯处理、配粉、气流分级等方法得到更合适的小麦粉。如制作高品质蛋糕用小麦粉，一般由软质冬小麦粉磨出面粉后再经氯气处理，氯气处理的面粉最主要的影响是降低面粉的pH，增加面粉的酸度，同时也提高了面粉的白度。另外，面粉使用前必须过筛，过筛的目的是为了消除杂质，并能使面粉中混入一定量的空气，有利于糕点的酥松，在过筛的装置中需要增设磁铁，以便吸附金属杂质。

任务2 大米

大米作为糕点的原料，大多需要加工成米粉，以粳米、籼米磨制的粉称为占米粉，以糯米磨制的粉称为糯米粉。米粉根据用途不同又可分为生粉和熟粉，熟粉又称糕粉。糯米粉宜制作黏韧柔软的糕点和重油重糖的品种，也可广泛地作为增稠剂使用。米粉在使用时，有些在饼皮用料中搭配，有些应用于拌馅。在糕点的馅心中加入糕粉，既起黏结作用，又可避免走油、跑糖现象。籼米糊化温度高，直链淀粉含量高，易发生回生，不能用于生产含水量较高的糕点。日本对以大米原料制作糕点，研究较深入，其大米总量的10%左右用于制作各式糕点，最具特色的产品是以粳米为主要原料的仙贝和以糯米为原料的阿拉来。

任务3 豆类

有黄豆、红豆、绿豆三种。豆类在加工中除用作豆糕、豆酥糖外，主要用于制作馅料。

任务4 油脂

一、动物油:经常使用的动物油有奶油(又称黄油、白脱油)、猪油、牛羊油。

二、植物油:如芝麻油、菜籽油等。因起酥性和搅打发泡能力差，大部分都使用固体油，只有小部分使用，如部分蛋糕(戚风类)、部分西点(奶油空心饼、小西饼)和煎炸制品的煎炸用油(如炸面包圈、煎饼);人造奶油(如麦淇淋、玛琪琳)用途很广，在蛋糕、西点、小西饼等用量也较大。氢化油中添加乳化剂就成为乳化油，是制作高成分蛋糕和奶油霜饰料不可缺少的一种油脂。

三、混合油:以几种不同的原料经脱色脱臭后混合出来制成以上各种氢化油、人造奶油等。例如，以低熔点的牛油与其他动、植物油混合制成高熔点的起酥人造奶油，可作为松饼、丹麦面包专用油脂。

任务5 巧克力和可可粉

广泛用于制造糖果、蛋糕、西点、饼干和一些饮料(如可可奶)等。

任务6 果料

果料在焙烤食品生产中应用广泛，以糕点最多，面包、饼干仅有少数品种中应用。糕点中使用果料的主要形式有果仁、果干、糖渍水果(果脯、蜜饯)、果酱、干果泥、新鲜水果、罐头水果等。可增加糕点花色品种和营养成分;提高产品的风味;起装饰美化作用。

任务7 其他原辅料

一、肉及肉制品

二、糖

三、蛋品

四、乳及乳制品

五、水

六、添加剂

（一）疏松剂：包括生物疏松剂和化学疏松剂。

（二）调味剂：包括咸味剂、甜味剂、酸味剂、鲜味剂、香辛料、其他调味剂。

（三）着色剂

（四）食品香料

（五）增稠剂

（六）营养强化剂

（七）防腐剂

（八）抗氧化剂：包括天然抗氧化剂和合成抗氧化剂。

（九）乳化剂

项目四　面团的调制

任务1　糕点制品中的面团

1. 是指小麦粉与油、糖、蛋、水等原料中的一种或数种按一定的配方和方法调制得到的混合物。

2. 不同的配方和调制方法，或配方相同但调制方法不同，得到的面团性能便不同。

3. 面团的性能表现在韧性、弹性、延伸性、可塑性、流动性以及软硬度等方面。

4. 面团常用作糕点的皮层和骨架，决定糕点的皮色和造型，也影响糕点的香气和味道。

◆**知识拓展**

原料的调配

制作糕点的各种原料及数量，称为配方，配方有皮馅分列和混列两种。配方常以成品为基准，即单位成品（如100kg成品）所需的原料品种及数量；也有的配方以小麦粉为基准，即单位小麦粉（如100kg小麦粉）所配的其他原料品种及数量；而更多的配方是前人流传下来的，没有一定的基准。

常见糕点的传统配方不宜随意改变，否则，制得的糕点便失去了原有的特色，成为另一种糕点了，但糕点的配方必须也必然会随着当地消费饮食习惯的变化而改变。糕点的配方往往带有地方特色，同一品种的糕点，各地的配方往往不同。

配方中各种原料的用量，分可控和不可控两种。不可控的，不能随意增减，如调制油酥面团的加油量，每种小麦粉的受油量是一定的，多加或少加都无法调制出软硬适中的油酥面团；可控的，则可以根据人们的设计需要而增减，如包馅糕点皮和馅的比例，可以在一定范围内调整。创制新品种应放在原料的变换和这种可控的原料用量的增减上。

二、各种面团的调制

（一）水调面团

1. 概念：也称筋性面团，是一种带韧性和良好延伸性的面团，压延成皮或搓条时，不易断裂，但易收缩变形。

2. 分类：
- 冷水面团：30℃以下的冷水与面粉调制的面团。
- 温水面团：50℃～60℃的温水与面粉调制的面团。
- 热水面团：沸水与面粉调制的面团，又称烫面。

3. 调制方法:在小麦粉中加入适量水→搅拌→面团软硬合适即可停止搅拌。

4. 操作要点

(1)在小麦粉中加入的水量为小麦粉重量的50% ~70%，夏低冬高，潮湿或开包面粉要少加。

(2)搅拌时揉搓不足，会使面团软硬、干湿不均，面筋形成不完全，压延成皮或搓条时易断裂，但也应避免揉搓过度。

(3)冷水面团的调制方法:将面粉倒入盆内，加入冷水，用手抄拌、揉搓，使水与面结合成团，经过反复揉制使面团表面光滑，有劲，不黏手，再盖上洁净的湿布静醒而成。根据点心品种的需要，有时可在冷水面团里加入少量的盐和碱，以提高面团的弹性和筋力。该面团色泽洁白，爽滑筋道，有弹性、韧性、延伸性等特性。

(4)温水面团的调制方法:将面粉倒入盆内，加温水进行调制。手法与调制冷水面团基本相同。由于用这种方法调制的主面团一般较黏手，且适用的品种范围较小，因而工作人员常采用先往面中加入50% ~70%的沸水，用面杖拌匀后再加入冷水将面和匀的方法。和好的面团较软，有可塑性且不黏手。行业内称其为半烫面、三生面。半烫面是先用部分沸水将面粉烫至半熟，再加适量冷水将面和成有糯性、柔软、光滑的面团。三生面是在十成面粉中，用沸水烫熟七成，再与三层冷水面团揉成有糯性、光洁的面团。该面团黏性、韧性和色泽均介于冷水面团和热水面团之间，具有可塑性较强的特点。

(5)热水面团的调制方法:有两种。

①将1000 ~1100g水放入锅中，上火烧开，改用小火，往沸水中倒入面粉500g，用面杖用力搅匀，烫透后出锅，放在抹好油的案台上晾凉，揉团后即可使用。

②面粉开窝，将沸水浇入面中，边浇边用面杖搅拌，基本均匀后，倒在抹过油的案台上，洒些冷水揉成团，即可使用。该面团黏性大，韧性差，成品口感软糯，色泽较暗。

(6)调制好的面团最好用湿布盖好静置20min，使面筋充分成熟并防止水分蒸发和表面硬皮起壳。

(二)油酥面团

1. 概念:有一定的塑性，无韧性和弹性，无延伸性，不能单独制成产品，一般用于与水油面团配合作酥层糕点包酥时的心料。

2. 调制方法:在小麦粉中加入一定量的油脂→搅拌均匀并拌透

3. 操作要点

(1)在小麦粉中加入的油脂量一般为小麦粉重量的50%，夏少冬多，液态油多，固态油少;严禁加水，否则面团会起筋。

(2)未拌透则影响包酥及成品质量，揉搓过度则面团易泻油;用猪油时成品的酥性比用植物油的好，但揉搓所需的时间比用植物油要长;油酥面团放置时间过长会变硬，应揉擦软化后立即使用;油酥面团的软硬度应和水油面团一致，否则，包酥难以成型，且成品层次不清，酥性差。

(三)水油面团

1. 定义:是用水、油脂和小麦粉调制而成的一种面团。具有一定的的筋性和良好的延伸性，大多用来制酥层面团的外层皮。

2. 调制方法:水同油脂一起搅拌均匀→加入小麦粉→搅拌均匀即可。

3. 操作要点

（1）小麦粉、水、油脂的比例为10∶4∶2，也有用鸡蛋或饴糖代替部分水的，其比例可视品种的要求而定。

（2）面团要揉均匀、揉透，制成的皮子才会薄而不碎。

（3）水和油脂要一起加入并搅拌均匀后，再加小麦粉，这样就只能使部分小麦粉吸水，部分小麦粉因油脂的限制而不能吸水，从而达到所要求的性质。

（4）面团的软硬度应与所包的油酥面团的软硬度一致，这样制成的酥层面团层次清楚、均匀。

（四）酥性面团

1. 概念：是由油脂、糖、蛋等拌匀而成，酥性面团的性能介于水油面团和油酥面团之间，有一定的塑性，稍有筋性，无弹性和延伸性。

2. 调制方法：将一定比例的油脂、糖、蛋和其他膨松剂拌匀→再拌入小麦粉→使面团基本均匀即可。

3. 操作要点

（1）油脂、糖、蛋三者的比例要根据糕点的品种适当调节。增加用油量，减少糖、蛋用量，则制品酥化；增加糖、蛋用量，减少用油量，则制品松脆。低档产品可用水部分或全部代替蛋品。

（2）发酵粉要与小麦粉拌匀，防止其直接与水接触产生中和反应逸出二氧化碳，失去膨松作用，影响制品膨松。小苏打、碳酸氢铵要用水溶解后才能使用，若不用水溶解，要先与糖、蛋等拌透至溶解才能拌入小麦粉，否则会因为其分布不均影响制品膨松，并产生黄色斑点，食用时有苦涩味。

（3）酥性面团要严格控制面筋的形成，拌和不要过度，否则面团会起筋、泻油、成品僵硬，无酥性；酥性面团调好后要及时成型，防止放置时间过长形成面筋，出现泻油，造成制品僵硬。

（五）浆皮面团

1. 分类

浆皮面团：
- 砂糖浆皮面团：有良好的可塑性，无韧性和弹性，成形时不酥不脆，柔软不裂，制品花纹清晰。两天后表面回油，使用效果更佳。
- 饴糖浆皮面团：有较好的可塑性，稍有筋性，无弹性，制品光泽油润，甘香脆化。

2. 浆皮面团的配方

（1）砂糖浆配方：白砂糖100kg，水35～40kg，柠檬酸50～100g。

（2）砂糖浆皮面团配方

配方一：小麦粉100kg，糖浆80～84kg，花生油24kg，60度碱水16～18kg。

配方二：小麦粉100kg，糖浆60kg，花生油15kg，碱水适量，饴糖10kg。

（3）饴糖浆皮面团配方

配方一：小麦粉100kg，饴糖65kg，糖粉20kg，花生油20kg，蛋14kg，60度碱水1kg。

配方二：小麦粉100kg，饴糖70kg，糖粉20kg，花生油10kg，碱水800g，小苏打400g。

3. 调制方法

(1)砂糖糖浆制法:用少许水与柠檬溶解再与剩下的水、糖加入锅中→猛火煮沸→改用慢火→煮至剩下的糖液重125 kg左右时离火源→贮放15~20天即可。

(2)砂糖浆皮面团调制方法:糖浆拌匀→加入花生油拌匀→拌入小麦粉，充分揉匀即可。

(3)饴糖浆皮面团调制方法:饴糖、糖粉、碱水和蛋液拌匀→拌入花生油拌匀→拌入小麦粉，充分揉匀即可。

4. 操作要点

(1)煮糖浆

①糖未完全溶解前，要不断搅拌，防止锅底的糖焦化;要不断将液面上的白沫等杂质去掉，保持糖浆色泽纯正。

②加入少量柠檬酸，可加速糖的转化。

③煮好的糖浆应存放15~20天，使蔗糖充分转化为葡萄糖和果糖，以提高制品质量，如果用饴糖代替部分糖浆，则糖浆可不经存放，冷却后可立即使用。

(2)调制砂糖浆皮面团

①要先将碱水和糖浆拌匀后，再加入油，拌匀，最后才加入小麦粉拌匀，否则会因油、碱混合不匀，易使制品表皮起白点。

②严格控制碱水用量。碱水用量不足，制品表皮不上色，花纹不清;用量过多，制品表面呈暗褐色，欠鲜艳，都会影响成品质量。

③浆皮面团的软硬度要与所包的馅的软硬度一致，否则难以成型，且成品欠端正。浆皮面团的软硬度要以增减糖浆用量来调节，严禁加水，以控制面筋形成，保证面团质量。

④用糖浆调制面团可以减缓面筋形成的速度，但如果放置时间长，浆皮面团便会由软变硬，韧性增加，塑性减弱。因此，浆皮面团和浆皮类糕点生坯的存放时间不宜过长，最好不超过30~45min，以防止泻油、生筋。

(3)调制饴糖浆皮面团:与砂糖浆皮面团相同，只是饴糖浆皮面团对调制均匀度的要求没有砂糖浆皮面团那么高。

(六)蛋糊

1. 分类

蛋糊
- 清蛋糊
  - 重蛋糊:用蛋量为小麦粉的两倍
  - 轻蛋糊:用蛋量大约与小麦粉相等
- 油蛋糊:一般不是利用蛋液的搅拌起泡充入空气，而是依靠油脂的结合气体能力以及部分疏松剂，使制品松酥，油脂多选奶油，低档产品用猪油。

2. 配方

(1)清蛋糊配方

配方一:小麦粉27kg，淀粉3kg，鸡蛋30kg，砂糖28kg，糖浆2kg，水4~4.5kg。

配方二:小麦粉15kg，玉米粉5kg，鸡蛋48kg，白砂糖20kg。

配方三:小麦粉15kg，玉米粉10kg，鸡蛋白36kg，白砂糖15kg，糖粉22kg，香兰素30g。

(2)油蛋糊配方

配方一:小麦粉25kg，鸡蛋30kg，奶油25kg，砂糖25kg，香兰素20g。

配方二:小麦粉25kg，鸡蛋28kg，奶油25kg，猪油15kg，砂糖28kg，果料若干。

3. 调制方法

（1）清蛋糊的调制方法

鲜鸡蛋去壳与砂糖、香兰素放入打蛋机→搅拌至蛋液体积膨胀，颜色较白→加入糖浆、水→继续搅拌至体积膨胀为原来的 2 ~ 3 倍→加入小麦粉和其他原料→拌匀即可。

（2）油蛋糊的调制方法

方法一：将奶油、砂糖和香兰素放入打蛋机中→搅拌至奶油颜色较白且成疏松状→分次加入鲜蛋→继续搅拌至奶油、蛋、糖混合均匀→最后加入小麦粉和其他原料→搅拌成均匀稠状糊即可。

方法二：将蛋、砂糖和香兰素放入打蛋机中→搅拌至蛋液颜色转白→加入小麦粉→拌匀→逐渐加入 35℃ ~ 40℃的猪油→拌成均匀稠状糊即可。

4. 注意事项

（1）调制清蛋糊的注意事项

①蛋的质量。蛋的新鲜度决定蛋液的膨胀性，新鲜鸡蛋的黏稠性好，能打进气体，而且保持时间又长。鸭蛋、鹅蛋有草腥味，不宜使用。

②严禁加油。油脂有消泡作用，打蛋机和各种用具使用前要洗涤干净，不能沾有油脂。

③盐和碱会破坏蛋白质胶体的稳定性，要防止蛋液与盐、碱接触，削弱蛋液的起泡能力。

④搅拌的程度要适当，搅拌不足则充气不足，搅拌过度会降低蛋液黏度和相对稳定性，使已充入的气体易逸出，都会影响成品的松软程度。

⑤小麦粉可一次加入，也可以逐次加入。搅拌时要轻而快，严防过度搅拌使小麦粉起筋，造成制品硬而实。如果一次性加入小麦粉，要防止小麦粉沉于底部而搅拌不匀，使蛋糊中含有干粉块，造成成品夹生。如用打蛋机搅拌应开慢档。

⑥调制好的蛋糊要及时装模，及时烘烤，防止放置时间过长。否则，蛋糊中的小麦粉吸水起筋，将影响产品的疏松度。

⑦为降低小麦粉筋度，可选用筋度适宜的专用粉，或者采用淀粉、玉米粉代替部分小麦粉。这部分淀粉或玉米粉应事先和小麦粉拌匀。

⑧如减少配方中蛋的用量制作低档蛋糕，或者蛋的质量不佳，应添加适量疏松剂。

⑨香兰素难溶于水，为防止其分布不匀，应与蛋、糖一起搅拌，或在蛋液搅拌至颜色转白时加入。

（2）调制油蛋糊的注意事项

①奶油易受热熔化，熔化后便失去搅拌膨胀的作用，因此，天气炎热时，应事先将各种原料进行冷冻处理，或者在搅拌中对打蛋机、搅拌桶进行冷却，以使奶油降温。

②如用方法一调制油蛋糊，奶油、鸡蛋要搅拌至适度膨胀，固态猪油不能直接使用，否则成品表面不易爆裂“开花”，影响成品美观。

③制作低档成品可用猪油代替奶油，这时应略减少配方中的蛋、糖用量，增加疏松剂、饴

糖用量。

④疏松剂、香兰素的使用方法，及用淀粉或玉米粉降低面筋度，蛋糊不能放置过长时间等要求，与清蛋糊的调制要求相同。

项目五　常用装饰原料的制作技术

任务1　糖粉装饰料

一、糖粉装饰制品的原料种类

糖粉装饰制品的原料种类：

- 一种：糖粉与蛋清（或加入适量葡萄糖）搅拌、混合而成的糖粉膏。多用于点心的一般装饰，如大型制品的挂边、挤面、拉线等。
- 另一种：糖粉与蛋清、鱼胶、葡萄糖制成的较硬、类似面坯的装饰原料，多用于造型，如各式糖粉花、装饰物、造型物等。

根据制品特点和要求，以上原料在使用配比上有差异。

二、糖粉装饰的用途

糖粉是西式面点制作常用的辅助原料，也是一种常用的装饰原料。糖粉制成的装饰物，具有外形美观，内质坚固结实、不易损坏的特点。

三、糖粉装饰料的制作技术

（一）蛋白膏（糖粉膏）

1. 调制原理：蛋白膏的调制是利用蛋清的发泡性能，将打起的蛋清加入糖后起到稳定泡沫的作用，再加入增稠剂琼脂，使蛋白膏黏稠，泡沫结构更稳定，并且具有一定的硬度和可塑性。蛋白膏由蛋白、砂糖、增稠剂等制成，又称蛋白浆、蛋白等。蛋白膏常用于蛋糕裱花和糕点夹心。

2. 配方：

配方一：蛋白2.5kg，砂糖15kg，琼脂100g，水6～8kg，橘子香精10ml，柠檬酸15g。

配方二：糖粉250g，蛋清250g，柠檬汁适量，色素适量。

配方三：白糖粉500 g，鸡蛋白10个，蛋糕油50g，奶油香精少许。

配方四：白糖2.6斤，水1.2斤，琼脂20g，鸡蛋10个，蛋糕油70g（可以不加）。

配方五：白糖粉250g，鸡蛋白5个，即溶吉士粉10g，速发蛋糕油50g，奶油香精适量。或白糖粉900g，鸡蛋白18个，蛋糕油70g，吉士粉20g（可以不加），奶油香精少许。

3. 制作方法

①琼脂和水加入锅中→加热至琼脂全部溶解→过滤，除去琼脂液中杂质→加入糖→继续加热至糖浆可拉起丝→得到琼脂糖浆→加入琼脂糖浆→用打蛋机搅拌至其原体积的3倍（↑蛋白）
↓
继续搅拌，直至蛋白膏体积膨松不塌

②糖粉250g，蛋清50～80g放入容器→中速搅拌至起发→加入余下的蛋清→中速重新搅起→糖粉坯料色白、细腻→加入柠檬汁→中速搅匀→加入用清水化开的色素→中速搅匀即可。

③除蛋糕油以外的原料一起加入高速搅拌，3min后低速加入蛋糕油再高速搅拌19min。

④水加白糖加已泡软的琼脂（也可以不泡）熬成琼脂糖浆再冲入已拌泡的蛋白中去继续打发即可。

⑤鸡蛋、白糖、即溶吉士粉一同入缸，快速打至糖溶化，加速发蛋糕油，打发接近终点时加奶油香精和匀即可。

◆知识拓展

糖粉面坯的制作工艺及使用

1. 制作：将糖粉400g、葡萄糖10g放入搅拌缸内→在快速搅拌的过程中，慢慢加入溶化的鱼胶40g～50g（其加入量由所需糖粉面坯的软硬而定）→糖粉成团后，加入柠檬汁10g和溶化的色素（也可不加），分别调成所需的颜色。

2. 使用：糖粉面坯是西式面点装饰工艺中经常使用的装饰原料，多用于各种高级宴会大型蛋糕、立体装饰物的装饰原料。使用时，可以将糖粉面坯压薄后包蛋糕坯，可以刻制或切割成三角形、S形、心形各式装饰用品，待干后，用于蛋糕表面或蛋糕边的装饰。还可以制作大型糖粉装饰品，制作时最好事先画出设计图纸或图样。

4. 质量要求：颜色洁白而有光泽，膏体膨松，软而不塌，裱花时拉出的线条花纹清晰。

5. 适用范围

蛋白膏主要用于蛋糕、西点的表面装饰，如柠檬派、冰淇淋等的表面装饰或者用于西点派类馅心的底料。

一般琼脂多、糖少的膏类塑性好，不易软塌变形，适合装裱立体图案；反之，则适于作涂抹用。

6. 糖粉装饰料的使用：糖粉装饰物在西点中多通过浸蘸、涂抹、挤注、造型等方法广泛应用。

◆知识拓展

制蛋白膏的技巧

1. 要选用新鲜鸡蛋，贮存过久的鸡蛋不宜使用。若用冰蛋白应水浴加热使其全部溶解（不宜直接加热，以防蛋白受热变性），否则难以搅拌膨松。若用蛋白干应浸泡（冬天用温水），过滤后使用，浸泡时间不宜过长，以防止变质。

2. 琼脂液和蛋白干液体应滤去杂质，以防止裱花嘴堵塞。

3. 增稠剂的用量要适宜，原则上夏天多些，冬天少些。如果不加增稠剂或用量不足，则蛋白膏凝固性差，用于裱花易塌变形，只能用作夹馅或涂料。如果增稠剂过量，会造成膏体爽脆无可塑性，既不能用于裱花，也不能用作夹馅。增稠剂一般选用琼脂，也可用明胶。明胶的凝固力比琼脂差，其用量一般为琼脂的2～3倍。

4. 蛋白蛋配方中蛋白、糖、琼脂三者的比例可根据蛋白膏的用途适当调节，蛋白的用量与膏体的凝固力成正比，糖则相反。

5. 蛋白膏中添加柠檬酸的作用为：促进蛋白凝固并使蛋白膏洁白有光泽，延缓裱花中的红色图案退色，使蛋白膏爽口而有水果香味。因此，制作蛋白膏应选用水果香精，不宜选用香草香精。

6. 制作蛋白膏的用具不能沾有油污，否则难搅拌膨松。

7. 用糖浆制蛋白膏时应搅打成丝状后才能加入滚烫的糖液。

（二）糖膏

1. 定义：糖膏由糖浆搅拌膨松而成，有多种名称，用于面包、糕点的浇注或夹心。

2. 配方：砂糖10kg，42波美度的液体葡萄糖1kg，水2.5kg。

3. 制作方法：砂糖和水加入锅中→熬炼至一定浓度→加入葡萄糖→继续熬炼使糖浆浓缩至适宜黏度（挑出少许滴入水中能结成块状，不散开）→冷却→用打蛋机搅拌（扁平浆、慢速）至糖浆颜色转白、膏体膨松→取出→放入容器中用湿布盖好→自然回软后即成糖膏（也可以在大理石案板上，用长柄铲搅拌制得糖膏）

◆**知识拓展**

制糖膏的技巧

1. 熬糖时要防止焦底，糖液转稠后要改用文火。

2. 操作过程中熬炼过度、糖浆冷却过程中搅拌、加热锅及打蛋机沾有固体糖、液体葡萄糖过早加入等，均会造成糖膏返砂。

3. 配方中的液体葡萄糖可用饴糖代替，或熬炼糖浆时加入适量柠檬酸使部分蔗糖转化为麦芽糖和葡萄糖，但这两种方法制得的糖膏洁白度均稍差。

4. 使用糖膏时要微加热熔化，加热时用文火，不能搅拌，若糖膏过稠可加入少量温水。在糖膏中加入可可粉、色素，可调成需要的各种颜色，但要在停止加热后加入。

4. 质量要求

色泽洁白（加入可可粉或色素的要求色泽鲜明），柔软有光。

（三）奶油膏（黄油酱）

奶油膏由奶油、糖和蛋白组成。

1. 调制原理

是利用蛋清的发泡性及蛋黄的乳化性，通过搅打，加入糖溶液或糖蛋液，与搅打蓬松的奶油均匀混合形成均匀滑爽的混合物。

2. 配方

奶油1kg，糖1.8kg，蛋白400g，液体葡萄糖200g，水500g。

3. 制作方法

糖加水，煮至118℃；将鸡蛋液打起或者分别打起后混合；将糖液倒入搅拌的蛋液中，将糖蛋液烫至八成熟灭菌，边打边冲。将奶油搅打蓬松，倒入冷却的糖蛋液，搅打均匀。即：

糖和水放入锅中→加热熬炼至糖浆可拉成丝

↓徐徐加入

蛋白用打蛋机搅拌→白色膨松不塌→继续搅拌至白色稠状→静置冷却→加入奶油搅拌→即得白色膨松的奶油膏。

◆**知识拓展**

制奶油膏的技巧

1. 加入液体葡萄糖的目的是提高奶油膏的洁白度。

2. 可以不加蛋白，但得到的奶油膏凝固力差，不能用于裱花，只能作夹心用。不加蛋白时的制作方法为：先将奶油搅拌至白色膨松，再加入已冷却的糖将，继续搅拌至膨松不塌即可，也可用砂糖粉或砂糖代替糖浆，若用砂糖，应与奶油一起搅拌。不用蛋白的配方其糖用量也应适当降低。

3. 糖浆的黏度要适宜，以可以拉成丝为度，过稀过稠皆不好。

4. 要待糖浆冷却后才能加入奶油，否则奶油熔化，无法搅拌膨松。冬天气温低，可在蛋白溶液微热时加入奶油，或预先预热奶油，否则难于搅拌膨松。

5. 加入的糖浆温度不能过高，否则蛋白质易受热变性。

4. 质量要求

色泽乳黄，膏质细腻，软硬适度，裱花图案、文字清晰，有浓郁的奶油香味。

5. 使用要求

适用于蛋糕裱花及西点的表面装饰，也可用作糕点夹馅，有浓郁的奶香味，使用时注意操作环境的卫生。应选用优质的乳化性好的奶油，否则不易搅打蓬松且结构不稳定；搅打完成的混合物不可放置过久，不然易产生油水分离的情况。

任务2　干果类装饰料的制作技术

一、干果类装饰料的用途

干果在西式面点制作中广泛应用于各式面包、甜点、饼干、布丁及各种派类、塔类，也常用于馅类、甜品之中。

二、常用的干果品种

常用的干果品种有核桃仁、花生、杏仁、榛子、开心果、腰果、松子、瓜子仁、葡萄干、西梅干、无花果干及其他鲜果品的再制品(果脯)等。

三、果仁的加工方法

1. 烘烤：一般在180℃～200℃温度烘烤，烘烤时还可加入一些调味品来增加干果的风味。烘烤温度过高，干果内部还未受热变酥，干果外表已受热变焦，影响干果的品质和口味；烘烤温度过低，干果在烤箱内受烘烤时间过长，极易使干果内部油脂因受热外溢，成品不仅口感发硬，也没有干果的香味。

2. 磨粉和切碎

(1)机器磨粉和切碎：一般用食品打碎机或食品磨碎机，此法简单方便，但在加工过程中不要使用快速档，否则强大的机械力很容易使果仁出油。在果仁磨碎到一定程度时适量加入一些面粉和淀粉，可减少在加工过程中果仁出油的机会。

(2)人工磨粉和切碎：如果没有手工磨碎机，就只能在工作台上用走槌压碎。如果用量不大，可用手工压碎。其好处是果仁不易出油，并能保证达到制品所需的粉细度，缺点是较麻烦。

3. 煮和熬制：经过一次加热成熟过程后，果仁不仅能保持原有的风味和口感，而且也有利于成品的整个成熟。如美洲核桃派，就是先把核桃仁洗净，控干水分，然后将蜂蜜、糖、黄油、奶油等配料上火煮开，再将果仁放入煮5～8min，冷却后，放入铺有混酥面坯的模具内进行烘烤。

4. 腌渍：把所用的干果原料放入容器内，加入调味酒或香料，然后拌匀并密封起来。经过一段时间的腌渍后，干果的果质吸收了容品内的香料物质，并开始变软，体积也有所增加。制成成品后不仅口味香浓，而且也较柔软入味。

四、果仁装饰料的使用要点

1. 西式甜点制作时，某些干果可作为主料或配料使用，如榛子奶油蛋糕、杏仁蛋糕、核桃布丁等。

2. 应选用无虫蛀、味正的优质原料，非优质原料不应使用。

3. 干果类原料不管采用什么方法加工，都不宜时间过长，否则会直接影响制品的口味和质量。

4. 加工后的干果制品应及时使用，无法及时使用的应采取真空保鲜法作短期的保存。

任务3　果酱装饰料

一、果酱装饰料的用途

成品表面可用果酱进行装饰，装饰的形式有线条、点、圆圈等。

二、果酱装饰料的调制

新鲜水果洗净，加水煮成泥状→冷却→过筛→去除果核→加入糖→小火加热（使糖溶化，要不断搅拌，防止焦糊）→中火熬煮→果酱凝固（测试方法是将果酱滴到干净盘中，冷却后用手摸有黏凝感，而且表面有皱纹）→离火→装容器备用。

三、果酱装饰料的使用

1. 准备装饰材料及工具。如裱花纸、裱花袋、裱花嘴、剪刀等。

2. 果酱使用前必须先加热，当酱汁变软至稀稠适度时再使用。

四、各类果酱装饰料的制作技术

（一）蛋黄酱

蛋黄酱又称吉士酱、克斯得酱，是用牛奶、鸡蛋（蛋黄）、玉米粉（克斯得粉）、砂糖、香兰素等原料混合熬制而成的。

1. 调制方法

通过搅拌使原料混合均匀，受热后淀粉糊化、蛋白质变性，混合物由生变熟，经冷却形成半固体的物质。

制作时，先将牛奶上火煮开，加入香草；再将蛋黄、玉米粉、糖一起混合搅拌均匀。用煮沸的牛奶浇注，拌匀。然后将蛋黄、牛奶液体加入厚底锅内，沸腾后改用小火并不停地搅拌，以防糊底。开锅后加入盐，用微火搅熬1~2min，使其熟透。下火后，放入溶化的黄油，并将香草拿出，搅拌均匀，静置待用。熬好的蛋黄酱在室温下完全凉透后，放入冰箱密封冷藏。为防止蛋黄酱静置过程中表面形成干皮，可在表面覆一张保鲜膜。混合物成熟均匀无杂质、无黑点，颜色淡黄色，味道香糯、爽滑。

2. 使用要求

用于面包表面的装饰，如黄油面包等的装饰。使用蛋黄酱装饰或者作为馅料时应注意的问题是，由于装饰料本身含水量较大，无论是用于表面还是内部都容易影响到产品的烘烤，因此切勿使用过多。

任务4 水果罐头类装饰料

一、水果罐头的用途

可用于各类烘焙制品的表面装饰，还可作为烘焙食品的配料使用，以丰富产品的颜色和口味。

二、水果罐头的初加工

1. 切割成形：将大块的水果切成小块，或切成丁或条形等，根据所用水果的形状、大小、质地，切成不同的造型，如蝴蝶瓣、草叶形状等。

2. 炒和煮：一方面对罐头水果再进行一次杀菌；另一方面经过加热和其他配料的混合受热，可使罐头水果内部的水分流出，以增强口味和口感。

3. 磨碎：磨碎后的果肉和果汁不仅是装饰原料，还可用来调节产品的颜色。

4. 搅拌：如某些酱类、馅类的罐头，可单独搅拌，也可和其他的 料一同搅拌。

三、水果罐头的使用要点

1. 过期罐头不用，三无产品不用。

2. 罐头制品打开后，要尽快使用，尽快加工，否则制品很容易变质、失去食用价值。

3. 加工罐头制品时，应注意加工时间不宜过长，以免破坏制品的内部结构，失去应有的弹性和光泽。

4. 在磨碎过程中，要保证所用用具的卫生，尤其是直接配汁，更要注意用具的清洁。

5. 罐头食品打开后如未用完必须倒换至其他不锈钢容器内存放。

项目六 辅助原料

辅助原料是烘焙食品必不可少的原料，在食品加工和装饰过程中具有重要作用。

任务1 巧克力

巧克力是可可树的果实经发酵、晾晒、清洗、烘烤、研磨和调配等工序加工而成的产品。巧克力在烘焙食品的装饰工艺中具有广泛应用。

一、常用巧克力种类

巧克力种类

- 牛奶巧克力：由乳固体、糖、可可液块和可可脂经混合、研磨、冷却等工序加工而成。含糖量一般为40% ~50%，奶脂和可可脂量为20% ~35%，乳体含量为10% ~15%，是烘焙制品不可缺少的辅料，主要用于脱模巧克力、挂面、制作馅料、挤字或与其他颜色的巧克力混合使用，烘焙师有时将白色巧克力和黑色巧克力混合，快速勾兑出牛奶巧克力。
- 黑色巧克力：烘焙制品通常使用可可脂含量为35% ~66%的巧克力。黑巧克力的用途最广泛，可用于脱模巧克力、挂面、脱模料、挤字和制巧克力装饰花等。
- 白色巧克力：可可脂的含量一般在25% ~46%，可用于脱模、制作馅料、淋面和制作巧克力装饰等。

二、巧克力特性

1. 巧克力的可塑性和装饰性很强，具较好的韧度；

2. 颜色淳朴自然，诱人食欲；

3. 在不同温下有其独特的特性和存在形式，可以用巧克力制作成艺术性很强的展示品、食用方便的糖果、形象逼真的卡通图案和淋面蛋糕等，可以使用雕刻、浇注、搓、铲、挤等操作方法造型。

三、常见装饰品的制作方法

1. 切割成各种形状、大小的制品。一般工艺方法是：巧克力熔化后，抹到油纸或平整的硬塑料纸上，待制品凝固后，用刀切割成各种不同形状和大小制品，如从简单的长片、方片到切割成人物、图形等，然后，将制品从油纸或塑料纸上取下，用沾或插放在制品表面的方法装饰点心。

2. 挤成各种图案、图形。巧克力熔化后，挤成各种图案、图形是西点装饰中常用的装饰方法。具体做法是：将巧克力用“水浴法”熔化，待达到使用温度时，装入纸卷，根据需要在油纸上挤出各种图形，如花草树木等。如果交叉使用不同颜色的巧克力，其制品会更加鲜明、生动、活泼、大方。

3. 使用模具制出模型。具体方法是：将巧克力熔化，装入各种模具中，经冷却后，形成各种类型的巧克力制品，如各种圣诞节、复活节巧克力制品。若在制作各类巧克力装饰制品时，能灵活运用不同颜色的巧克力，更能增强制品的色彩和风格。

4. 制作各种巧克力棍或翁形装饰品。具体方法是：将熔化后的巧克力，用平刀厚薄均匀地抹到大理石台面上，冷却。待巧克力凝固但未完全变硬时，用一个薄铁铲推切出一个个卷成细卷的巧克力。巧克力的粗细，可以从推切巧克力的多少来加以控制。

巧克力翁形装饰品的制作方法和巧克力棍的制作大体相同，但巧克力凝固的硬度要再低一些，以推切不能成棍状而成弯曲的片状时为宜，并将推切下来的巧克力片从中间弯曲，将两头合并即成。

5. 制作巧克力面坯。用巧克力制成的巧克力面坯不仅不易熔化，而且硬度及柔韧性也较巧克力好，因此，巧克力面坯是制作大型巧克力装饰的优良原料。

巧克力面坯的工艺方法是：将黑巧克力熔化，加可可油、葡萄糖浆和糖水（糖和水的比例为3∶1），充分搅拌均匀后，放入冰箱冷却。将冷却后的面坯取出，放到压榨机内，反复压榨成面团，其软硬度可通过压榨的次数来掌握。

用巧克力面坯制作出的装饰成品，定型后可喷上一层特制的油来增加制品的光亮度，可使制品更加美观。

四、巧克力的调制方法

按照巧克力使用的目的不同，可分为基本调制法和加油调制法。

1. 基本调制法。又称“双煮法”。做法是用一大一小两个容器，最好用金属容器，小容器盛巧克力，大容器盛50℃以下温水，把盛有巧克力的容器放入盛有温水的大容器中，用水传热，使巧克力熔化，用此方法切忌在容器内进水。常用的具体操作有两种：一种是将所要熔化的巧克力切碎，全部放入容器中进行一次性调制；另一种方法是切碎后将2/3的巧克力先熔化，再兑入余下的巧克力一起调制。

2. 加油调制法。是在熔化巧克力的过程中加入适量食用油脂，使巧克力的颜色更深更光亮。加油调制法可用于较稠巧克力的稀释，增加存放过久的巧克力的光泽，也可以增加制品的硬度。添加食用油脂的种类要灵活掌握，若巧克力可可脂含量低，硬度大，应添加可可脂；若巧克力在调制时过硬，则应加入适量植物油或熔化的黄油。

加油调制巧克力的一般方法是：先将食用油脂加温成半流体时，再兑入熔化的巧克力中，其用量要根据需要而定。

五、调制巧克力的基本要求

掌握、控制巧克力的温度是制作巧克力的关键。

1. 熔化温度。巧克力熔化时最好使用恒温装置，如巧克力熔化器，水温应控制在45℃～50℃，水温不要过高。因为巧克力中的油脂在36℃～45℃为最佳熔化温度，如果超过50℃，巧克力中的油脂容易与可可粉分离，所含糖分会出现结晶，形成细小的颗粒，使熔化的巧克力不亮，并造成制品成型困难。另外，熔化巧克力的水温过高，巧克力还易吸收容器周围的水蒸汽，使巧克力翻砂，失去光泽，并有白色花斑。

2. 环境温度。制作巧克力的室内温度应为恒温，以20℃为最佳环境温度。高于20℃，巧克力易熔化，也不利于制品的成型。巧克力成品和半成品的储存温度一般在15℃～18℃，湿度以55%～65%为宜。

六、巧克力的用途

多用于制作馅料、装饰造型、淋面装饰、甜汁或与其他原料混合使用等。

七、巧克力的保管

巧克力和巧克力制品是一种热敏性很强、不易保存的食品。储存温度应该控制在15℃～18℃，最好为10℃～15℃，相对湿度不高于65%，最好不高于50%。储存不当会使制品发生软化变形、表面斑白、内部翻砂、串味或香气减少等现象。

打开包装后或没有用完的巧克力必须再次密封，放在阴凉干燥处。巧克力酱或馅料必须放入保鲜柜中储存。

八、质量标准

色泽鲜明均匀一致，符合该品种应有的色泽；香味纯真，符合该品种应有的香气；口味适中;块形端正，边缘整齐，无缺角裂缝，表面光滑，纹路清晰，大小均匀，厚薄一致;表面有光泽，剖面紧密，口感细腻滑润，不糊舌黏口;包装紧密，无破损，标志与内容相符。

九、注意事项

1. 制作巧克力装饰品的关键是正确掌握巧克力的温度，它包括巧克力的熔化温度、使用温度和环境温度。一般情况下，巧克力的熔化温度要控制在50℃，夏季最高不得超过55℃，巧克力的使用温度要根据巧克力中可可脂的含量及制品要求灵活运用，而操作间的环境温度应保持在20℃~25℃。

2. 制作巧克力装饰品时，动作要快，手法要熟练，尽量缩短巧克力和手的接触时间，以避免手对巧克力表面的接触影响。

3. 制作巧克力装饰物时，应尽量避免其他杂物的进入，尤其是水滴或面粉等原料，以免使制品表面产生花斑或斑点等。

4. 巧克力装饰品凝固后，要用平刀小心地使其和油纸或塑料纸分开，否则巧克力不能自由收缩，会产生两头上翘的现象。

5. 巧克力装饰物应存放在恒温的室内，一般温度在15℃~18℃。

任务2　杏仁膏(杏仁面)

杏仁膏又称马司板，主要成分是杏仁粉、糖、朗姆酒等，是烘焙制作中的重要辅助原料。

一、用途

由于杏仁膏形同面团，柔和细腻，有独特的口感，常用于制作甜点、高档饼干和巧克力糖馅心。杏仁膏具有独特的黏性和可塑性，一般用做西点的铺衬，特别是大型西点，各种糖皮、巧克力皮、糖粉皮和封糖皮，都必须用杏仁膏做铺衬，再挂上各种糖皮。利用杏仁膏可以捏制各色花果，塑造形象逼真的水果和动物，雕刻各式图案和造型来装饰蛋糕或直接作为装饰品。

使用时可以根据需要加入色素调制或加入适量甜酒以提高风味和柔软度。操作杏仁膏最适合的温度在20℃左右。由于杏仁膏含有较高的糖粉，保存时要严格按照保存要求做，以免保存不当影响质量。

二、常见装饰品的种类、方法

1. 杏仁面花朵、枝叶。用杏仁面制作各种花朵、枝叶是一种非常实用的方法。具体方法是:将杏仁面分成需要的份数，分别加入食用色素，调制成各种色泽的坯料。其中制作花朵、枝叶的一般方法有两种:一是用手捏制;二是将杏仁面压薄、压匀后，用花朵、花叶模子一个个刻下来，然后再进行组合，即成。

2. 杏仁面水果。先将杏仁面调出颜色，也可在制品完成后再在制品表面喷上色彩。其工艺方法是:将杏仁面分成同等大小坯料，运用搓 、捏等各种造型手法，把坯料制成各种水果的形状，如草莓、苹果、香蕉、西瓜、橘子等，然后，再进行细致的加工，如扎出草莓的细小毛孔，画出西瓜的条纹等。为了增加杏仁面水果的价值，还可以将定型后的杏仁面水果分别沾上一层白巧克力或黑巧克力，既能提高制品的营养价值，又可增加制品的感观。

3. 杏仁面动物。还可用杏仁面捏成各种动物造型、逼真的各式人物。制作这些装饰物的造型时，除了借用模具外，大部分要以手工捏制，因此这类制品需要较高的技术及经验。用杏仁面捏制人物、动物造型时，根据制品特点，要先把杏仁面调好色彩，利用丰富多变的色彩，制作生动活泼的造型。

4. 杏仁面标牌。杏仁面标牌也是一种较实用的装饰工艺，其一般工艺方法是：根据需要可将杏仁面调制成所需色泽，或制品干燥后再喷上颜色。然后，将杏仁面压薄，按照需要分成各种形状，如长条形、三角形、圆形等。最后，在制好的标牌上可用巧克力挤上简单的图案，写上“生日快乐”或甜点的名称，放到蛋糕或甜点的表面，从而使制品有极强的装饰性。

5. 杏仁面用于圣诞节的各种装饰品。杏仁面可用于各类节日的装饰品，其一般做法是：将调好色的杏仁面压薄、压均，用各式圣诞装饰模具刻出各种造型，如星星、圣诞树、雪人、圣诞老人等，这些装饰制品多用于各种蛋糕、甜点的装饰和美化。

三、注意事项

1. 在调制杏仁面色泽时，应掌握好色素的使用量，不要使其制品显得颜色俗艳。

2. 在捏制杏仁面装饰成型时，如杏仁面黏手，可在手上适量黏一些糖粉或玉米粉，但不可使用过多。尽量不要黏面粉。

3. 在制作杏仁面装饰时，如有条件就应使用专用的杏仁面工具，可以更加方便操作。

4. 制作好的成品，应排放在底部洒有一层玉米粉的容器内，盖上盖子，放在通风干燥的环境中，不可放在冰箱内，以免制品吸收水分变软。

任务3　封登糖

又称翻砂糖，是糖制品的加工产品、西点主要的半成品和装饰原料，可用来挤一些简单的花样图案。其色泽洁白、细腻。封登糖装饰品以简洁、活泼、色彩鲜艳、制品体积灵巧著称。

一、常见装饰制品的种类、制作方法

封登糖的原料来源有自制封登糖和成品封登糖两种。自制封登糖是通过白糖加水熬制而成，其工艺技术要求高，但可以降低原料成本。成品封登糖则由厂家机械制作，使用方便，原料成本较高。

自制封登糖是以砂糖为主料，用适量的水，加入5%～10%的葡萄糖、醋精或柠檬酸熬制成柔软、细腻、洁白的团状物，放在容器中，用湿布或盖子密封保存，使用时和成品封登糖一样，用“双煮法”熔化即可。

◆知识拓展

醋精

人工合成醋俗称醋精，其主要成分为醋酸（即乙酸），系用可食用的冰醋酸稀释而成。醋精因含有较高浓度的醋酸而有很强的酸味，使用时应进行稀释；一般规定醋酸含量不能超过3%～4%。醋精不含食醋中的营养成分，所以不易发霉变质，但亦因此而缺少食醋的香味和营养作用，所以，若非特殊需要，还是以吃食醋为好。

“双煮法”

在一只大锅中放上水，再用另一只小锅或容器盛入被加热物，将小锅或容器放入大锅中加热即为“双煮法”。

二、封登糖的用途

封登糖在使用时需加热熔化，使其软化后使用。熔化的方法是：将封登糖放入容器内，

放在50℃以下温水中，用“双煮法”使其熔化。如果封登糖较干硬，可加入少量的温水或糖水稀释。熔化封登糖切忌用火直接加热，以防止熔化的糖重新结晶，失去光泽。封登糖的最佳使用温度在30℃～40℃，此时工艺性能最好。

封登糖的用途有三个：第一，广泛用于装饰制品的挂面，使制品表面洁白、平整而且干燥，可长时间保存；第二，将其熔化后加入不同的色素，挤成简洁明快的图案和装饰件；第三，用于甜面包和甜点的装饰和增加制品风味或成餐后糖果。

三、封登糖的使用

1. 关键是熔化的温度和时间。熔化封登糖要用隔水法加热，温度控制在50℃为好。

2. 需要时可以加入少许色拉油或橄榄油，增加制品的亮度和细腻柔软度。

3. 挂面用的封登糖要掌握好浓稠度。太稀不易挂面定型，而太稠又不易使表面平整光滑。如果封登糖太稠，可适量加入一点50℃左右的温水调节。

4. 封登糖内加入的色素不可太深，否则会掩盖制品本身的光亮度。

任务4　酒类

在烘焙食品中常常使用调味酒来增加制品的风味特点，可以使制品的口味更加纯正香醇，风味更加突出，并能使原料的各种口味得到协调，同时也有利于制品的保鲜。经常用的调味酒有白兰地、朗姆酒、葡萄酒等。

酒类的使用：使用时要根据点心制品的品种特点和调味酒的酒度确定其用量。由于调味酒具有挥发性，应该尽可能在冷却阶段和加工后期加入，以保证效果。此外，使用调味酒的目的是增加风味，应根据西点制品使用的原料和口味选择调味酒，如制作卡布奇诺慕斯蛋糕时，加入白兰地可使风味更醇厚。

任务5　糖粉

是一种常用的装饰原料。糖粉制作的装饰品具有强度好、颜色丰富多彩、能保持较长时间等优点，被广泛地使用在各类西式面点（如婚礼蛋糕、生日蛋糕等）中，尤其在圣诞节更是不可缺少的装饰制品。

一、常见装饰制品的种类、制作方法

1. 糖粉花叶、动物、人物造型。糖粉可用来制作装饰类制品，如花朵、叶子、人物及动物造型等，用途广、制造方便。糖粉装饰品不仅用途十分广泛，而且制品坚固，不易损坏，是各类大型、小型蛋糕类装饰的上好装饰物。用糖粉制作装饰花、动物等制品的方法是：将糖粉放入搅拌机内，加入蛋清，中速搅拌至发起，再加入适量的柠檬汁，拌匀即可。如想加入色素，将色素用少量清水化开，加入拌匀即可。制作花朵时，使用不同的裱花嘴，可挤出不同形状的花朵。无论是人物、花草，还是各种卡通动物，都要挤在油纸上。这样制品干硬后，可方便取下。在调制糖粉时，应掌握好糖粉的软硬度，太软、挤出的制品易摊开，造型不好；太硬，不易操作，挤出的制品粗糙，没有光泽。

2. 大型蛋糕的挂边、挤面。在一些大型的装饰蛋糕、大型婚礼蛋糕中，糖粉装饰物占有重要的地位。调制糖粉膏的工艺方法和前面提到的基本相同，但用于装饰不同部位时，所要求的糖粉膏的软硬是不一样的。一般来讲，如果用于制品抹面，糖粉膏可以调制得软一点、稀

一点，这样有利于操作，使制品表面平整、均匀、光滑。如是用于制品边缘的拉线、拉网装饰，调制时就要硬一点、稠一点，这样挤出的糖粉细线有韧性，强度大，不断、不裂，可使制品保持良好的造型。

3. 用于圣诞节面点、蛋糕、饼干等的装饰。西方圣诞节有许多甜点都需要在制作成熟后用糖粉或糖粉膏加以装饰。制作此方法装饰圣诞甜心，可以将制品烘烤成熟后再加糖粉膏装饰，也可以在制品烘烤前加糖粉膏装饰，然后入炉烘烤，如圣诞桂皮饼干、茴香饼干等。

二、注意事项

1. 糖粉装饰制品的质量与制作时的搅拌有很大关系。调制时，搅拌的时间不宜过长，否则蛋清打发过大，糖粉膏极易发泡，使制品缺少光泽。

2. 调制糖粉膏时，柠檬汁的加入应适量。加入的柠檬汁过少，制品不易干燥定型，挤出的制品缺少立体感;加入的柠檬汁过多，糖粉膏易打发，变得粗糙，制品失去光亮，韧性和硬度也降低。一般情况下，500g 糖粉加入 10 ~ 20g 柠檬汁为宜。

3. 调制糖粉膏时，所用的糖粉要过筛，以防糖粉中有异物或杂质，影响制品细腻程度及操作的连惯性。

4. 糖粉装饰品的种类、制作方法不同，糖粉膏的软硬度要求也不相同，因此，在调制时，要充分了解糖粉膏使用的目的、性质和要求。

5. 在糖粉膏的使用过程中，应用一块湿毛巾盖好容器的口，以防糖粉膏中的水分蒸发、变干。

6. 制好的糖粉制品，应放在干燥通风的环境下，经过 24h 的干燥后方可使用。

项目七　馅的制作

任务 1　馅的分类

馅的分类
- 按馅的味道分
  - 甜馅
  - 咸馅
- 按馅的性质分
  - 生馅
  - 熟馅
- 按馅的制作方法分
  - 擦制馅(拌馅)，简称擦馅
  - 炒制馅，简称炒馅

任务 2　确定馅的配方时要考虑原料之间的禁忌，避免原料的香气或味道相克

一、玫瑰、南桂、椰丝三者中的任意两者不宜同时使用。

二、麻盐馅不宜同时使用花椒和葱。

三、咸味馅不能使用有酸味的瓜、果脯等等。

任务3 制馅的基本要求

制馅时，要力求使制馅的软硬度与制皮面团的软硬度一致，这是制馅的基本要求，否则难以成型，且成品因造型欠端正而影响质量。

◆知识拓展

馅的重要性

各类糕点中，有相当一部分是包馅的。一般北方糕点中馅约占糕点重的40 %左右，南方糕点中馅占50 %左右，个别品种高达80 %～90 %。馅决定糕点的香和味，也影响糕点的色和型，因此，馅和皮同样重要。

任务4 原料及其加工

一、制馅的原料

1. 制馅的原料来源

制馅的原料
- 用作调制面团的原料：小麦粉、水、油、糖等
- 人们生活中常见的食物
  - 肉类：猪、鸡、牛、羊、鱼肉等
  - 粮食类：赤豆、绿豆、芝麻、花生等

2. 小麦粉和米粉

小麦粉和米粉
- 擦馅用的
  - 擦馅用的小麦粉：要用熟小麦粉，防止制品馅心夹心，入口发黏
  - 小麦粉的熟制方法：最好选用蒸法，以保持小麦粉的洁白特性
  - 擦馅用的米粉：要求熟制后使用
- 制馅用的：制馅用的小麦粉、米粉要过筛除去粉块

3. 糖

糖
- 擦馅
  - 绵白糖：一般选用绵白糖
  - 白砂糖：应粉碎后使用，以防止糖粒在馅中不溶解，食用时有砂质感
- 炒馅：可以选用砂糖。黄砂糖、黄糖粉仅用于深色的馅

4. 油

油
- 花生油：制馅用的油以花生油为佳
- 芝麻油：有些品种用
- 豆油或菜油：应经过熟炼去除异味后再使用
- 猪油：一般只用于生咸馅

5. 其他原料

其他原料
- 花生仁、核桃仁：要炒熟（或油炸）后去皮，切成大小适宜的碎粒
- 芝麻：要去皮炒熟
- 葱、蒜头、洋葱：用于制馅前应先切碎再爆锅，使其产生香气且易入味
- 肥猪肉（白膘）：切块后用开水煮至刚熟，再用冷水漂洗，肥肉爽而不腻，不易泻油。用于处理这类原料常用的方法有爆、煨、焖等
- 青梅：去皮
- 红枣：去皮、核
- 山楂：去核

任务5　各类馅的制作

一、炒制馅

(一)定义

炒制馅是指由各种原料加入锅中加热熬炼铲拌制成的馅，大都是甜味馅。

(二)常用的炒制馅

常用的炒制馅：
- 南方常用的炒制馅:莲蓉馅、椰蓉馅、椰丝馅等
- 北方常用的炒制馅:枣泥馅、山楂馅等
- 南北都用的炒制馅:豆沙馅、豆蓉馅等

(三)豆沙馅的制作方法

◆知识拓展

制馅的技巧

1. 煮豆时加入碱水可缩短煮豆时间。

2. 煮豆时加水量的多少以煮豆过程中全部赤豆浸入水中为宜，加水量不能太少，否则赤豆吸水膨胀后会有部分露出水面，而难以煮透，另外，水沸腾后不宜翻动搅拌，防止部分赤豆破碎，豆沙沉淀造成焦底。

3. 煮豆要适度。煮不透则无法取沙，煮过度会因豆沙淀粉过分糊化而降低得率，且成品无沙质感，口感差。

4. 湿豆沙要尽量挤干水分，否则会拖长炒制豆沙的时间。

5. 油要分次加入，开始炒制时加入适量的油，可防止豆沙沾锅焦底，如果全部油一次加入，可能会出现油炸豆沙的情况，使豆沙变黑。

6. 炒制豆时要用文火，勤翻动，防止焦底。

7. 豆沙馅要炒透。若未炒透，豆沙成散沙状，可塑性差，口感不够滑，质量差。

8. 如果制作玫瑰豆沙，糖玫瑰应在最后一次加油时加入。

9. 炒制好的豆沙要及时离开火源，防止水分蒸发，豆沙变硬、焦底、糖结晶析出等。

10. 若生产低档豆沙，可在豆沙即将炒制好时加入熟小麦粉。小麦粉的用量一般不超过赤豆量的三分之一，加入小麦粉后要迅速拌匀并立即离开火源，否则会焦底。

1. 配方

配方一(广式):赤豆35kg，砂糖50kg，花生油10kg，60度碱水350g，糖玫瑰5kg。

配方二(苏式):赤豆35kg，砂糖60kg，猪油10kg，糖桂花4kg，糖猪油丁8kg。

配方三(京式):赤豆粉30kg，白砂糖粉60kg，花生油18kg，黄丁鱼2kg，橘皮2kg。

2. 制作方法

(1)工艺流程

洗豆和煮豆→去壳取沙→炒制豆沙

(2)操作要点

①洗豆和煮豆：
- 洗豆:赤豆用水洗，除去泥沙和浮在水面的轻质杂质。
- 煮豆:净豆放入锅内，加入适量水、碱水→旺火煮一段时间→文火煮→轻轻用力即可将赤豆捏烂

②去壳取沙

煮好的赤豆放入竹箩→滤去水分→连箩放入缸内→擦烂
或 } →缸中加入水→反复洗涤
用绞肉机将煮好的赤豆绞烂→放入竹箩→连箩放入缸中

↓

入布袋中挤干水分←待豆沙沉淀后，轻轻滗去上层的水←滤去赤豆皮←过清水 2～3 次

↓

细湿豆沙←用取沙机取沙(工厂采用，可提高工效)

用绞肉机将煮好的赤豆绞烂→粗湿豆沙

③炒制豆沙

湿豆沙、白砂糖、花生油(配方中的三分之一左右)放入锅中→旺火加热→边煮边用铲翻动→煮沸后改用文火，继续铲翻，逐次加入余下的油→直到豆沙与油拌匀变稠，取出一团不泻不散，有可塑性，即成豆沙馅。

3. 质量要求

(1)颜色:色泽紫黑

(2)光亮:光亮油润

(3)软硬:软硬适中，不黏不泻

(4)状态:纯滑无块状和沙粒杂质

(5)味道:无焦苦味，口感软润，细腻香甜

(6)风味:有独特的豆沙风味

二、擦制馅

(一)分类

擦制馅{
甜味馅:白糖馅、百果馅(又称果仁馅)、椰丝馅等
咸味馅:椒盐馅、麻盐馅、葱油馅等

(二)地方特色

百果馅{
广式:用榄仁、杏仁
苏式:用松子仁、桂花
京式:用山楂、红枣

(三)百果馅的制作方法

1. 配方

配方一(广式):熟糯米粉 8kg，砂糖 6kg，花生油 3kg，糖白膘肉丁 32kg，核桃仁 4.5kg，杏仁 5.5kg，瓜子仁 5.5kg，榄仁 8.5kg，芝麻 4kg，糖桔饼 2.5kg，糖冬瓜 5kg，糖玫瑰 2.5kg，水 4.5kg，汾酒 0.4 kg。

配方二(苏式):熟面粉 17kg，绵白糖 28kg，猪油 1.5kg，糖猪油丁 20kg，核桃仁 9kg，松子仁 4.5kg，瓜子仁 6kg，糖橘皮 4kg，青梅 9kg。

配方三(京式):炒米粉 29kg，绵白糖 35kg，芝麻油 20kg，核桃仁 7kg，瓜子仁 1.5kg，花生仁 4kg，芝麻 4kg，红枣 4kg。

2. 工艺流程:原料处理→擦馅

3. 操作要点

(1)原料处理

原料处理：
- 白膘(肥猪肉)切粒，加入等量的糖和1%的汾酒腌渍1~2天
- 榄仁、核桃仁、杏仁、花生仁分别用沸水泡焗去皮，晾干，油炸、沥干
- 核桃仁、花生、糖冬瓜、糖橘饼、糖橘皮、青梅切成均匀的果粒，大小适宜
- 芝麻去皮炒熟
- 红枣去皮切粒

(2)擦馅

腌好的白膘丁、糖、水擦拌至糖溶解→加入果料、蜜饯→拌匀→加入熟小麦粉(或糯米粉、炒米粉)和榄仁→拌匀→得到软硬、干湿适宜的百果馅

◆**知识拓展**

制百果馅的技巧

1. 果仁要去除霉粒、虫粒及其他杂质，杏仁宜选用南杏仁。

2. 颗粒大的果仁和块、条状蜜饯切粒大小要适宜，过大过小都不好。

3. 拌馅时油应最后加入，否则果料松散不易成团。

4. 榄仁质脆易碎，宜在拌馅工序末尾加入。

5. 拌馅时加水要适宜。加水过少馅硬而散，难成型，过多烘烤时会产生大量蒸汽胀破糕点皮层。

6. 广式月饼的馅占整个月饼重的80%~90%，故广式百果馅用糖量较低，可以用砂糖。若降低馅的比重，制馅时的用糖量应适当增加，这时不宜再用砂糖，应用绵白糖，否则难以溶解。

4. 质量要求

(1)果粒蜜饯等颗粒料大小适中匀称

(2)各种原料拌和均匀，成团而不实不散，不干不湿

(3)各种果仁蜜饯的香味浓厚、口味清香，有独特的果仁风味

项目八　各类糕点的制作技术

任务1　酥类糕点加工技术

酥类糕点是中式糕点中的传统制品，历史悠久。这类糕点生产工艺简单，便于机械化生产。其特点是使用较少的油脂，较多的糖，包括砂糖、绵白糖或饴糖，辅以蛋品、乳品等并加入化学膨松剂，调制成具有一定韧性、良好可塑性的面团，经成型、烘烤而制成的膨松的制品。

一、面团调制原理

酥类面团使用较多的油脂和糖，调制成酥性面团，要使产品达到起酥的目的，在调制面团时必须限制面筋的形成。

（一）调制方法

首先，将油、水、糖、蛋放入调粉机充分搅拌，形成均匀的乳浊液后，加入膨松剂、桂花等辅料搅拌均匀，再加入面粉拌匀即可。因油脂的表面张力很大，在面粉颗粒表面形成一层油脂薄膜；同时水、糖、蛋形成具有一定浓度的乳浊液后，产生较大的渗透压。油膜和渗透压都对面筋蛋白质产生“反水化”作用，阻止水分子向蛋白质胶粒内部渗透，大大降低了蛋白质的水化和胀润能力，使蛋白质之间的结合力下降，面筋不能充分形成，面团韧性降低，可塑性增强。酥性面团的特点：具有良好的可塑性，缺乏弹性和韧性，属于重油类面团。产品特点是非常酥松。

（二）操作要点

1. 混料

必须将油、糖、水、鸡蛋充分乳化，乳化不均匀加入面粉会使面团发散，出现浸油、出筋等现象。

2. 调粉

加入面粉后，搅拌时间要短，速度要快，防止面团形成面筋，面团呈团即可。如果制作酥类或奶油混酥类糕点时，面粉最好一次加入，拌匀即可；制作浆皮包馅和混糖包馅类糕点时，因糖浆浓度大，对面粉蛋白质有反水化作用，故面粉可在搅拌过程中分次加入。不管怎样加入面粉，都要尽可能少搓揉面团，防止面筋形成出现筋力。面团温度不宜过高，特别要控制水温。温度过高，加快面粉水化，容易出筋，还易使面团走油。一般控制在18℃～26℃之间较为适宜。

3. 制酥性面团

调制酥性面团要严禁后加水，否则极易上筋，面团黏度增大，搅拌时间长，韧性增强，可塑性下降。酥性面团不需静置，特别是在夏季，面团调好后应立即成型，并做到随调随用。如果室温高、放置时间长，则面团会出现走油、上筋等现象，使产品失去酥性特点，质量下降。

二、生产实例

酥类糕点中油、糖用量特别大，一般面粉、油和糖的比例为1∶(0.3～0.6)∶(0.3～0.5)，加水较少，由于配料含有大量油、糖，限制了面粉吸水，控制了大块面筋生成，面团弹性极小，可塑性较好，产品结构特别松酥，许多产品表面有裂纹，一般不包馅。典型制品是各种桃酥。

1. 配方

配方见表7－1。

表7-1　　酥类糕点基本配方　　（单位：kg）

产品 配方	面粉	猪油	花生油	白糖	鸡蛋	碎核桃仁	碳酸氢铵	小苏打	其他
京式核桃酥	100	50		18	9.4	10.4	适量		桂花5.2
京式核仁酥	100	22	22	14	7.4	3.7	1.2	0.5	
广式德庆酥	100	33	10	90	13		0.1	1.6	烘熟花生10，烘熟芝麻5
通心酥	100	45		70	10		0.5	1	胡椒粉0.2，盐1，芝麻10

2. 工艺流程

蛋、油、糖、小苏打、水等→辅料预混合

↓

面粉→过筛→甜酥面团调制→分块→成型→焙烤→冷却→包装→成品

3. 制作方法

（1）辅料预混合。为了限制面筋蛋白质吸水胀润，应先把水、糖和鸡蛋投入和面机内搅拌均匀，再加油脂继续搅拌，使其乳化均匀，然后加入膨松剂、桂花、籽仁等继续搅拌均匀。

（2）甜酥面团调制。辅料预混合好后，加入过筛的面粉，拌匀即可。面团要求具有松散性和良好的可塑性，面团不韧缩。因而要求使用薄力粉，有的品种还要求面粉颗粒粗一些，因为粗颗粒吸水慢，能加强酥性程度，调制时以慢速调制为好，混匀即可。要控制搅拌温度和时间，防止大块面筋的生成。

（3）分块。将调制好的面团分成小块，搓成长圆条，以备成型。

（4）成型。酥类糕点有印模成型和挤压成型。目前，大多数小工厂仍采用手工成型方法，较大的工厂已采用桃酥机等设备成型。手工印模成型时，将成块后的面团按入模内，用手按严削平，然后磕出。有些酥类糕点，成型后需要装饰，如在成型后的核桃酥表面放上核桃仁或瓜子仁，桃仁酥原料中的桃仁和瓜子仁，先摆放在空印模中心，成型后粘附在其表面。

（5）焙烤。酥类糕点品种多，辅料使用范围广，成型后大小不同，厚薄不一，因而焙烤条件很难统一规定。对于不要求摊裂的品种，一般第一、三阶段上下火都大，第二阶火小，因为第一阶段是为了定型，防止油摊，第二阶段是使生坯膨发，温度低些，第三阶段为成熟，并加强呈色反应；对于需要摊裂的品种，在焙烤初始阶段，入炉温稍低一些，有利于膨松剂受热分解，使生坯逐渐膨胀起来并向四周水平松摊。同时在加热条件下糖、油具有流动性，气体受热膨胀、拉断和冲破表层，形成自然裂纹。一般入炉温度为160℃～170℃，出炉温度升至200℃～220℃，大约焙烤10min即可。

（6）冷却与包装。刚出炉的糕点温度很高，必须进行冷却，如果不冷却立即进行包装，糕点中的水分就散发不出来，影响其酥松程度，成品温度冷却到室温为好。

任务2　松酥类糕点加工技术

松酥类糕点是使用较少的油脂、较多的糖浆或糖调制成糖浆面团，经成型、烘烤而制成的口感松脆的制品。制作方法比较简单，制品具有酥脆、绵软等特点。

一、面团调制原理

松酥类糕点用较少的油和糖，主要辅以蛋品、化学膨松剂使产品酥脆。

二、生产实例

松酥类糕点又称混糖类糕点，有的品质酥脆，有的品质绵软，这类糕点中油脂和糖的含量较少，多添加饴糖，选加蛋品、奶品等辅料，不需包馅，制作方法比较简单。典型品种有：面包酥、橘子酥、冰花酥、双麻等。

1. 配方

配方见表 7－2。

表 7－2　　松酥类糕点配方　　(单位:kg)

产品 配方	面粉	白糖	猪油	饴糖	鸡蛋	花生油	芝麻	碳酸氢铵	桂花	其他
面包酥	100	35	8	16	6.3		1.6	1.6	1.6	
橘子酥	100	34		15	6	15			1.5	
冰花酥	100	29		12	11	18		0.5	0.9	山楂糕 27
双麻	100	34.5	21	17			26	0.8	2.6	水 10

2. 工艺流程

配料→面团调制→成型→焙烤→冷却→成品

3. 制作方法

(1)面团调制

先将糖、水、饴糖和碳酸氢铵放入和面机中搅拌均匀，再加入油脂、桂花等继续搅拌均匀，最后加入面粉调至软硬合适为止。

(2)成型

面包酥。将面团搓成长条形，并在表面撒少许芝麻，分成 20g 左右的面块，再将其搓成枣核形生坯，并将其纵向用铁片压一条口，深度约为生坯高度的 1/3。成型后在生坯表面刷蛋黄液。

橘子酥。同面包酥成型，只是形状呈扁圆形，每个约为 50g。

冰花酥。将面团分成小块，拼成长方形薄片，厚约 8mm，制成椭圆形和桃形生坯，然后在生坯表面粘附白砂糖。

双麻。将面团擀成 5mm 厚的薄片，切成半圆形生坯，两面刷水，粘附芝麻仁，便成“双麻”。

(3)烘烤

炉温需 200℃左右，烘烤 10min 左右即可。

任务 3　松脆类糕点加工技术

松脆类糕点:使用较少的油脂、较多的糖浆或糖调制成糖浆面团，经成型、烘烤而制成的口感松脆的制品，成品薄而酥脆。

一、面团调制原理

面团调制同酥类糕点所述。工艺流程如下：

糖、膨松剂、油、水→搅拌→调粉→ 擀皮→分块→ 压片→撒芝麻→摆盘→烘烤→冷却→

包装→成品

二、生产实例

（一）椒盐薄脆饼

1. 配方

面粉500g，猪板油125g，白糖粉300g，小苏打5g，鸡蛋100g，芝麻250g，饴糖50g，胡椒粉1g，水60g，食盐2g。

2. 制作方法

（1）面团调制。将面粉与食盐、胡椒粉一起过筛后加入150g芝麻拌匀待用。将猪油溶化和白糖粉、饴糖、鸡蛋以及小苏打溶液和水一起倒入调粉机内充分搅拌，之后加入面粉搅拌均匀（水最好分次加入，便于调整面团的软硬度）。把调好的面团适当揉搓，使其表面光滑，形成良好的可塑性。

（2）擀片。在案板上撒一层干面粉，将面团放在上面用擀杖压扁，再撒一层干面粉，用擀杖擀成薄片，每擀一次都要在面团的两面撒干面粉，防止在擀压时面团黏连。要求面片的厚度为0.4cm，不能出现断裂。

（3）切片成型。用直径为6cm的金属模在面片上印压，切成一块块的圆形薄片。

（4）撒芝麻、装盘。先用喷壶在饼坯上少喷些水，放在平盘上，将剩余的芝麻均匀地撒在饼坯表面。要求芝麻密而均匀，不易脱落。

（5）烘烤。将撒好芝麻的饼坯整齐地放在烤盘上，送入烤炉烘烤。炉温要求上火160℃，下火为140℃，烤至表面呈深黄色即可。

（二）金钱饼

1. 配方

面粉500g，白糖250g，植物油100g，水150g，小苏打、碳酸氢铵各5g，芝麻150g。

2. 制作方法

（1）面团调制

将白糖、小苏打、碳酸氢铵粉、油、水等加入调粉机内充分搅拌，使之乳化后，再把面粉加入拌匀成团即可。

（2）擀片成型

将面团擀压成1cm厚的大片，用直径为2cm的模子扣成小圆片，在表面刷上水或蛋液，撒上芝麻，摆在烤盘上。

（3）烘烤

将撒好芝麻的饼坯送入烤炉烘烤，用小火烘烤，炉温约为140℃～160℃，烤成金黄色即可。

（三）芝麻松酥饼

1. 配方：面粉500g，绵白糖175g，猪油175g，鸡蛋4个，泡打粉15g，麻仁200g。

2. 制作方法

（1）面团调制：将面粉和泡打粉和匀过筛，放在面案上中间开窝，加入糖、油、蛋（留半个刷坯用），充分搅匀乳化，待白糖全部溶化后，再与面粉拌匀，轻轻折叠，2～3次即成松酥面团。

（2）擀片成型：把松酥面团擀成0.2cm厚的片，用花边圆戳戳成圆形（约100个），逐个刷上蛋液，粘上麻仁。

(3)烘烤：将粘上芝麻的饼坯摆入烤盘，用中火烤至呈金黄色即可。

任务4　酥皮类糕点加工技术

酥皮类糕点是用水油面团包入油酥面团调制而成的。水油面团具有一定的筋性和良好延伸性，使油酥面团具有良好的造型和包捏性能，与干油酥相互间隔，起分层和起酥的作用。它能将干油酥油层包围，使之成熟时不致破碎，并且制品产生膨松体大的效果。

一、面团调制原理

1. 水油面团调制

(1)调制方法

首先将油、水、糖、蛋等材料加入调粉机搅拌使之充分乳化成乳浊液，再加入面粉搅拌均匀，使之形成面团，取出面团在适宜环境条件下稍醒20min左右再反复揉搓至光滑不黏手就可以了。

水油面团是用适量的水、油脂和面粉混合调制而成的面团。因油水的存在，经搅拌面粉首先吸水形成面筋，使面团具有一定的筋性和良好的延伸性。由于油的隔离作用，而限制了面筋的筋性，使面团润滑、柔软。

(2)调制要点

面团的用油量：用油量的确定是根据面粉的面筋含量来确定的。面筋含量高的面粉应多用油，反之要少用油。一般用油的量占面粉的15%～20%。若面筋含量低，用油量高，因油脂的反水化作用，会减弱或破坏面筋的形成，使面团不能产生良好的韧性和延伸性，并且因油脂在面筋表面过多的覆盖，会影响制品色泽的形成。

加水量和加水方法：水油面团的加水量约占面粉重量的40%～50%。加水过多，面团中游离水增多，面粉不能完全吸收，面团黏、软不易成型；加水过少，蛋白质吸水足，使面粉缺乏胀润度，面团韧性、延伸性差。

水油面团在调制时应采用分次加水的方法。分次加水经搅拌，面粉中蛋白质能充分吸水胀润，形成有组织、有弹性的面筋网络。另外，淀粉也能最大限度地吸水，填充在面筋网络中，形成良好的延伸性水油面团。

加水的温度：水温过高，淀粉糊化，面团黏度增加，不易操作；水温过低，影响面筋的胀润度，面团发硬，延伸性降低，影响成型。因此，水的温度应根据季节和气候变化来确定。冬季可保持在30℃～40℃，夏季水温为18℃～20℃，春秋季节为26℃～28℃。

2. 油酥面团的调制

将油倒入调粉机内，再加入面粉，搅拌几分钟，停机将面团取出。然后将面团分块用手进行擦酥，要擦匀擦透，擦酥时间要长些。

油酥面团，用油量为面粉重量的50%左右，若用植物油，用量应稍低一些。油与面粉混合后，由于面粉不能吸水，故面筋不能形成，而是借助于油对面粉颗粒的吸附而形成团块，面团无弹性，具有良好的可塑性，酥松柔软。

调制油酥面团严禁用热油擦酥，防止蛋白质受热变性和淀粉糊化，造成油酥过分松散。更不能加水，因加水后面粉发生水化而形成面筋，不但不能使油酥面团酥松柔软，相反，由于硬化而造成严重收缩。在制酥皮包酥时，容易与水油面皮连接在一起，无法形成层次，成品表面坚硬。使用固态油脂时擦酥时间要长些，植物油擦匀，时间不宜过长，过长则面团发硬。

3. 酥皮制作

包酥分大包酥和小包酥两种。

(1) 大包酥

将油酥面包入水油面团中，用擀棍压成7mm厚薄的面皮，卷成圆形长条，按规格大小分摘成小块(一般每小块约为50~60g，但要视具体品种而定)。然后将其按压成圆形薄片就可以进行下步操作。大包酥具有操作方便、效率高等特点，适合于大批量生产。但饼皮层次少且较厚，酥皮不够均匀，饼皮较易破裂。

(2) 小包酥

分别把水油面团和油酥面团按一定比例分摘成小块，一般水油面团占60%，油酥占40%，有些品种则各占50%，其比例视不同品种而定。分摘后逐一搓圆，再把水油面团擀开，包入油酥，严密封口，用擀棍擀开成四方形，将两头向中间折叠成三层，擀开，再折叠，如此反复三次，最后擀成圆形薄片即可。小包酥具有饼皮酥松油层层次多而均匀、饼皮光滑和不易破裂等特点。但操作复杂，较费工时。

二、生产实例

酥皮糕点通常进行包馅，种类很多，如京八件、苏式月饼、福建月饼、高桥松饼、宁绍式月饼等。这些产品的外皮呈多层次的酥性结构(是由水油面团包油酥面团经折叠压片后产生的清晰的层次)，内包各式馅料，馅料是以各种果料配制而成的，并多以糖制或蜜制、炒馅为主，如枣泥、山楂、豆沙、百果等。

1. 配方

配方见表7-3。

表7-3　**酥皮包馅糕点配方**　(单位:kg)

产品 配方	皮料					酥料		皮馅比例
	面粉	猪油	花生油	糖粉	水	面粉	熟猪油	
京八件	100		19	10	34	100	50	5.5∶4.5
高桥松饼	100	35			25	100	48	5.5∶4.5

2. 工艺流程

酥料原料处理→油酥调制　制馅←馅料原料处理

↓　↓

皮料原料处理→皮料面团调制→皮酥包制→包馅→成型→装饰→烘烤→冷却→包装→成品

3. 制作方法

(1) 水油面团和油酥调制:见任务四的面团调制原理。

(2) 皮酥包制:见任务四的面团调制原理。皮酥包制后应及时包馅，不宜久放，否则易混酥。

(3) 制馅:按照各馅料要求进行制馅。

(4) 包馅:皮坯制好后即可包馅，皮馅比例大多为6∶4、5.5∶4.5、5∶5、4∶6等，少数品种有7∶3或3.5∶6.5的。将已分割好的皮坯压扁，要求中心部位稍厚，四周稍薄，包入馅料，收口要缓慢，以免破皮，一般在收口处贴一张小方毛边纸，以防烘烤时油、馅外溢。有的品种则在底部收口处留微孔，以便气体散发。

(5)成型：包馅后的饼坯一般都呈扁鼓形，如果要求制品表面起拱形，饼坯不需压得太平。大多数制品是圆形的，个别品种也有呈椭圆形的。京八件则主要用各种形状的印模成型。

(6)装饰：饼坯成型后，有些需要进行表面装饰，如在饼坯表面粘芝麻、涂蛋液、盖红印章等。盖印时动作要轻。有些品种还需要在表面切几条口子。

(7)焙烤：焙烤的条件随品种、形状而不同。饼坯厚者采用低炉温、长时间烘烤，饼坯薄者采用高炉温、短时间烘烤。一般制品入炉温度为230℃，3～4min后升至250℃，外皮变硬后降至220℃，约烘烤10min左右出炉。薄型品种烘烤约6～9min。厚型或白皮品种炉温掌握在180℃左右，不宜高温烘烤，否则制品表面易着色。时间可延长至10～15min。

任务5　清酥点心

清酥点心又称起酥点心，它是以起酥面坯为基础原料，配各种辅料，经不同工艺手法制成的一类点心。起酥面坯是用冷水面团与油面团互为表里，经反复擀叠、冷冻等工艺制成的。这种面团的制品具有层次清晰、入口香酥的特点。

起酥面团具有多层、膨胀香酥的特点，主要是由特殊工艺借助原料性质形成的。起酥面团的调制是冷水面团与油互为表里，将水面与油面有规律地隔绝，形成了水面与油面相间的层次结构。当面团进炉受热后，面团中的水面团受热产生水蒸汽，这种水蒸汽滚动形成的压力使各层开始膨胀，即下层面皮所产生的水蒸汽压力胀起上层面皮，依次一层一层逐渐膨大。随着温度升高，时间的延长，水面中的水分不断蒸发并逐渐形成一层层“炭化”变脆的面片结构。油面层则受热溶化渗入面皮中，成为又松又酥的酥软皮，但由于面筋质的存在，仍然保持着原有片状的层次结构。

清酥点心的种类很多，有夹馅的、甜的、咸的及各种造型制品。这些制品都是在起酥面的基础上，经配料、工艺手法的不同演变而成的。

1. 基本工艺方法

清酥面坯的调制，是一项难度较大、工艺要求高、操作比较复杂的制作工艺，在实际操作中，要对材料的应用、配方的制定、整形的方法和烘烤等方面进行充分了解和准备后，才能制作出高质量的产品。

(1)调制面坯

①在案台上先将过筛的面粉中间打开一个坑，放入盐、油脂，然后慢慢加入凉水，用手指搅拌调开油脂，使面团吃水均匀，如图7－1所示。或将过筛的面粉、盐、糖、黄油放在和面机内慢速搅拌均匀，然后慢慢加入水，改用中速搅拌，使面团吃水均匀。

②将调制好的面团进行分割、滚圆，然后在滚圆的面团顶部用刀割一十字裂口，其深度是面团高度的一半，如图7－2所示。并用保鲜纸或潮湿的布盖在面团表面进行冷却。或将调制好的面团，分割成2500g面团，滚圆并用保鲜纸包好，放入冰箱，使面筋质静置、舒展。

③调制油脂面团。将适量黄油和面粉混合，搅拌均匀，如图7－3所示，经搓擦，将油脂面团制成正方形后，放入冰箱冷却。

(2)包油。面坯包油的方法有多种，一般常见的有法式包油法和英式包油法。法式包油法是将水面团擀成正方形，其中央放成比例的油面。然后将水面坯四角依次折起包裹油脂。英式包油法是将水面团擀成长方形，其中2/3处放油面，剩余1/3水油面再折于没有油脂的面坯上（略同于面坯的三折法）。面坯的擀叠是有规律的，切不可乱折。

经包油、擀叠后的面坯需冷冻至油脂凝固后再进行下一次擀叠，原因是油脂熔点低，容易产生“走油”现象，影响起酥效果。目前，国内已有专用起酥面团的起酥油，它具有良好的加工性能，给制作起酥点心带来了很大方便。

将松弛好的水面团擀成四边薄中间厚的正方形面坯，黄油放在面团中央，然后分别把面团四角的面皮包盖在中间的油脂部分上，如图7－4所示。面坯上下的厚度应一致。或将静置好的水面团从冰箱内取出，在压面机上擀成长方形面坯，将油面团从冰箱取出，擀压薄一点成长方形片状，放到擀成长方形的水面中间，将水面坯与油面坯包好，即可进行擀叠。

（3）擀叠。将冷却后的面坯，在压面机上压制，根据使用面粉及油脂的情况，可采用三折法或四折法，将水面压制成形。具体方法如下：

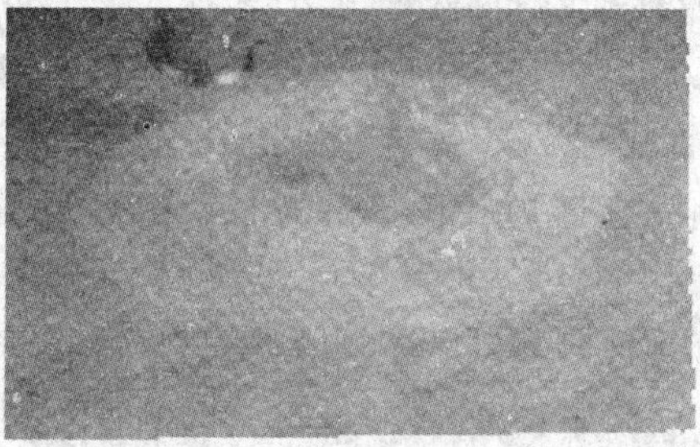

图7－1　调制面坯1

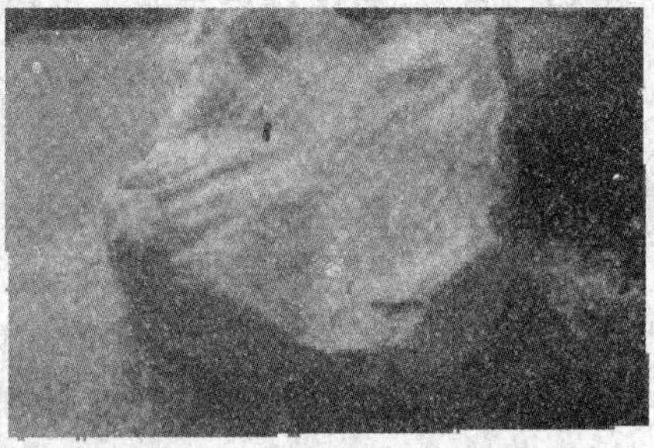

图7－2　调制面坯2

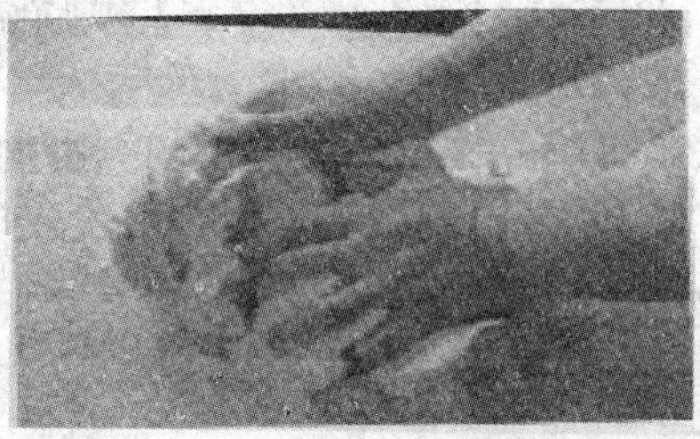

图7－3　调制油脂面团

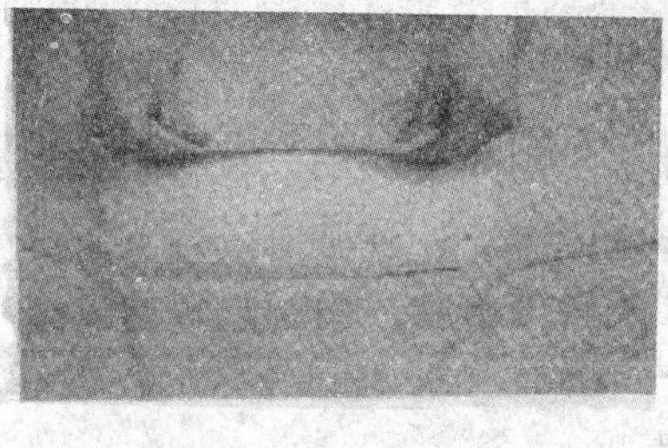

图7－4　包油

三折法是在擀叠时先将静置好的面团放在压面机传送带上，注意每次压制的刻度不可过大，以防面皮破裂。压制的面坯长度与宽度的比例为3∶2，厚度为1cm，面坯的开头保持长方形。压好后如面皮上的干面粉过多，应扫净，否则夹在中间，会降低产品品质，使产品变得脆硬。然后将面坯从长度的1/3处折叠一次，接着再把另1/3折叠起来，这样就完成了面团的第一次折叠操作。之后，放入冰箱静置，根据面坯的筋性及软硬情况，决定静置时间长短，再把面团擀压开，再折叠。每次把面团折叠三层。这样连续折叠三次，用保鲜纸封好面坯，放入冰箱内备用。四折法的压制原理和三折法相同，只是折法略有不同。将面坯放在压面机传送带上，压成长方形，其长度应为宽度的2倍，厚度为1cm，然后把两端面皮向中央处对折，将面坯在中间处折起来，使面坯两端折合，完成第一次四折叠后，根据面坯软硬情况，再按上述方法进行压制、折叠，3～4次即可。

根据面坯大小，可以手工擀叠也可以机器擀叠。

①手工擀叠。将面坯放在撒有少许干面粉的工作台上，用擀面杖对角猛砸几下，使面坯

形状变薄后，从面坯中间部分向前后擀展开来，要厚薄均匀。当面坯擀的长度与宽度比为3∶2时，从面坯两边折叠上来，叠成三折，然后将折叠成三折的长方形面团横过来，进行第二次擀制，方法同第一次。折叠后放入冰箱冷却，冷却后手摸面坯稍有硬度时，就可以进行第三次和第四次擀制。待面团全部折叠后，将面团放在托盘内，用保鲜膜密封放入冰箱备用。

②机品擀叠。面坯放在压面机传送带上，压成长方形，其长度应为宽度的2倍，厚度为1cm，然后把两端面皮向中央处对折，将面坯在中间处折起来，使面坯两端折合，完成第一次四折叠后，根据面坯软硬情况，再按上述方法进行压制、折叠3～4次即可。

(4)成形。冷却的起酥面团可以制作许多起酥点心，方法是取出面团，放在工作台上，用走锤或机器碾开，制成厚薄均匀的面片，面片的厚薄和形状应根据品种的需要而定，一般在0.2～0.5cm。通过包、卷、叠、折等手法，使面坯形成各种形状。对于制作面积较大的制品，为使受热均匀、制品平整，要在成形后用叉子或扎孔器打孔。

(5)熟制。起酥制品烘烤的温度一般在180℃～200℃，要使制品达到膨胀的最佳状态，表面呈金黄色，则要根据制品大小、厚薄的不同灵活掌握。

对于面坯较大的制品，要通过挑起底部查看制品支撑力和色泽的方法判断成熟度。如果制品能完整托起且呈褐色即为成熟。

烘烤起酥制品时应用大火，同时烤箱内最好有蒸汽设备。蒸汽可以防止产品的表面过早凝结，使每一层面皮都可以无束缚地膨胀起来。烤箱的温度一般在220℃。

开始烘烤时面火不需太大，等到制品已经膨胀到最大体积，不再继续膨胀，而制品已完全成熟，两侧也已上色后，如果制品表面颜色过浅，才可适当升高面火温度，使产品表面着色。一般情况下，在烘烤清酥制品时，可以在制品上面盖上一张牛皮纸，保持制品在炉内能均匀膨胀。当制品不再继续膨胀，就可以将纸拿下，改用中火继续将制品烤熟。

(6)装饰。半制品冷却后，根据制品需要，起酥类点心可有多种形状和多样口味，可在成形的制品表面撒糖粉，也可用水果或馅心装饰。

清酥点心的一般质量标准为：制品色泽均匀、形态端正、层次清晰、酥松可口，制品内无生心、不出油。成品干净、整洁，无杂质。口味符合质量标准。

2.注意事项

(1)调制清酥面坯注意事项

①选用高筋面粉，低筋面粉不易使面团产生筋力，烘烤后制品成次不清，起发不大。

②选用熔点较高、含水量低的油脂，熔点低的油脂在折叠时油脂容易软化，产生熔油现象，影响成品起酥效果。

③面粉与油脂要充分混合均匀，不能有黄油疙瘩或干面粉。

④包入的油脂应与面团的软硬一致，油脂过软或过硬都会出现油脂分布不均匀或跑油现象，降低成品的质量。

⑤擀制或压制面坯时，一次不要擀或压得太薄，避免油脂挤出和层与层之间粘接，影响起酥效果。

⑥干面粉的使用应适量，不可过多。

⑦擀叠好的面团备用时，要将湿布或塑料袋盖在其上，以防止表皮干裂。

(2)成型注意事项

①用于成形工艺的起酥面坯不可冷冻得太硬，如果过硬应放在常温下使其恢复到适度的

软硬，以便操作。

②成型后的面皮厚薄要一致，不可厚薄不均，否则制作出的产品形态不整。

③操作间的温度应适宜，避免高温。

④成型操作的动作要快、干净利索，整个动作一气呵成，面坯在工作台上搁置时间太长会变得柔软，增加成型的困难，并影响产品的膨大和形状的完整。

⑤用于成型切割的刀子应锋利，切割后的面坯应整齐、平滑，间隔分明。

(3)熟制注意事项

①待制品从内到外完全成熟后，才可将制品出炉，否则制品内部未完全成熟，出炉后会很快收缩，内部将形成橡皮一样的胶质，严重影响成品质量。

②起酥软制品在烘烤过程中，不要随意将炉门打开，因为炉门打开后，蒸汽会大量逸出炉外，使正在膨胀的起酥制品不再膨胀，造成产品体积缩小。

③制品在受热膨胀阶段要避免受到振动，确保起酥制品的体积膨大。

(4)装饰注意事项

①制品装饰原料要干净、卫生。

②装饰色彩要协调。

③装饰原料要尽量用原料自身本色搭配。

3. 常见质量缺憾及补救方法(见表7－4)

表7－4　常见质量缺憾及补救方法

质量缺憾	产生原因	补救方法
形态不端正	面团太硬	调整面团硬度，适当增加水分
	油脂和面团的软硬度不一致	控制油脂与面团的温度
	面坯擀制不匀，折叠不齐	制作面坯时，均匀折叠，每次折叠要更换方向
	面坏厚薄不一致或最后成型不当	成型时控制厚薄度，用力要均匀
	面粉筋力过强，熟化时筋力太大，变形严重	在水调面团中加入少量低筋面粉
	折叠时面团松弛时间不够	每次折叠面坯后，待面坯松弛后再进行下一次的擀叠
	成型后面团松弛时间不够	成型后的制品松弛后再操作
	面坯打孔深度不够或太少	正确打孔，疏密合理

续表

层次不清，蓬松差	油面团和水面团温度不协调，硬度不一致	水调面团和油酥面团的温度接近时包入油脂
	油脂熔点低，可塑性不佳	选用高熔点的专用油脂
	成型时刀具不锋利	成型时用锋利的刀具
	折叠次数太多或折叠时跑油	减少折叠次数;将油脂包严，捏紧边缘
	压面用力过猛，破坏面坯表皮	压面要用力均匀，保持面坯的完整性
	面粉筋力低，膨胀力不够	选用高筋面粉，增加面粉筋力
	烘烤温度太低	提高烘炉温度
	烘烤时多次打开炉门	定型后再打开炉门
口感差	油脂不佳或面粉不新鲜	用在保质期内的高质量油脂和面粉
	配料中缺盐	按比例加盐，一般为2%左右
	油脂含量少	正确掌握面粉和油脂的比例关系
	烤炉温度过低或过高，产品不熟、不脆或表皮酥脆、内部松软	烤炉温度一般在180℃ ~200℃
	折叠过多，没有层次	面坯折叠要有规律

任务6　酥层类糕点加工技术

酥层类糕点是用水油面团包油酥面团制成酥皮，经包馅、成型、烘烤而制成的饼皮分层次的制品。花样新颖，制作精细，品种繁多。

一、面团调制原理

(一)水油面团的调制

水油面团的调制同酥皮糕点所述。

(二)油酥面团的调制

油酥面团的调制同酥皮糕点所述。

二、生产实例

酥层制品不包馅，其加工方法与酥皮馅制品的饼坯制法相似。但皮料可使用甜酥性面团、水油面团、发酵面团等多种类型，其酥性程度要比酥皮包馅类强一些。另外，其油酥配料也稍有不同，可在酥料中添加精盐等调味料，使制品酥松可口。这类制品有:宁式苔菜千层酥、扬式香脆饼、山东罗汉饼以及小蝴蝶酥、葱油方酥(皮料为发酵面团)等。

1. 配方

配方见表7-5。

表 7－5　　酥层糕点配方　　（单位：kg）

产品 配方	皮料						酥料					
	面粉	香油	猪油	白糖	小苏打	水	面粉	香油	猪油	白糖	盐	苔菜粉
苔菜千层酥	10	3.5		3.15	0.15	3	5	2.8		1.74		0.3
罗汉饼	30		13	2		5	30		15	10	1	

2. 工艺流程

皮原料处理→皮面团调制→皮酥包制→成型→焙烤→冷却→包装→成品

↑

油酥原料处理→油酥调制

3. 制作方法

（1）皮面团调制：一般要求调制出的面团有较好的延展性，能轧成薄片。苔菜千层酥所用的皮面团要求调制成甜酥性面团，罗汉饼所用的皮面团要求调制成水油面团，这两种面团的调制方法见面团的调制原理。

（2）皮酥包制与成型：皮酥包制就是把油酥夹入皮层内，可以采用大包酥或小包酥的办法制成，然后折叠成型，根据制品要求，苔菜千层酥要求达27层，罗汉饼只要求18层。饼坯成型后，苔菜千层酥需要在饼坯表面撒上装饰料，装饰料组成为：芝麻100g，苔菜粉62.5g，白糖粉100g。

（3）焙烤与冷却：焙烤原则上同酥类糕点，一般要求炉温为200℃，焙烤后必须经过冷却后再进行包装。

4. 发面酥层糕点

发面酥层糕点是用发酵面团作为皮料，压成薄皮，夹上油酥，经折叠、成型、焙烤等工序而制成的产品。典型产品有葱油方酥和小蝴蝶酥等。

（1）葱油方酥制法：将发酵面团拼成长方形，夹上油酥包紧，再轧成长方形，折成4层，连续2次，再轧成长方形，最后制成厚薄均匀的小方块，即可入炉焙烤，温度为240℃。

（2）小蝴蝶酥制法：将包酥后的发酵面皮轧成长方形，撒上一层白砂糖，将两边同时向里折成6层，最后并在一起，用木棍压紧，切成50g薄坯、厚约0.5cm，将生坯下端掰开，使其呈蝴蝶形，入炉烘烤温度为220℃，烘至淡黄色即可出炉。

任务7　松酥皮类糕点加工技术

松酥皮类糕点是用松酥面团制皮，经包馅、成型、烘烤而制成的口感松酥的制品。

一、面团调制原理

松酥皮类糕点的面团调制同松酥面团调制所述。

二、生产实例

松酥皮类糕点又称混糖皮类糕点或硬皮类糕点，它以多量的油、糖、蛋与面粉而制成单层饼皮，油、糖、蛋三者之总量接近于面粉的用量，再辅以适量的化学膨松剂，因而外皮酥性较强，含水量较少。典型产品有苏州桃饼、重庆赖桃酥、京式状元饼等。

1. 配方

配方见表7－6。

表7－6　松酥皮类糕点配方　（单位:kg）

产品配方	皮料								皮馅比例
	面粉	糖粉	猪油	花生油	香油	鸡蛋	小苏打	水	
牛肉麻饼	100	33			24	10	0.2	适量	5.5∶4.5
京式状元饼	100	28.5	21			8	0.12	适量	5.5∶4.5
苏州麻饼	100	25		17		12.5	3	37.5	4∶6
重庆赖桃酥	100	40			40		0.8	28	5∶5

2. 工艺流程

水、油、蛋、糖→辅料预混　制馅
　　　　　　　　　↓　　　↓
面粉→面团调制→包馅→成型→焙烤→冷却→包装→成品

3. 制作方法

（1）面团调制：调制方法基本上同酥类面团，油脂、糖、蛋和水必须先充分混合至乳化状态，再加入面粉搅拌。搅拌时间不宜过长，均匀即可，以免生成多量面筋，影响酥性程度。重庆赖桃酥的面团调制方法比较特殊，先将油分成两份，一份与面粉、糖、小苏打混合均匀，另一份加热至150℃，加入继续拌匀，然后再加入开水调成面团，这样面粉中的部分蛋白质变性，面团不会起筋，增强酥性程度。

（2）包馅：松酥皮类糕点皮稍厚些，除苏州麻饼外，馅料都不超过皮料，按皮馅的比例包制。

（3）成型：将包馅后的生坯用各种印模成型。成型之后进行一些表面装饰，如表面刷蛋液、粘附芝麻等。

（4）焙烤：入炉温度为150℃～180℃，出炉温度为200℃～220℃，焙烤7～12min。

任务8　水油皮类糕点加工技术

一、面团调制原理

水油皮类糕点是用水油面团制皮，然后包馅，经烘烤而制成的皮薄馅饱的制品。面团调制见酥皮类水油面团制作。

二、生产实例

水油面团不仅可以用来制造酥皮包馅制品的皮料，也可以单独用来包馅制作水油酥性皮类糕点，这类糕点含油量高，含糖量低，成品外感较硬（也称硬皮类糕点），口感酥松，不易破碎，有不少品种属于南北各地的特色产品，例如福建礼饼、奶皮饼、酒皮饼等。

1. 配方

配方见表7－7。

表7－7　水油酥性皮类糕点配方　（单位：kg）

产品 配方	皮料						皮馅比例
	面粉	猪油	饴糖	水	小苏打	其他	
福建礼饼	100	25	20	45			3∶7
奶皮饼	100	45		10		牛奶15	6∶4
酒皮饼	100	50		10	0.25	黄酒12.5	

2. 工艺流程

水、糖、油→预混合　　馅料
　　　　　↓　　　　↓
面粉→水油面团调制→包馅→成型→烘烤→冷却→包装

3. 制作方法

（1）水油面团调制：按水油面团的调制方法调制，面粉与油、水等预混液拌匀后，继续搅拌，使面团充分起筋。要求面团有一定的韧性和较好的延展性。

（2）包馅：皮、馅按配方中的比例包制。

（3）成型：一般用手工成型，把包馅后的生坯稍按成扁圆形，成型后需要进行表面装饰，如福建礼饼要粘芝麻等。

（4）焙烤：福建礼饼的焙烤温度为160℃～190℃，烤成表面呈淡黄色即可。奶皮饼、酒皮饼以210℃左右的炉温焙烤。

任务9　泡芙类

泡芙是puff的译音，也称气鼓，泡芙类制品是由液体原料（水或牛奶）、油脂、面粉、鸡蛋等为主要原料，经过油脂和水同时煮沸，烫熟面粉，加入鸡蛋搅拌，成形、烤制、装饰等工艺过程制成的一类点心。其制品具有色泽金黄，外表干爽，内部绵软适口的特点。泡芙是西点中最普及的一种，有多年的历史和不同的制作方法。

泡芙的起发主要是由泡芙糊中各种原料及特殊的混合方法决定的。油脂是泡芙面糊中的必备原料。油脂既有脂溶性又有柔软性，配方中加入油脂可使泡芙糊有松软的品质，从而增强面粉的混合性。油脂的起酥性会使烘烤后的泡芙有外表松脆的特点。面粉是干性原料，含有蛋白质、淀粉等多种特质。淀粉在水温的作用下可以膨胀、糊化，当水温达到90℃以上时，水分会渗入淀粉颗粒内部，制品体积由此膨大，制品产生一定黏度，能使泡芙糊粘连，形成泡芙的骨架。

泡芙糊中需要足够的水，才能使泡芙糊在烘烤过程中，在温度的作用下产生大量蒸汽，充满正在起发的泡芙糊，使制品胀大并形成中空的特点，气鼓的名称也由此而来。

鸡蛋在泡芙糊中也很重要，鸡蛋中的蛋白质可使面糊具有延伸性，使泡芙糊在气体膨胀时增大其体积。烘烤中烤箱的热量会使蛋白质凝固，使增大的体积固定；鸡蛋中的蛋黄具有乳化性，可使泡芙糊变得柔软、光滑。

1. 基本工艺方法

(1)调制泡芙糊

①烫面。把水、油、盐等原料放入厚底锅中煮沸(见图7-5)。待黄油完全熔化后倒入过筛的面粉，用木勺快速搅拌，直至面糊烫熟、烫透撤离火源，如图7-6所示。

图7-5 调制泡芙1

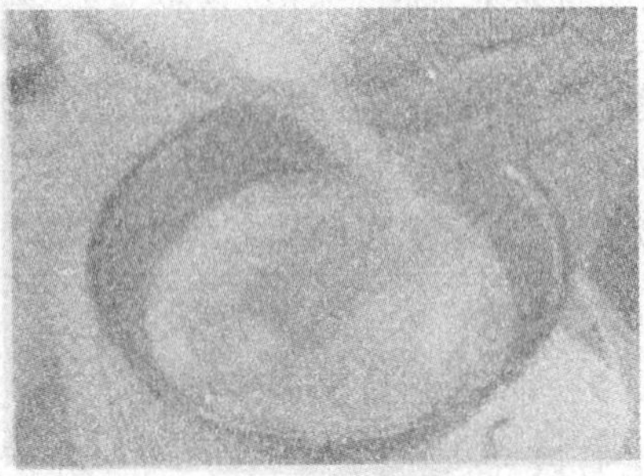
图7-6 调制泡芙2

②搅糊。待烫熟的面糊冷却后，分次将鸡蛋液加入到烫透的面糊内(见图7-7)，每一次加入蛋液均应与面糊全部搅拌均匀后，再次加入新的蛋液，继续搅拌均匀至形成淡黄色的泡芙糊，如图7-8所示。

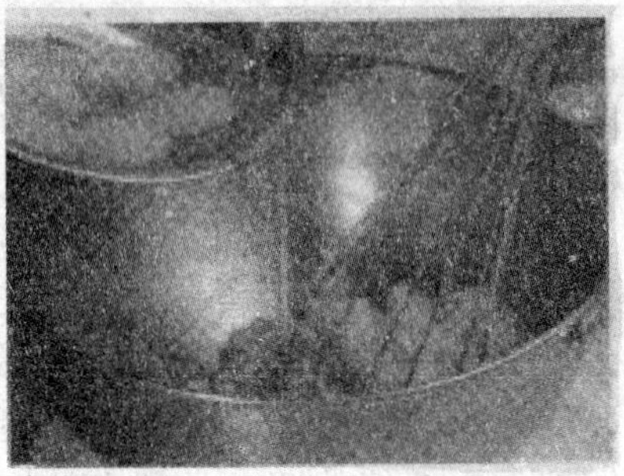
图7-7 调制泡芙3

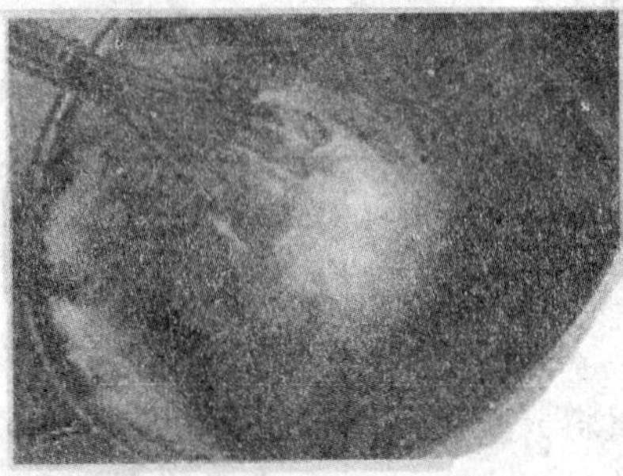
图7-8 调制泡芙4

检验泡芙糊稠度的一般方法是:用木勺将泡芙糊挑起，若泡芙糊缓缓均匀地往下流，即为搅拌适度。由于泡芙制品的用途不同，泡芙糊的稠度可根据制作需要灵活调节。

(2)泡芙的加工

①在干净的烤盘上，刷一层薄薄的油脂，撒少许面粉备用。

②将调制好的泡芙糊装入带有平口或有花纹的花嘴布袋中，按照需要的形状和大小，将泡芙糊挤在刷油撒面粉后的烤盘上。泡芙常见的形状有圆形、长条形、椭圆形和象形等形状。

(3)泡芙的成熟。泡芙的成熟方法一般有两种:一种是烤制成熟;另一种是炸制成熟。

①泡芙糊成形后，立即放入220℃左右的烤炉中进行烘烤。当泡芙胀发后，表面开始干硬时，将炉温降到190℃继续烘烤，直到表面金黄色，内部成熟为止，出炉后冷却备用，如图7-9所示。

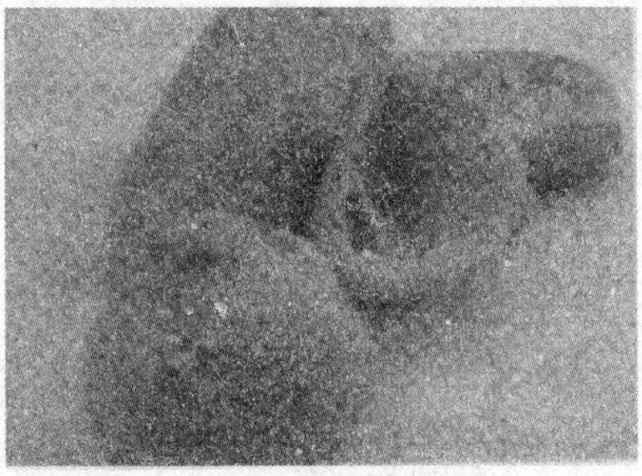

图 7－9　调制成熟的泡芙

②炸至成熟。在锅中将油脂加热到七成熟。将调好的泡芙糊用两个金属勺蘸上油挖成球状，放入油锅中，慢慢地炸至金黄色时捞出，趁热与果酱拌和，表面撒少许糖粉。或炸熟后直接沾玉桂粉、砂糖的混合物，然后滚上砂糖，配上香草汁食用。

(4)泡芙的填馅与装饰。泡芙经烘烤或炸至成熟后，一般需填加馅心。馅心的原料一般使用蛋黄酱和打起的鲜奶油，同时可根据不同口味的需要在馅心中加入咖啡、巧克力和调味酒等，以使泡芙制品有多种口味的变化。

①填馅：将圆形泡芙底部扎圆孔，将馅料从孔处挤入；将长条形泡芙或象形泡芙侧面切刀口，挤入馅料，盖好上盖，也可以将上盖装饰好之后再盖上。

②装饰。泡芙的装饰方法多样，应根据制品特点和需要灵活进行。填加馅料的泡芙表面可用撒糖粉、蘸封登糖、蘸巧克力等方法进行装饰。如果用翻砂糖装饰，翻砂糖中还可加入适量调色原料调成粉色、咖啡色等。可以将小型泡芙用脆糖粘连在一起，制出造型产品。还可以将泡芙糊挤成直径 20cm 的圆形，在内部加入馅料装饰成蛋糕形状。

泡芙的一般质量标准要求为形态端正，大小一致，色泽金黄、均匀，内部组织松软，无生心，无杂质。

2. 注意事项

(1)泡芙糊调制注意事项

①面粉要过筛，以免出现面疙瘩；面糊要烫熟、烫透，不要出现糊底的现象。

②每次加入鸡蛋后，面糊必须重新搅拌，均匀上劲，以免面糊起砂，影响质量。

③面糊的稀稠要适当，否则影响制品的起发度及外形美观。

(2)成型注意事项

①制品形状要大小一致。

②挤注制品之间要留有一定距离，防止制品成熟后粘连。

③制品刷蛋液动作要轻，以免损坏制品的外观。

④制品刷蛋液要根据实际需要，不是所有制品都要刷蛋液。

⑤烤盘上刷油要适当，过多会造成挤制困难，过少会与烤盘粘连，影响制品的完整。

(3)成熟注意事项

①泡芙烘烤过程中不要中途打开烤箱或过早出炉，以免制品塌陷、回缩。

②正确掌握烤箱的温度，炉温过高，表面色泽深而内部不熟。

③正确掌握温度，温度过低，制品不易起发，而且易上色。

④炸泡芙要掌握好油温，油温过低起发不好，油温过高颜色深而内部不熟。

(4)装饰注意事项

①泡芙的填馅要适量，不可过多，以防造成馅心的外溢。

②使用翻砂糖、巧克力作为装饰原料时，要掌握好翻砂糖、巧克力的熔化温度，以免影响制品的光亮度。

③借助脆糖做造型时，要正确掌握熬制脆糖的温度和程度，否则会影响制品质量。

3. 常见质量缺憾及补救方法(见表7-8)

表7-8　常见质量缺憾及补救方法

质理缺憾	产生原因	补救方法
起发不好	鸡蛋用量不足	增加鸡蛋的用量
	面粉没有烫熟、烫透	面粉一定要烫熟、烫透
	烤箱温度太低	适当提高烤箱的烘烤温度
	调制面糊时起砂	鸡蛋要分次加入，每次需要搅拌均匀上劲后再加入新蛋液
	制品膨胀过程中，经常打开炉门	烘烤过程中不要随意打开炉门，以防制品膨胀时跑气
	烤制时间不足	按要求掌握时间，制品烤熟上色后方可出炉
表面颜色太深或太浅，裂纹过多或没有裂纹	烤炉温度过高或过低，烘烤时间太长或太短	调整好烤炉的温度，开始时在220℃左右，定型后降低到190℃左右
	配方中的蛋液量太多或太少，面糊太稀或太稠	正确调配配方中的液体量

任务10　发酵类糕点加工技术

该类糕点是采用发酵面团，经成型或包馅、烘烤而制成的口感柔软或松脆的制品。

一、面团调制原理

面团利用酵母菌在其生命活动过程中所产生的二氧化碳气体和其他成分，使面团膨松而富有弹性。另外，因配方中油脂遇热而流散，面团中结合的空气、水蒸气膨胀，使制品内部形成多孔结构，并使制品产生特殊的色、香、味。工艺流程如下：

酵母、水、面粉、白糖→调粉与发酵→下剂

↓

猪油、面粉→擦酥(干油酥)→搓条→下剂→擀片→包酥→上馅→成型→烘烤→冷却

二、生产实例

(一)盘香烧饼

1. 配方：面粉500g，酵母4g，猪油100g，白糖5g，水125g，豆沙馅300g，苏打粉1g。

2. 制作方法

(1)调粉及发酵:将酵母用温水化开，加白糖及300g面粉和成面团，送入发酵室发酵。

(2)制干油酥:将100g猪油与剩余的面粉擦成干油酥待用。

(3)下剂、包酥:将发酵好的面团取出与干油酥分别搓成长条，各下20个剂。用发酵面剂按扁包住干油酥剂，擀成长片折叠成三层，再擀成薄长片。

(4)包馅、成型:把馅料搓成长条放在面片上，用面片包卷起来，搓成直径约为1cm的细条，盘成香肠状，在表面刷上糖水，装盘。

(5)烘烤:温度为200℃～220℃，底火要略微高于面火，时间大约为20min。

(二)猪肉火烧

1. 配方:面粉500g，热水250g，酵面375g，猪肉300g，大葱200g，酱油、味精、精盐、香油、碱适量。

2. 制作方法

(1)制馅:猪肉剁成茸，大葱切成末，加入酱油、盐、味精、香油等，搅拌成馅。

(2)调粉及下剂:面粉用80℃的热水和好，晾凉;酵面加碱揉匀，与凉透的烫面团揉在一起揉匀，搓成长条，揪成20个剂子，擀成圆皮备用。

(3)成型及烘烤:将皮子抹上肉馅，包紧口呈馒头状，按成圆饼，摆入烤盘内，进炉烤至饼鼓起，呈金黄色即可。

(三)油酥烧饼

1. 配方:面粉500g，热水200g，酵面375g，花生油150g，精盐、碱适量。

2. 制作方法:

(1)调粉:将400g面粉用80℃的热水和好，晾凉;酵面对碱揉匀，与凉透的烫面团揉在一起揉匀。

(2)炸酥:锅内加花生油烧热，倒入100g面粉搅拌，炸至呈金黄色盛出备用。

(3)成型及烘烤:将面团擀成长方形薄片，抹上炸酥，卷起，揪成每个为50g的剂子，按扁后轻轻擀一下，摆入烤盘内，入炉烤至呈浅黄色熟透即可。

(四)豆沙火烧

1. 配方:面粉500g，豆沙馅300g，白糖100g，猪油125g，开水150g，酵面300g，碱少许。

2. 制作方法

(1)调粉:用200g面粉加白糖、猪油擦成糖油酥;300g面粉用开水烫好，晾凉，凉透后与酵面和碱在一起揉透，静置片刻。

(2)下剂、包馅:将醒好的面团和糖油酥各揪成28个剂子，把酵面剂子按扁包住糖油酥，再按扁后包入豆沙馅，擀成厚薄适当的椭圆形饼坯。

(3)装盘烘烤:将饼坯摆入烤盘内，进烤炉烤至饼鼓起，呈浅黄色即熟。

任务11　派类加工技术

派是由酥松和松脆的皮及适宜的馅料，经烘烤或油炸而制成的一种甜点。根据所用的派馅和生产工艺的不同可分为三类:单层派、双层派和油炸派，见表7－9。

表 7－9　　派的分类

产品项目	分类	特征
单层派（由一层派皮上面盛装各种馅料而制成的）	生皮生馅派	以鸡蛋为凝冻原料，并加入根茎类植物，如牛奶鸡蛋布丁派、南瓜派、胡萝卜派等。
	熟皮熟馅派	奶油布丁派：以玉米淀粉为凝冻原料，加入较甜较软的水果，如巧克力布丁派、柠檬布丁派、香蕉派等。戚风派：布丁戚风派是以玉米淀粉作为凝冻原料；冷冻戚风派以明胶作为凝冻原料。
双层派（用两片派皮将煮后的馅包在中间，然后进炉烘烤）	水果派	使用较酸较硬的水果制馅，如苹果派、樱桃派、菠萝派
	肉派	使用牛肉、鸡肉制馅
油炸派	油炸苹果派、樱桃派等	

调制派皮所用原料的配比为：中力粉 100%、油脂 40% ～80%（中力粉为 65%、薄力粉为 40% ～50%、强力粉为 70% ～80%）、盐 2% ～3%、细砂糖 0% ～3%、冰水 25% ～30%（强力粉为 30%）。此外，还用 2% ～6% 的蛋及牛奶作为双层派的表面装饰，增强表面光泽及颜色。

1. 配方（以苹果派为例）

（1）派皮：见表 7－10

表 7－10　　派皮配方　　（单位：kg）

原料	强力粉	薄力粉	猪油	冰水	细砂糖	盐
配比	40	60	65	30	3	2

制作方法如下：

①将面粉过筛后与油一起放入搅拌器内，慢速搅拌至油的颗粒像黄豆大小。

②糖、盐溶于冰水中，再加入搅拌均匀的面粉与混合物拌匀即可。

③将搅拌后的面团压成直径为 10cm 的圆柱体，用牛皮纸包好放入冰箱 2h 后使用。

④可做单皮水果派皮，也可做双皮水果派皮。

（2）苹果派馅：见表 7－11

表 7－11　　苹果派馅配方　　（单位：kg）

原料	果汁或水	细砂糖	玉米淀粉	苹果罐头	肉桂粉
配比	100	25	4	100	0.2

制作方法如下：

①打开苹果罐头，过滤后滤液作为果汁用，如果不够，可加水补足。

②将 30% 的果汁与 10% 的细砂糖一起煮沸。

③将玉米淀粉溶于 10% 的果汁中，慢慢加入煮沸的糖水中，不断搅动，煮至胶凝光亮。

④胶冻煮好后，加入 15% 的砂糖煮至溶化。苹果与肉桂粉拌匀后，再加入胶冻内拌匀，停止加热并冷却。

2. 制作方法

①把苹果馅倒入底层生派皮中，边缘刷蛋液，表面放两三片奶油，上层皮上开一小口，铺在馅料上，把边缘接合处粘紧，在上层派皮表面刷蛋液，进炉210℃，烤约30min。为了使底层派皮能熟透，可先把底层派皮进炉烘烤约10min，然后加馅料铺上上层派皮再进炉烘烤。

②出炉后表面刷蛋液或奶油。

派是由派皮及馅两部分组成的一种甜点心，在各种西点中具有独特的风味。

任务12　巧克斯点心（烫面类点心）生产技术

巧克斯点心，也称烫面类点心，产品又称圆形空心饼、指形爱克力、哈斗、泡夫、气鼓等。其制作过程与其他焙烤食品不同，经过两个不同的调制过程。第一步是把配方内的水、油和面粉放在炉上煮，使面粉内的淀粉产生胶凝性，类似于烫面类点心；第二步是把煮好的面糊与配方内的蛋一起搅打成蓬松的面糊，再进炉烘烤。产品变换式样多，口感外酥内软，保存也容易，也可以装填不同的馅料。

不同的巧克斯点心，配方中原料的配比也不相同，一般可按表7－12所列的范围作适当调整。

表7－12　巧克斯点心原料配比调整范围　（单位：kg）

原料	强力粉	水	油	盐	蛋	奶水	碳酸氢铵
配比	100	70～150	50～125	2～3	100～200	0～100	0～奶水量的2.5%

注：奶水为10%奶粉和90%水调制而成。

根据以上配方变化的范围可以把巧克斯点心的品质分为上、中、下三类，其中蛋和油的用量越多品质越好，相反，如果蛋和油的用量越少，则成品的品质也越差。

1. 配方

见表7－13。

表7－13　巧克斯点心的配方　（单位：kg）

糕点品种原料	强力粉	油	蛋	水	盐	碳酸氢铵	奶粉	奶油	猪油
高成分奶油空心饼	100	75	180	125	3				
中成分奶油空心饼	100	75	150	150	3				
低成分奶油空心饼	100	75	100	185	3	1.5			
指形爱克力	100		180	160	3		8	44	44

2. 制作方法

（1）125%的水、盐、油放入锅内煮至滚开；指形爱克力则是把奶粉、糖、盐先溶于水加油煮沸。

（2）过筛后的面粉直接快速加入滚开的溶液中，并急速搅动，煮至面糊不粘锅离火。

（3）将面糊移入搅拌缸内用桨状搅拌头慢速搅拌时，面糊温度降60℃，再改用中速把蛋慢慢加入搅打至完全均匀。碳酸氢铵溶于剩余的水中，慢慢加入拌匀即可。

（4）将面糊装入挤花袋中用大型平口花嘴挤在擦油洒干粉的平烤盘上，喷水后马上进炉烘烤，炉温220℃，下火大、上火小，待烤至20min后将火关小直到完全熟透出炉。

(5)巧克斯点心所使用的馅料和装饰常为奶油布丁馅、巧克力布丁馅、新鲜奶油馅、水果派馅等;表面装饰常用的是糖粉、巧克力糖冻等。

任务13 小西饼加工技术

小西饼是西式糕点中制作很普遍的一类制品，品种较多，风味各异，具有酥、松、脆等特点。小西饼又有许多不同的名称，如小西点、甜点、干点等。小西饼是一种饼干，而又不同于一般的饼干，原料比较丰富，在成型时没有固定的花样、大小、形状，烘烤后也可以进行各种各样的装饰。

一、分类

小西饼可依照产品的性质和使用的原料不同以及成型操作的方法不同来分类。

1. 按产品的性质和使用原料分类

按产品的性质和使用原料可分为面糊类小西饼和乳沫类小西饼，面糊类小西饼所使用的原料主要为面粉、蛋、糖、油和膨松剂等，而乳沫类小西饼以蛋白和全蛋为主，并配以面粉和糖。面糊类小西饼以其成品的性质又可分为:①软性小西饼;②硬性小西饼;③酥硬性小西饼;④松酥性小西饼。乳沫类小西饼又可分为蛋白类和海绵类。

2. 按成型方法分类

按照成型方法可分为(类似于饼干成型分类):①挤出成型类;②辊压成型类;③切割成型类;④条状或块状成型类。

多数面糊类小西饼使用糖油拌和法来调制面团(糊)，也可用直接法来调制。小西饼的面团(糊)有扩展和不扩展之分，扩展性的装盘时面坯间距大，不扩展性的装盘时面坯间距小。烘烤小西饼应以中火175℃左右为好，焙烤时间约为8~10min左右，一般只用上火。焙烤后冷却至35℃左右包装。

二、生产实例

(一)软性小西饼

1. 配方:配方见表7-14。

表7-14　　软性小西饼配方　　(单位:kg)

糕点种类原料	强力粉	薄力粉	全蛋	奶油	细砂糖	红糖	小苏打	其他
花生酱小西饼		100	30		57	57	25	盐2，花生酱70
核桃仁杏仁膏小西饼	100			160	160			杏仁膏100，碎核桃仁160，蛋白90
茴香小西饼	40	60	41		100			碳酸氢铵0.6，茴香粉5
巧克力碎糖小西饼	50	50	34	83	42	42	1	碎巧克力糖50

2. 制作方法

(1)面团调制

花生酱小西饼:红糖过筛与花生酱、细砂糖一起用桨状搅拌头中速搅打蓬松，加入鸡蛋继续中速搅打均匀，再加入过筛的面粉、盐、小苏打慢速搅拌均匀。

核桃仁杏仁膏小西饼：将杏仁膏和白砂糖用手揉匀，放入搅拌机内加入奶油和碎核桃仁，用桨状搅拌头中速搅匀，再加蛋白继续拌匀，最后加入过筛的面粉慢速拌匀。

茴香小西饼：将鸡蛋和糖在水浴上加热至42℃，搅打至干性发泡，面粉、碳酸氢铵、茴香粉一起过筛，慢慢加速拌匀。

巧克力碎糖小西饼：将红糖、细砂糖和奶油一起加入搅拌机内用桨状搅拌头中速搅打蓬松，蛋分两次加入拌匀，面粉与小苏打过筛后慢速加入拌匀，最后加入碎巧克力糖拌匀即可。

(2) 成型、烘烤：使用平口嘴，将面糊放在挤花袋中，挤在擦油的平烤盘上，

核桃仁杏仁膏小西饼表面刷蛋液，撒碎杏仁或碎核桃仁。炉温为177℃，上火烤8～10min。

(二) 风味小西饼

1. 配方

配方见表7－15。

表7－15　风味小西饼配方　(单位：kg)

糕点种类原料	薄力粉	人造奶油	奶油	鸡蛋	糖粉	红糖	小苏打	盐	其他
橘子小西饼	100	55		20	60			0.8	橘子汁22，皮1，香精0.2
花生小西饼	100	38	20	30		65	0.6	0.5	香精1，油炸花生20
菠萝小西饼	100	30	20	13	50		1	0.5	豆寇粉0.3，碎核桃仁30，菠萝汁30

2. 制作方法：①将人造奶油、奶油、糖粉、红糖、盐用桨状搅拌头中速搅打至蓬松，蛋分两次加入，加入后继续搅打拌匀。再加入橘子汁、橘皮、香精、香草香精、菠萝汁慢速拌匀，面粉、小苏打、豆蔻粉过筛后慢速加入拌匀。最后加入花生米、核桃仁等拌匀即可。②花生小西饼用汤匙把面糊舀放在擦油的平烤盘上，其他用挤袋平口挤花嘴挤在擦油的平烤盘上，进炉用177℃上火，烤约8～10min。

任务14　米饼加工技术

米饼是一种以大米为原料，经浸泡、制粉、压坯成型、烘干、烘烤、调味等单元操作而加工制成的糕点。常用的米粉有糯米粉、粳米粉、籼米粉三种，由于米粉的性质不同，调制出面团的性质也不一样，有的黏实、有的松散。米粉面团根据其属性可分为糕类粉团、团类粉团和发酵类粉团，具有低脂肪、易消化、口感松脆等特点，深受人们喜爱。米饼是日式米果(大米糕点)的代表，它是日本江户时代(17世纪至19世纪)在我国“煎饼”制法的基础上，用米粉代替面粉，采用焙烤加工工艺制作而发展起来的一种日本传统糕点。近年来，我国市场上也出现了不少米饼，随着对米饼工艺和设备的不断改进，国内已能生产出适合消费者需要的高品质和花色品种较多的米饼。

1. 工艺流程(膨化米饼)

原料(糯米)→洗米→浸泡→脱水→粉碎→调粉→蒸制→冷却→压坯成型→干燥→静置→烘烤→调味→成品

2. 配方

配方见表7－16。

表7－16 膨化米饼配方 (单位:kg)

原料	糯米粉	玉米淀粉	水	白砂糖	食盐	碳酸氢钠	花生仁	米香精
配比	100	20	35～40	15	3	0.5	3	0.3

3. 制作方法

(1) 洗米、浸泡:将糯米用清水洗净，在室温下浸泡30min左右，让大米吸收一定水分便于粉碎。浸泡结束后，大米的含水量为28%左右。

(2) 脱水、粉碎:将浸泡好的米放入离心机中脱水，5～10min，脱除米粒表面的游离水，使米粒中的水分分布均匀。然后粉碎，米粉的粒度最好在100目以上。

(3) 调粉:用水将白砂糖和食盐配制成溶液过滤后备用。先将玉米淀粉和糯米粉混合均匀，再加入调配好的溶液调制。

(4) 蒸制、冷却:将调制好的米粉面团在90℃～120℃，蒸2～5min，然后自然冷却1～2天或低温冷却24h，温度达0℃～10℃，让其硬化。因为蒸制后面团太黏，难以进行成型操作，冷却一段时间后，一部分淀粉回生，面团黏度降低，便于成型操作。

(5) 压坯成型:成型前，面团需反复揉捏至无硬块和质地均匀，然后加入碳酸氢钠、米香精和花生仁，制成直径约10cm，厚约2.5～3cm、重约5～10g的饼坯。

(6) 干燥、静置:饼坯由于水分含量偏高，直接烘烤表面结成硬皮，而内部仍过软，因此烘烤前应干燥。干燥的关键是控制干燥的温度、时间及确定干燥的终点，干燥终点一般为饼坯的水分含量为10%～15%。干燥后需将饼坯静置12～48h，使饼坯内部和表面水分分布均匀。

(7) 烘烤、调味:将干燥、静置后的米饼坯放入烤箱烘烤，温度一般控制在200℃～260℃，烤至饼坯表面呈现金黄色。烤好后，如需调味，可在表面喷调味液，然后干燥为成品。

复习思考题

一、名词解释

1. 糕点 2. 松酥类糕点 3. 酥类糕点 4. 松脆类糕点 5. 清酥点心 6. 酥皮类糕点 7. 酥层类糕点

二、填空题

1. 按地区分糕点可以分为________和________。

2. 中西糕点的区别有________、________和________。

3. 蛋糊包括________和________，清蛋糊包括________和________。

4. 蛋白膏的调制是利用蛋清的________，将打起的蛋清加入糖后起到________的作用。

5. 操作杏仁膏最适合的温度在________℃左右。

6. 封登糖的原料来源有自制封登糖和成品封登糖两种。自制封登糖是通过________加________熬制而成。

7. 起酥制品烘烤的温度一般在____________℃，要使制品达到膨胀的最佳状态，表面呈金黄色，则要根据制品大小、厚薄的不同灵活掌握。

8. 水调面团也称____________，是一种带韧性和良好延伸性的面团，压延成皮或搓条时，不易断裂，但易收缩变形。

9. 水油面团是用____________、____________和____________调制而成的一种面团。具有一定的筋性和良好的延伸性，大多用来制酥层面团的外层皮。

10. 浆皮面团包括____________和____________。

三、判断题（正确的打“√”，错误的打“×”）

1. 新鲜鸡蛋的黏稠性好，能打进气体，而且保持时间又长。鸭蛋、鹅蛋有草腥味，不宜使用。（　）

2. 制清蛋糊时，要严禁加油和防止蛋液与盐、碱接触。（　）

3. 制作蛋白膏应选用水果香精，不宜选用香草香精，而且其用具不能沾有油污。（　）

4. 在熬制糖浆时加入少量柠檬酸，可加速糖的转化。（　）

5. 使用糖膏时要微加热熔化，加热时用文火，不能搅拌，若糖膏过稠可加入少量温水。在糖膏中加入可可粉、色素，可调成需要的各种颜色，但要在停止加热后加入。（　）

6. 制百果馅拌馅时油应最后加入。（　）

7. 广式月饼的馅占整个月饼重的80%～90%，故广式百果馅用糖量较低，可以用砂糖。若降低馅的比重，制馅时的用糖量应适当增加，这时不宜再用砂糖，应用绵白糖，否则难以溶解。（　）

8. 煮豆时加入碱水可缩短煮豆时间。（　）

9. 油酥面团有一定的塑性，无韧性和弹性，无延伸性，不能单独制成产品，一般用于与水油面团配合作酥层糕点包酥时的心料。（　）

10. “双煮法”是在一只大锅中放上水，再用另一只小锅或容器盛入被煮物质，将小锅或容器放入大锅中加热。（　）

模块八　实训

实训一　复合型化学膨松剂的制备

一、实训目的

1. 理解复合型化学膨松剂的作用和特点。

2. 掌握复合型化学膨松剂的制备方法。

3. 了解复合型化学膨松剂的检验标准。

二、材料和设备

碱剂（小苏打）、酸剂（酸式盐）、填充剂（玉米淀粉）

三、工艺流程

知识点拨

设计疏松剂配方时，首要考虑的因素是小苏打和酸剂能完全中和，以保证产品中不残留任何碱性物质；其次，随着人们生活水平的提高，应考虑产气反应后的残留物对口感和营养价值是否有影响。

1. 快速疏松剂的制备

快速疏松剂使用小苏打、酒石酸、酒石酸氢钾和玉米淀粉混合而成。四者的混合质量比为200∶89∶45∶200。

2. 慢速疏松剂的制备

慢速疏松剂使用小苏打和酸式磷酸盐、酸式焦磷酸盐、钾明矾等酸式盐以及玉米淀粉混合而成。若以磷酸二氢钙和钾明矾作为酸剂，四者的混合质量比为200∶112∶102∶200。

3. 双速疏松剂的制备

在日常生产中最常用的是双速疏松剂，它具备快速疏松剂和慢速疏松剂的双重特点，既能在常温下产气，改善面糊流动性，又能在烘烤过程中产气，改善产品膨胀性。在制备过程中，它所用的酸剂是多种酸式盐的混合物。常用的几种双速疏松剂的配方见表8－1－1。

表 8－1－1　　常用的几种双速疏松剂的配方

成分		1	2	3	4	5
碱剂	碳酸氢钠	23	30	25	27	36
酸剂	酒石酸氢钾	26	6	10	4	12
	酒石酸	3		10		8
	磷酸二氢钙	15	20	22.5	9	
	无水硫酸铝钾		15	10	23	34
	轻质碳酸钙			0.5		
	磷酸二氢钠				5	
填充剂	玉米淀粉	33	29	25	32	10

四、操作要点

1. 快速疏松剂在常温下易溶于水，在几分钟内便可释放大量气体，因而要求操作迅速。
2. 快速疏松剂对于改善面糊流动性有重要作用。
3. 慢速疏松剂常温下不易作用，受热后才会放出大量气体。
4. 玉米淀粉的添加原则为约占总量的0%～40%。

五、质量检验

根据《GB25591－2010 复合膨松剂》，经物理方法混合而成的复合膨松剂应满足感官指标和理化指标两项技术要求。

具体质量要求见表 8－1－2。

表 8－1－2　　复合膨松剂的技术要求

技术要求	项目	指标
感官要求	色泽	白色
	组织状态	粉末
理化指标	二氧化碳气体发生量（标准状态下），ml/g	≥ 35.0
	加热减量，w/%	≤ 3.0
	硝酸不溶物，w/%	≤ 2.0
	砷（As）/（mg/kg）	≤ 2
	重金属（以 Pb 计）/（mg/kg）	≤ 20
	pH（10g/L 溶液）	5.0～9.0
	细度（通过 180μm 试验筛）/%	≥ 95.0

实训二　软质面包的加工

一、实训目的

1. 掌握软质面包的制作工艺。

2. 掌握软质面包面团发酵的控制条件。

3. 掌握搅拌机、醒发箱、烤箱的规范操作。

二、材料和设备

(一)材料

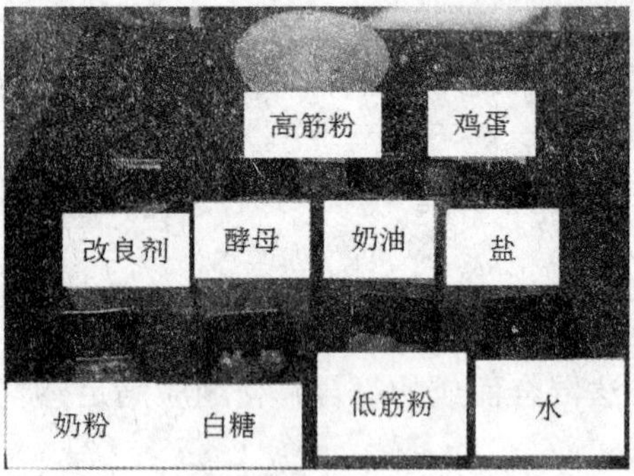

高筋粉 350g	低筋粉 150g
奶粉 25g	糖 50g
鸡蛋 50g	改良剂 7.5g
盐 7.5g	水 300g
干酵母 10g	奶油 20g

(二)主要设备、工具

名称	示意图	名称	示意图
搅拌机		醒发箱	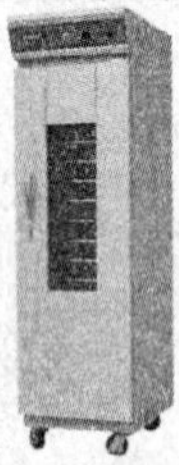
烤箱			

三、工艺流程

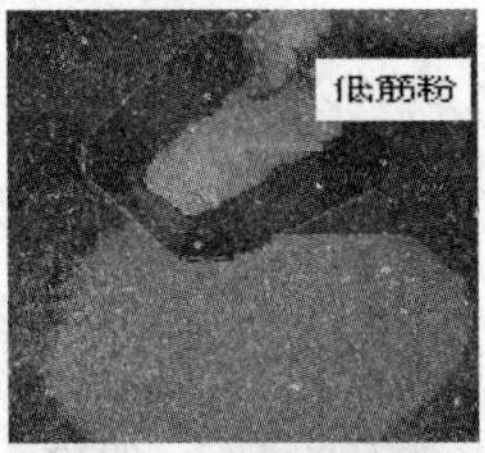	1. 把过箩的面粉放入搅拌机内，然后分别加入奶粉、糖、酵母、改良剂、盐，低速搅拌均匀，加入水、蛋；
	2. 用中速搅拌成面团，将搅拌好的面团取出置于面案上，用湿布盖好，醒发 20～30min；
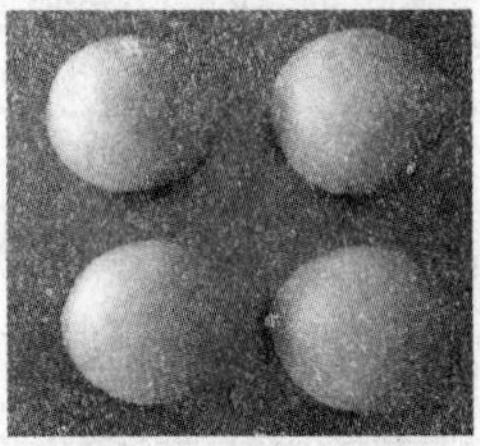	3. 将醒发好的面团，分割成每 50g 一个的小面团，搓圆，放入醒发箱内，温度 30°C，湿度 85%，发酵 40～50min；
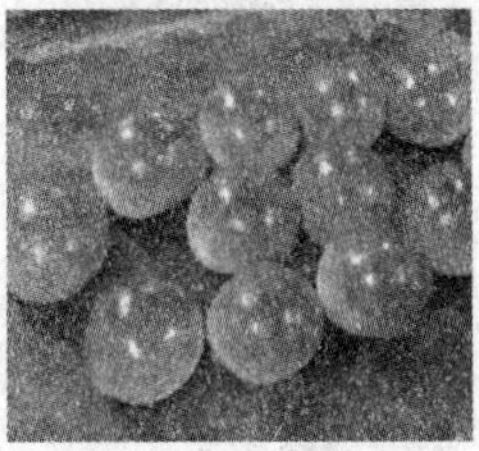	4. 醒发完成后，在面团表面刷一层蛋液，底火面火 210°C，烘烤 15～20min。

知识点拨

酵母发酵是焙烤食品加工中常用的膨松法之一。影响酵母发酵的因素有酵母用力、温度、面粉筋力、加水量、pH 值、渗透压等。

思考

根据所学知识，你能逐一分析以上因素都是如何影响酵母发酵的吗？

四、操作要点

1. 面团调制是面包产品制作的第一个关键条件，很大程度上影响后续流程的进行和成品的质量，因此，调制面团时应注意以下几点：

(1)确保原辅料充分混合；

(2)密切关注面筋的成熟度，搅拌不足和搅拌过度都会影响面筋的物理性质，从而影响产品质量。

(3)判断面团调制是否达到适宜程度的方法：取一小块面团，用双手将其从四周拉升，面团能形成一个半透明、均匀的薄膜为宜，具体操作如图 8－2－1。

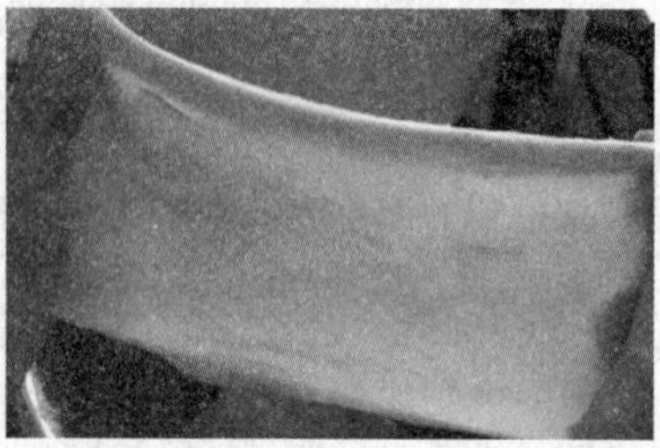

图 8－2－1　判断面团搅拌适宜程度的方法

2. 发酵是面包生产的第二个关键环节。控制发酵主要是进行两个方面的操作，一是控制气体的产生，二是控制气体的持有量。在实际操作中，一般通过控制发酵温度、湿度和发酵时间来控制发酵。

五、质量检验

表皮上色均匀、色泽光亮；外形大小均匀、形状规则；产品组织细腻、松软、富有弹性；口感香甜。

实训三　吐司面包的加工

一、实训目的

1. 掌握吐司面包的制作方法。
2. 理解二次发酵法的工艺流程。

二、材料和设备

（一）材料

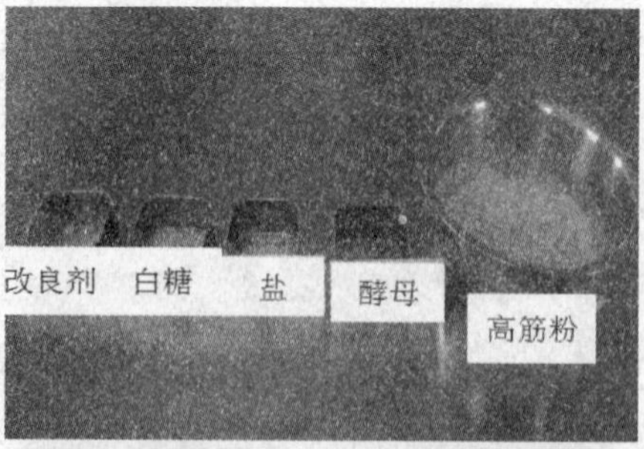

主面团：

高筋面粉 300g	白奶油 60g
食盐 18g	酵母 3g
砂糖 60g	面包改良剂 5g
奶粉 30g	水 150g

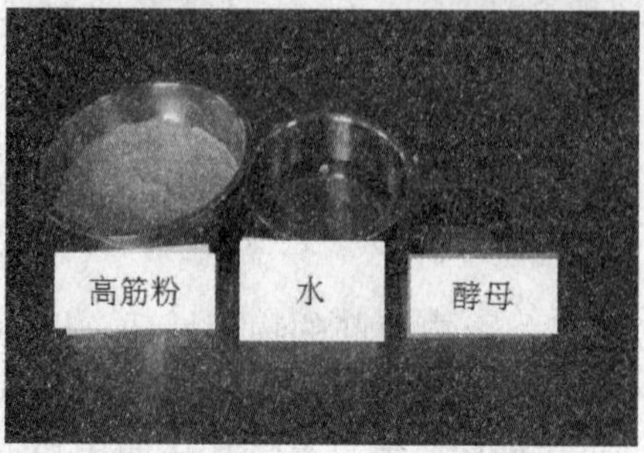

中种面团：
高筋面粉 700g
酵母 7g
水 420g

（二）主要设备、工具

搅拌机、醒发箱、烤箱同实训二。

名称	示意图	名称	示意图
吐司模具	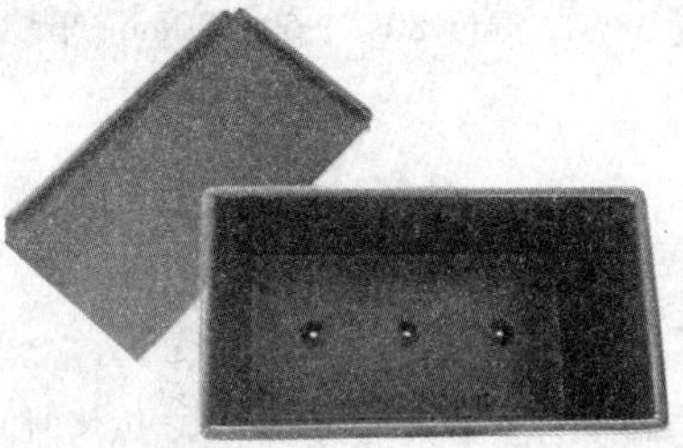	西点刀	

三、工艺流程

	1. 将中种面团的所有原料混合在一起中速搅拌成团，放置在温度28°C、湿度75%～80%的环境中发酵3～4h；
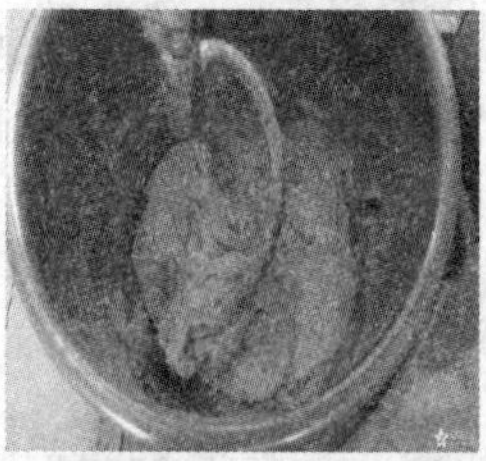	2. 将主面团中除白奶油以外所有原料和发酵好的面团一起拌至面筋扩展阶段，再放入白奶油中速拌至面筋完成阶段；
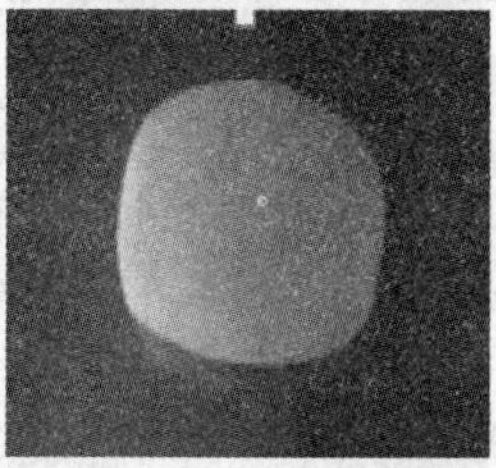	3. 分割，滚圆，每个250g，松弛15min；
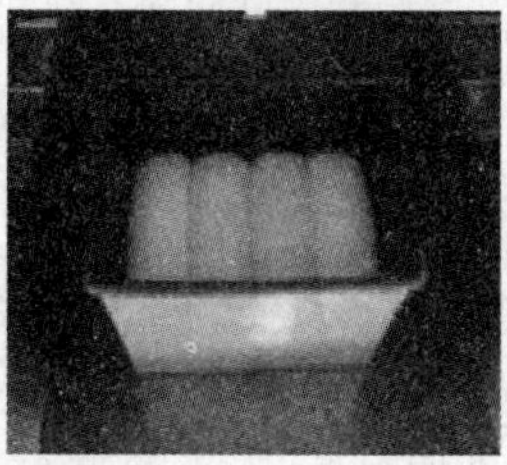	4. 将面团卷起成形；一条4个面团放入涂油的吐司模具；

续表

	5. 最后发酵，温度 38°C，湿度 80%，60～70min，醒发至八成满；
	6. 入炉烘烤，烘烤温度为上下火均为 190°C，烘烤时间约 40min，烤制成熟，冷却后切片。

思考

二次发酵法所生产出的面包与一次发酵法相比较有哪些优缺点？

四、操作要点

1. 二次发酵法是使用二次搅拌、二次发酵的生产方法，因此在面粉的选择方面与一次发酵法有所不同。二次发酵法要选择高筋面粉，以防止在较长时间的发酵中，面筋筋力受到破坏。

2. 发酵控制：优先选择发酵耐力较好的鲜酵母，发酵时间较长。

五、质量检验

山形产品高低峰相差不超过 2cm、表皮呈金黄色；内部组织细腻、柔软、空洞呈均匀蜂巢状；内部颜色洁白或浅乳白色；口感咸甜适中、有发酵麦香味。

实训四　农夫面包的加工

一、实训目的

1. 掌握农夫面包的制作工艺。

二、材料和设备

（一）材料

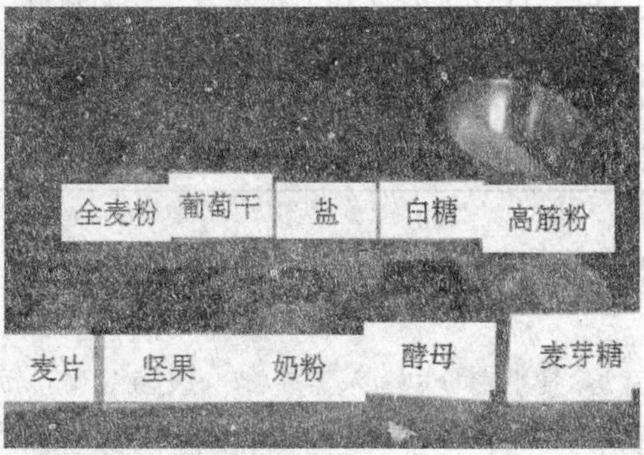

面包粉 300g	麦芽糖 3g
黑麦粉 30g	葡萄干 55g
全麦粉 30g	核桃仁 55g
麦片 25g	白糖 5g
酵母 40g	食盐 3g
奶粉 30g	水 250g

（二）主要设备、工具

搅拌机、醒发箱、烤箱同实训二。

三、工艺流程

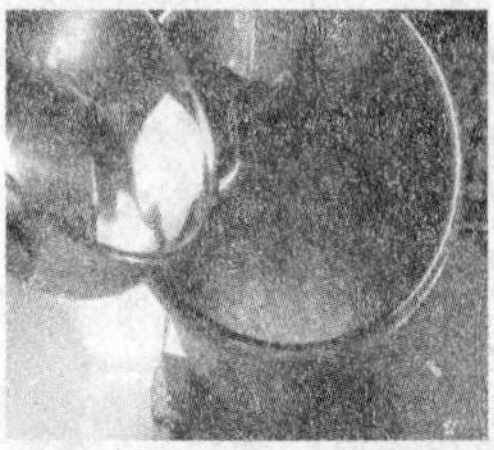	1. 将面包粉、黑麦粉、全麦粉、麦片、奶粉、酵母、麦芽糖、白糖放入搅拌缸内，低速搅拌均匀，加水调制成面团；
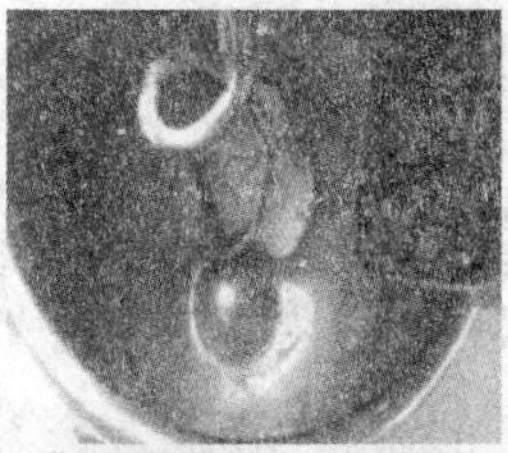	2. 调制好的面团中加入食盐，中速搅拌约 4min，加入葡萄干、核桃仁搅拌均匀后，取出面团，在温度 38℃、湿度 75% 的醒发箱内发酵 15 ~ 20min；
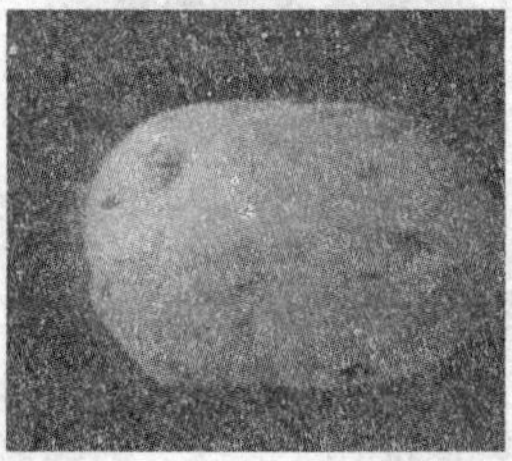	3. 将面团取出，分割成每块 200g 的面剂，滚圆，中间继续醒发 20min；

续表

	4. 将醒发好的面团制成椭圆形，上面沾上一层干面粉，在温度38℃、湿度75%的醒发箱内发酵30min；
	5. 面团发酵完成之后，用刀片在面团上快速划出方格状的裂口，放入烤箱，喷入蒸汽，190℃，烘烤时间大约35～45min。

知识点拨

农夫面包，pain paysan，是法语"农夫的面包"的意思，是小麦粉中加入黑麦粉、全麦粉等制作而成的，具有朴实、健康的寓意。

四、操作要点

1. 调制面团时，因伴有黑麦粉，所以搅拌时间不宜过长，面筋达八成扩展即可。

2. 葡萄干和核桃仁的加入时间不宜过早，在面筋搅拌至八成后再加入即可。

3. 烘烤面包时，要注意两点：一是喷入一定量的水蒸汽，二是烘烤温度不宜过高。

五、质量检验

产品表面有斑驳的干面粉，外观结实有重量感；外皮硬脆，而包心湿润，略带黏性口感；香气独特，有咀嚼感。

实训五　圣诞面包的加工

一、实训目的

1. 掌握圣诞面包的制作工艺。

2. 了解朗姆酒在焙烤工艺中的应用。

二、材料设备

(一)材料

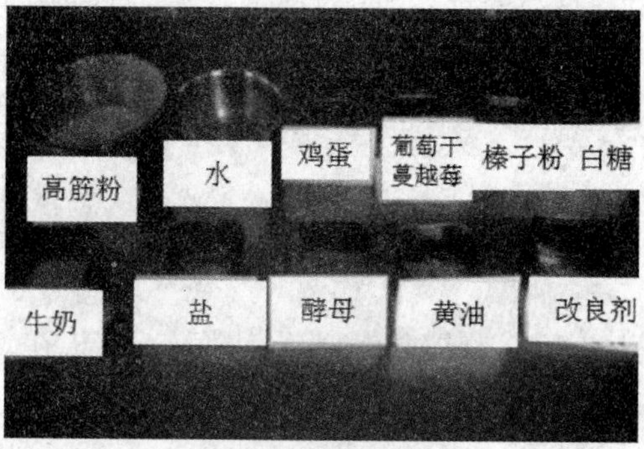

高筋面粉 950g	牛奶 250g
榛子馅粉 50g	水 300g
酵母 25g	黄奶油 100g
面包改良剂 5g	食盐 16g
砂糖 150g	橙皮 100g
蛋黄 100g	蜜饯 360g

(二)主要设备、工具

搅拌机、醒发箱、烤箱同实训二。

三、工艺流程

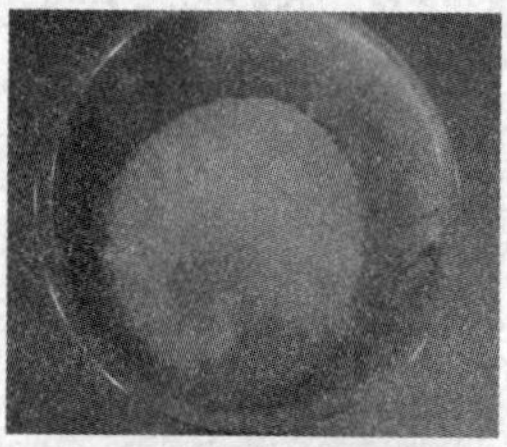	1. 将高筋面粉、榛子馅粉、酵母、面包改良剂、砂糖混拌均匀，倒入搅拌机；
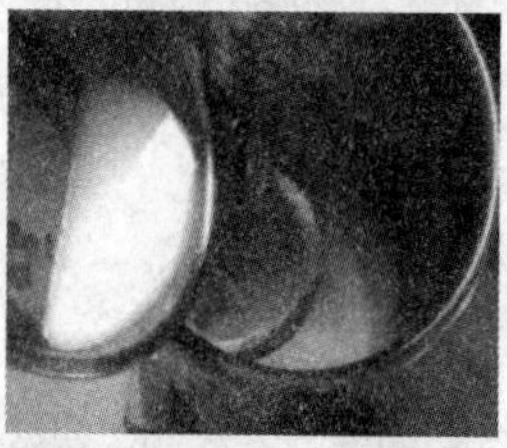	2. 将蛋黄、牛奶及水混合后，慢慢加入搅拌机，搅拌至面筋形成，加入黄奶油至面筋完全扩展，最后加入朗姆酒浸泡过的橙皮、蜜饯、葡萄干，拌匀；
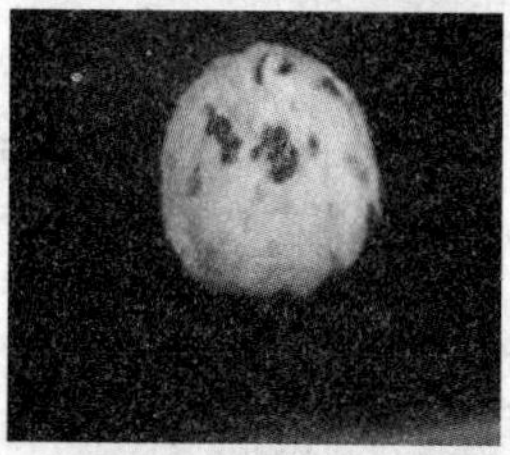	3. 将面团在温度为 28°C，湿度为 75% 的醒发箱中发酵 30min 后，分割成每个 300g，松弛 20min，整形，码放在烤盘中；
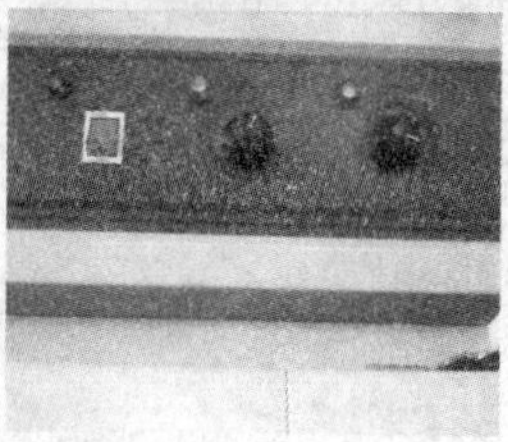	4. 将烤盘放入醒发箱发酵 60min，温度为 36°C，湿度为 75%；

续表

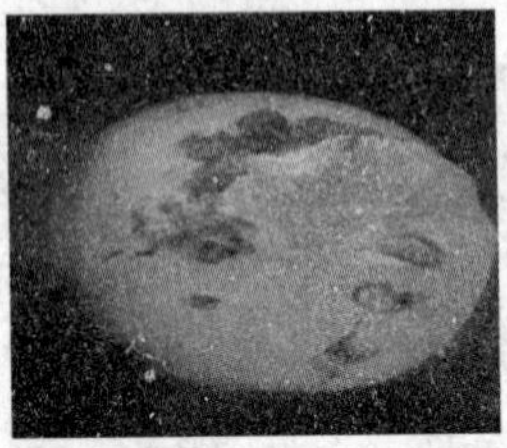	5. 上火 180°C，下火 160°C，入炉烘烤约 30min，出炉后表面筛糖粉做装饰。

四、操作要点

1. 朗姆酒，是以甘蔗糖蜜为原料生产的一种蒸馏酒，口味纯净清澈、甜润、芬芳，在焙烤工艺中常常被用来赋予产品更深层、更久远的风味。

2. 发酵控制着重在于温度、湿度，不宜过高。

3. 烘烤温度因制品中含有较多的果料和糖分，不可过高，否则会使成品的颜色焦黄、口感较差。

五、质量检验

果香与酒香结合，浓郁诱人，香甜可口，组织松软。

实训六　牛角面包的加工

一、实训目的

1. 掌握牛角面包的制作工艺。

2. 掌握起酥面包的工艺原理。

二、材料和设备

(一) 材料

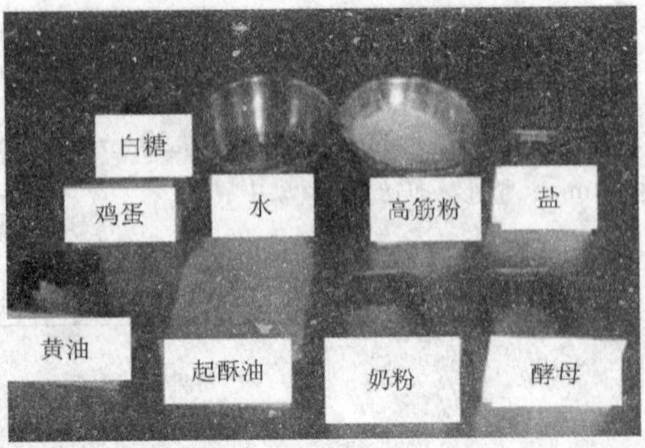

高筋粉 500g	鸡蛋 50g
糖 70g	黄油 30g
酵母 12g	水 240g
奶粉 15g	起酥油 20g
盐 8g	改良剂 1g

(二) 主要设备、工具

搅拌机、醒发箱、烤箱同实训二。

三、工艺流程

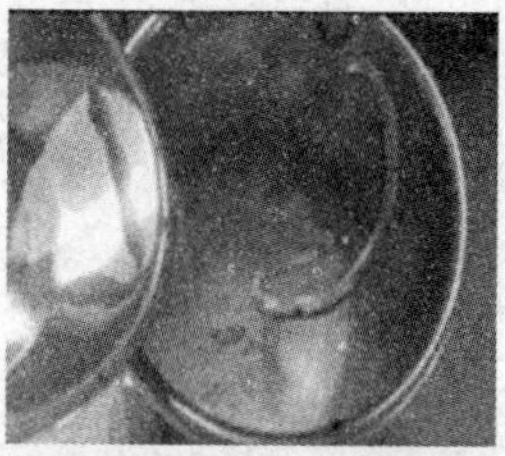	1. 将除盐、起酥油外的其他原料，慢速搅拌 3min 后，加入精盐，先慢速搅拌 3min，再快速搅拌 1min 即可，测面团温度为 24°C；
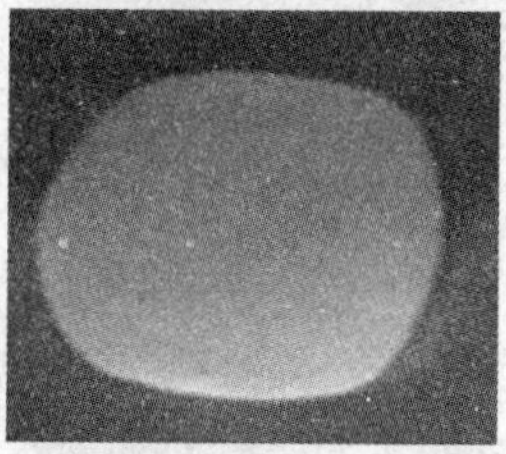	2. 面团醒发 30min 后，放入冰箱中冷冻 120min，取出后擀开；
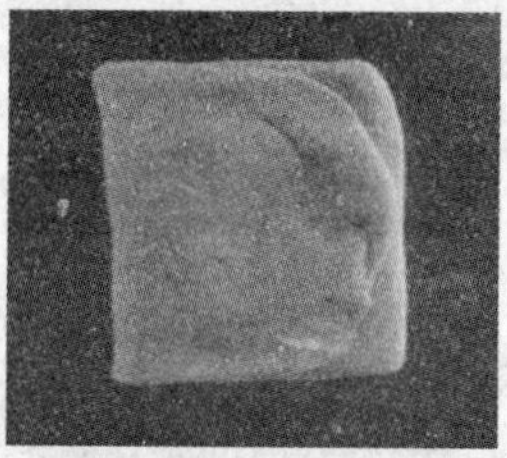	3. 将起酥油包入，继续擀开，按三折法折三次；
	4. 折叠、擀制完毕的面团密封后，放入 –18°C 的冷柜中冷冻 2h；擀成长方形，在面皮上切割等腰三角形；
	5. 将切好的等腰三角形，从底边向上擀长，表面薄薄刷一层水，从底边卷起，尖角朝下，码放到烤盘上，醒发 20min，表面刷蛋液，烤箱温度 200°C，烘烤 15min。

知识点拨

起酥面包的制作利用了水油互不相容的原理，是面团中加入起酥油后经多次擀开、折叠制成的一种多层次面包。

四、操作要点

1. 面团温度不可过高，可以通过调节粉温、水温等方法来降低面团温度；

2. 包起酥油时，要注意面坯与起酥油的软硬度，二者要基本软硬一致，面坯太软油太硬，容易破皮，且会导致起酥油分布不均匀，面坯太硬油太软，容易溢油，且不利于包油、擀皮等步骤的操作。

五、质量检验

色泽金黄、层次分明；品质外松脆内柔软、油而不腻、奶香浓郁。

实训七　法式棍面包的加工

一、实训目的

1. 掌握法式棍面包的制作工艺。

二、材料和设备

（一）材料

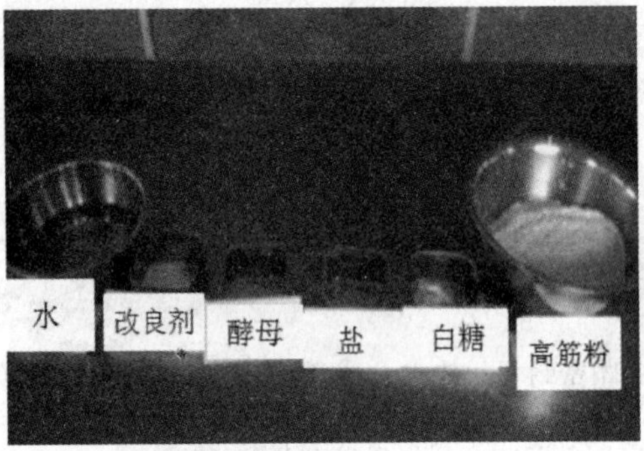

高筋粉 1000g	白糖 20g
酵母 10g	水 580g
盐 20g	改良剂 10g

（二）主要设备、工具

搅拌机、醒发箱、烤箱同实训二。

三、工艺流程

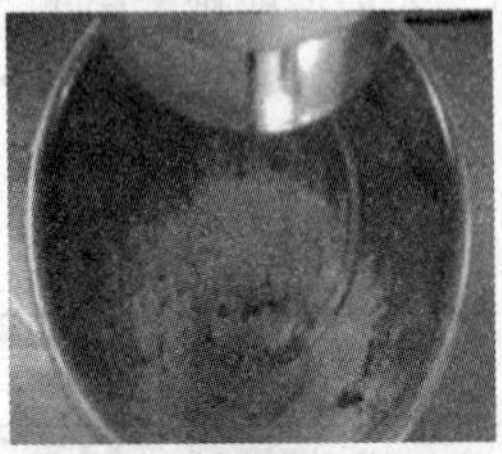	1. 将干料全部放入搅拌机，慢速搅拌均匀，慢慢加入水，慢速搅拌，约 4min，形成面团，改用快速搅拌 6min，使面团起劲；完成后用保鲜膜盖好，醒发 40min；
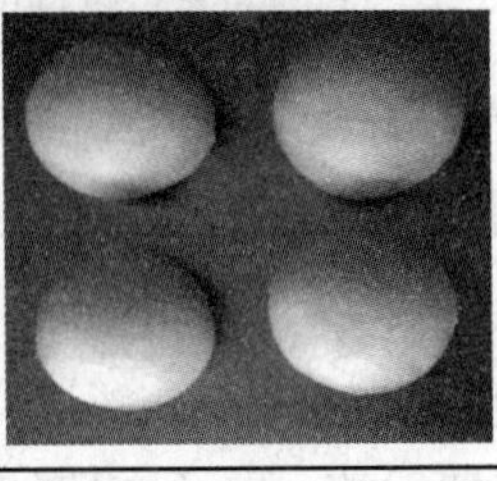	2. 将醒发好的面坯，分割成每个 250g 的面坯，搓圆，放置松弛；

续表

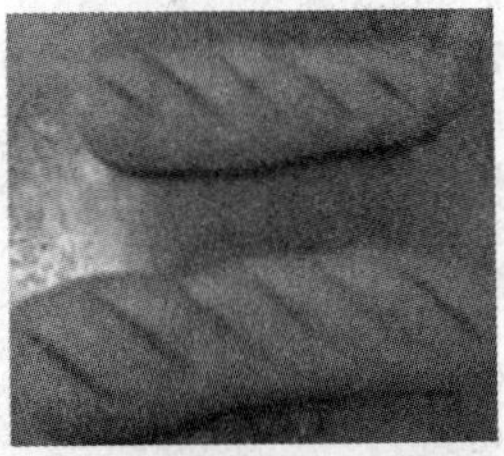	3. 将醒好的面坯擀成长方形，用双手手指从外侧向内侧卷起，并压牢，码放在烤盘中，放入醒发箱，在温度为温度为 38°C、湿度为 80% 的条件下，醒发 60min 左右，取出后，在面坯表面划开 7 条小口，刷蛋液；
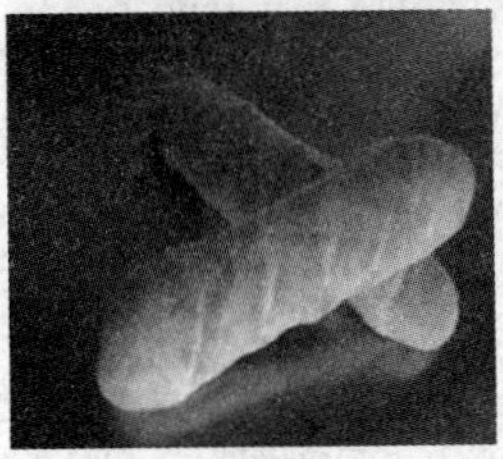	4. 250°C，烘烤 20min。

知识点拨

法式棍面包，French baguette，原意是长条形的宝石，放在这里，是指配方简单，只用面粉、水、盐和酵母四种基本原料。

四、操作要点

1. 面团调制时，应注意搅拌时间和强度，以保证充分搅拌从而形成最大量的面筋。

2. 面团整型时，注意按照正确手法操作，整形后的面坯要表皮光滑，接口朝下。

3. 每个面坯要斜切 7 个裂口，切口时要“两快一轻”，即刀要快、操作快、动作轻，否则会出现刀口处不均匀、不光滑的现象。

五、质量检验

每条长 76cm，重为 250g，斜切有 7 道裂口；表皮松脆；质地柔韧，咀嚼感较好；有显著的麦香味。

实训八　海绵蛋糕的加工

一、实训目的

1. 掌握物理膨松法的原理。

2. 掌握海绵蛋糕的制作工艺。

二、材料和设备

（一）材料

鸡蛋 1000g	低筋粉 500g
蛋糕油 50g	糖 500g
色拉油 120g	泡打粉 10g

（二）主要设备、工具

名称	示意图	名称	示意图
搅拌机		烤箱	

思考

细心的同学会发现，制作面包和制作蛋糕都用到了搅拌机，它们功能相同吗？

知识点拨

多功能搅拌机通常配有三个搅拌头，如图所示。

钩状　　球头状　　浆状

钩状搅拌头用于面团搅拌，球头状搅拌头用于蛋液、奶油的打发，浆状搅拌头用于较稀面糊的调制。

三、工艺流程

	1. 将蛋液和糖放入打蛋机，慢转打发，再快转，约20min，停机，此时糖蛋液呈乳白色；

续表

	2. 加入蛋糕油，快转约 10min；
	3. 将面粉和泡打粉混匀，过筛，在慢转时加入，慢转 2min，快转 1min；
	4. 慢转状态下缓慢加入水，快转 1 ~ 2min；
	5. 慢转，放植物油，搅拌均匀；
	6. 在烤盘中薄薄地刷一层油（或者可以铺烘烤纸），将蛋糕糊注入烤盘，约占总容的 2/3 ~ 1/2；
	7. 将烤盘放入 190℃的烤箱中，烘烤 30min，冷却。

四、操作要点

1. 海绵蛋糕的膨松原理是利用机械搅拌的方法使蛋品混入空气。所以在面糊调制过程中应注意两点：一是搅拌时间的控制，时间过短不宜打发，时间过长会导致泄气；二是植物油具有消泡作用，必须放在最后添加。

2. 检验是否烤熟，可以用牙签扎入蛋糕坯中，拔出后，用手捏所粘连的粉粒，如果不粘手不聚团即烤熟。

五、质量检验

外皮色泽金黄、平整；内部颜色为浅黄色、气孔细密、分布均匀；口感松软、富有弹性；有微微蛋黄香。

实训九　大理石花油脂蛋糕的加工

一、实训目的

1. 掌握大理石花油脂蛋糕的制作工艺。

二、材料和设备

（一）材料

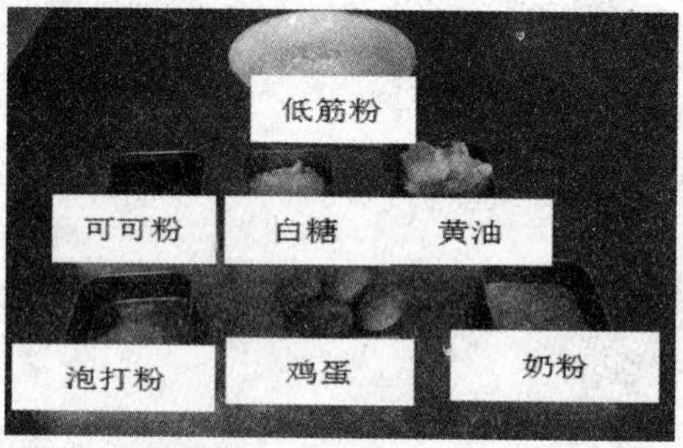

低筋粉 200g	可可粉 50g
黄油 200g	糖 150g
奶粉 50g	泡打粉 5g
蛋 4 个	

（二）主要设备、工具

搅拌机、烤箱同实训八，需配备裱花袋。

三、工艺流程

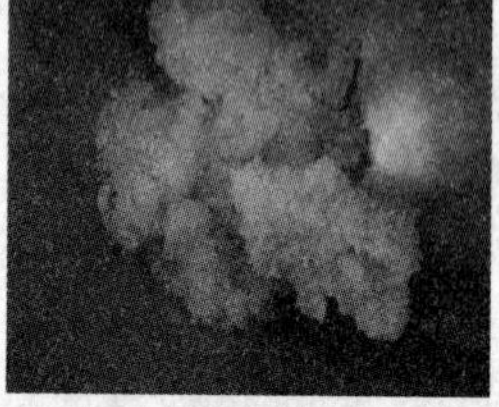	1. 将黄油和糖放入搅拌机，打发；
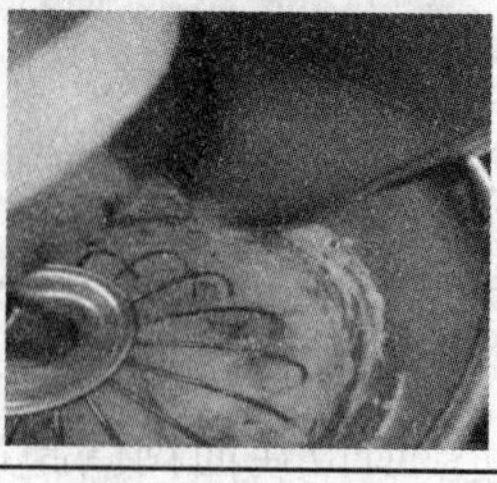	2. 分 3 次加入打散了的鸡蛋，每次都要确保完全混合；

续表

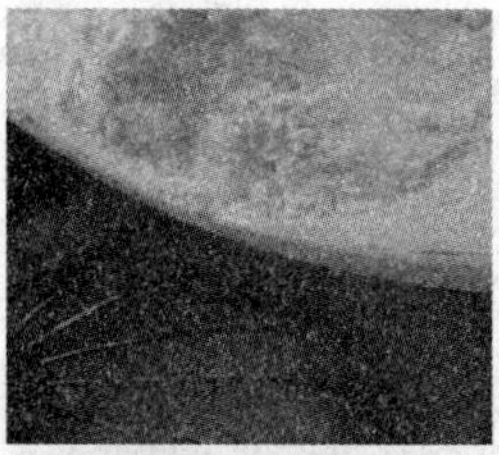	3. 分 3 次拌入面粉，搅拌均匀；
	4. 取五分之一蛋糊和可可粉拌匀，放入裱花袋；余下蛋糕糊倒入垫好油纸的烤盘，用硅胶板排气泡并使面糊表面平滑；
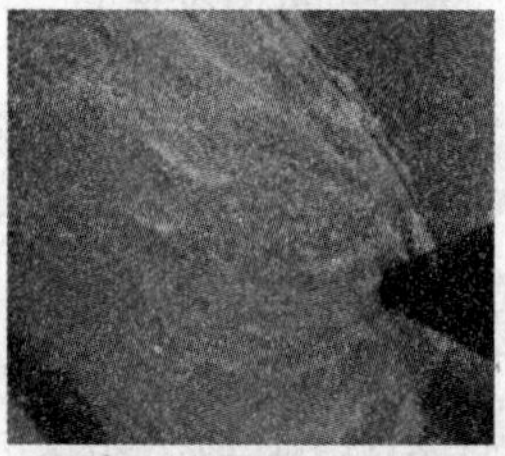	5. 将裱花袋剪口，轻轻插入烤盘蛋糊中间，上下边拉边挤，后用竹签左右划动；
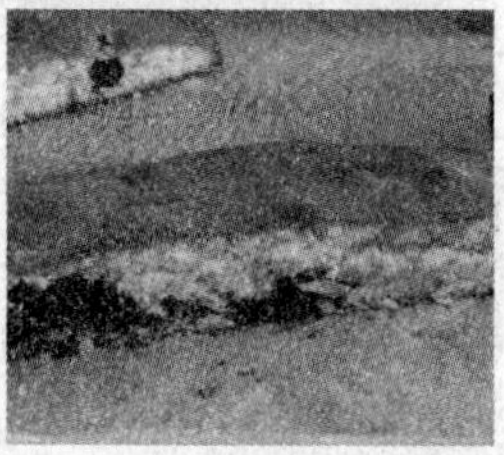	6. 放入烤箱，180℃，烘烤 30min，冷却。

知识点拔

蛋糕是一类以蛋品为主要原料的、经充分搅打充气而体积膨大的焙烤食品。按其含油量的多少，可以分为清蛋糕和油蛋糕两大类。

四、操作要点

大理石花油脂蛋糕是油蛋糕的一种，顾名思义是产品中含油量明显大于清蛋糕，粉、油、糖的比例接近 1∶1∶1，那么油脂的品质和打发程度以及面粉的筋力对产品有较大的影响。

五、质量检验

外表整齐、色泽均匀；切面花纹清晰，质地酥散、细腻、滋润；带有浓郁的奶油味。

实训十　甘露酥的加工

一、实训目的

1. 掌握甘露酥的制作工艺。
2. 掌握清酥类面团的调制。

二、材料和设备

（一）材料

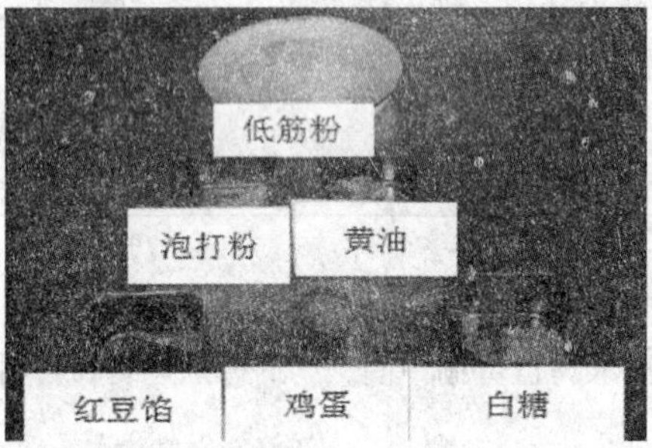

低筋粉 250g	鸡蛋 1 ~2 个
红豆馅 125g	泡打粉 10g
黄油 80g	白糖 80g

（二）主要设备、工具

中式糕点制作所需的设备较少，以手工操作见长，甘露酥的制作中只用到烤箱。

三、工艺流程

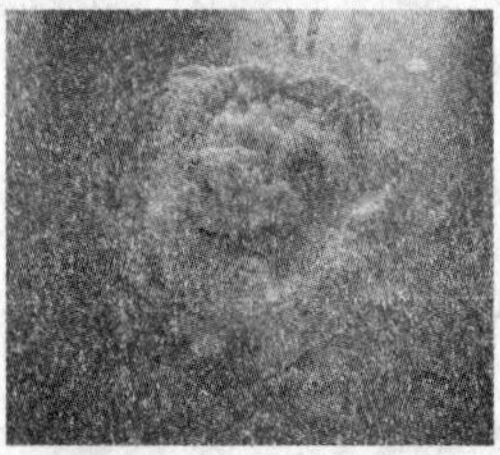	1. 将面粉和泡打粉混合均匀后，放在面案上，摊成圈状，黄油和白糖置于圈中；
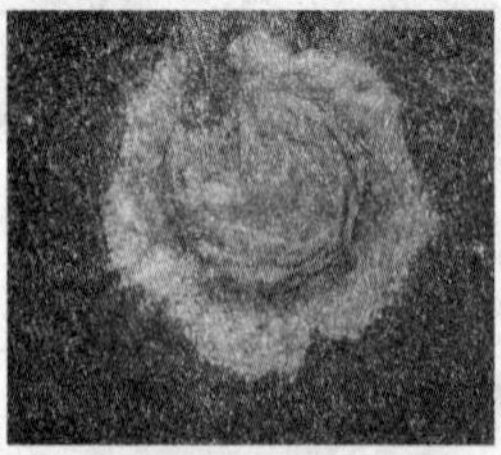	2. 用一个鸡蛋将黄油和白糖搓化（根据情况可适当增加鸡蛋用量），至黄油发白；
	3. 用按压的手法将面粉与黄油糊混匀，形成面团；

续表

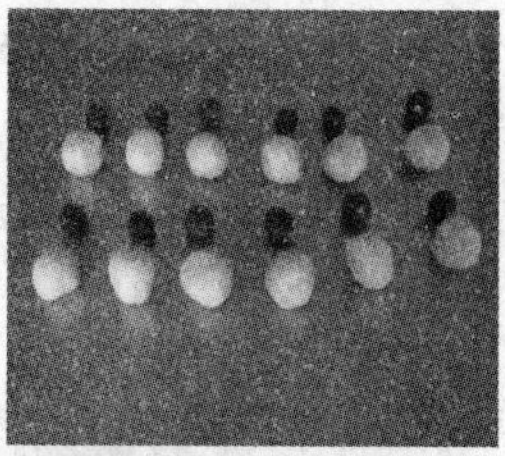	4. 均分面团和红豆馅，一般二者的比例为2∶1；
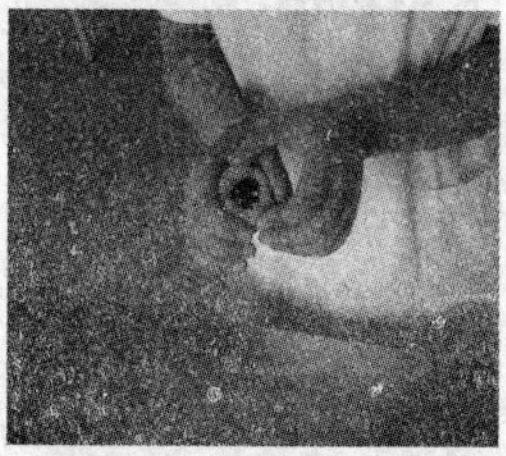	5. 包馅；
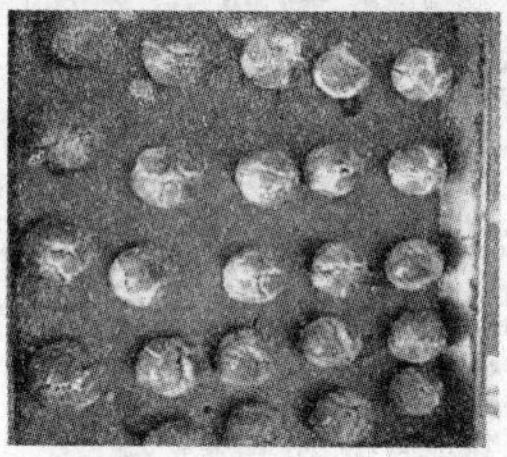	6. 刷三次蛋液，必须要一次干透之后再刷下一次；190℃，烘烤25min。

四、操作要点

1. 面团调制时要注意手法——按压，不可以揉面，以防止面团起劲。

2. 包馅的动作要领：馅心要居中，包馅手法一般为拢合。

3. 刷蛋液时，要尽量使用打散的蛋黄，能提高着色效果；注意不宜过厚，防止表面被“箍死”，不能出裂。

五、质量检验

表面有裂纹，色泽金黄有光泽，皮馅均匀；入口酥松、香甜。

实训十一　水果塔的制作

一、实训目的

1. 掌握水果塔的制作工艺。

2. 掌握混酥类面团的调制方法。

二、材料和设备

(一)材料

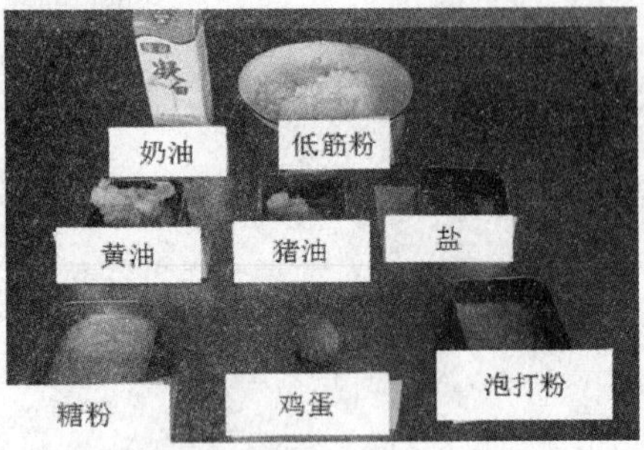

低筋粉 500g	奶油 250g
黄油 300g	猪板油 30g
糖粉 200g	鸡蛋 140g
泡打粉 5g	水果少许

(二)主要设备、工具

搅拌机、烤箱同实训八。

三、工艺流程

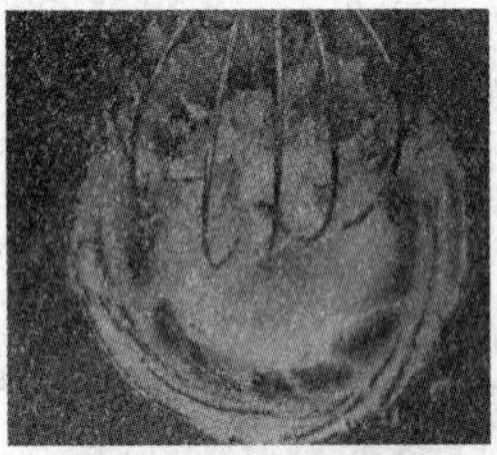	1. 将黄油和猪板油放入搅拌机中，搅打搅匀；
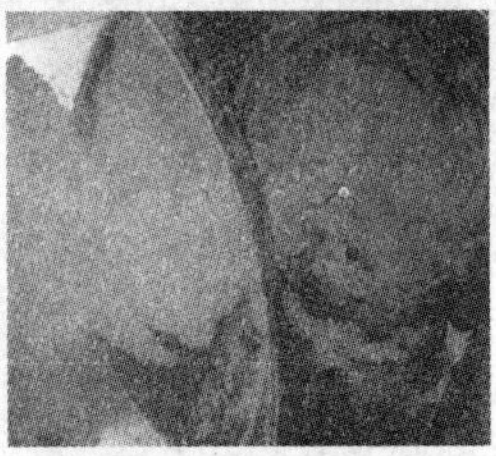	2. 将过筛后的盐、糖粉加入黄油糊中，搅拌至呈乳白色、光滑状；
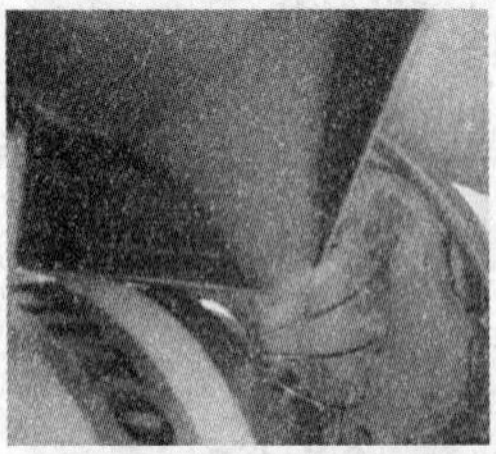	3. 将打散的蛋液分 3 次加入，并用打蛋器搅打均匀。每一次都要在黄油和鸡蛋完全融合再加下一次；
	4. 加入过筛的低筋面粉，拌和成面团，即为塔皮面团；

续表

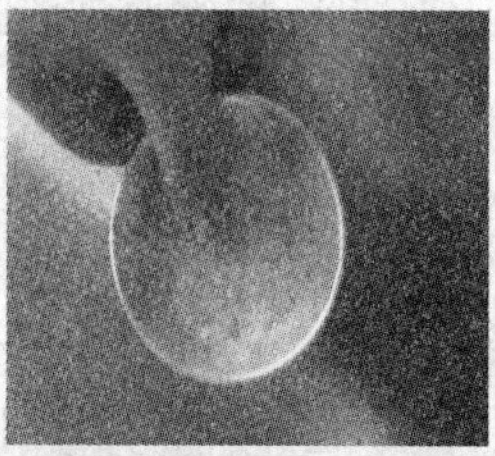	5. 取约 15g 塔皮面团放入塔杯的模具中，用大拇指顺着模具转动按压整形，尽量把塔皮按压得薄厚均匀；
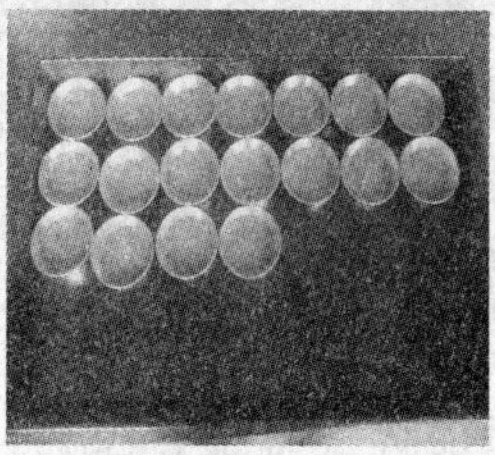	6. 将塔模码放在烤盘中，180℃，烘烤 15min 左右，脱模，冷却，将打发的鲜奶油挤在塔杯内，再在奶油上码放水果。

四、操作要点

1. 为保证产品的酥松效果，应选择使用筋力小的面粉。
2. 在面团入模时，动作要柔和，防止面团出油、上劲。

五、质量检验

塔皮在烘烤后与塔模基本齐平，边缘平整；水果切片整齐、码放整齐；奶油打发程度适中；口感酥软、浓香四溢。

实训十二　层酥糕点的加工

一、实训目的

1. 掌握层酥糕点的制作工艺。

二、材料和设备

（一）材料

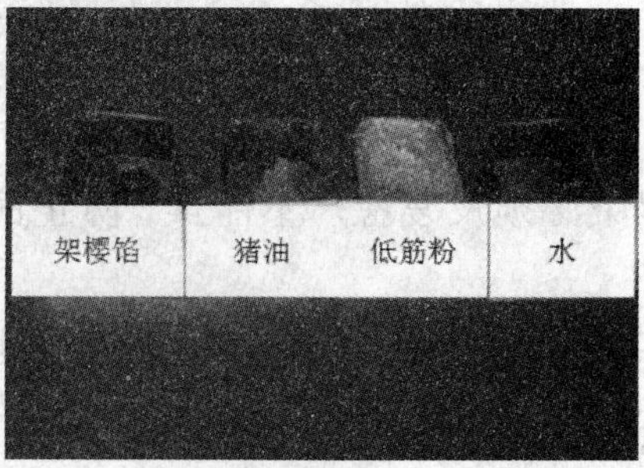

低筋粉 500g
猪油 90g
水 200g
架樱馅 150g

（二）主要设备、工具

中式糕点制作所需的设备较少，以手工操作见长，层酥糕点的制作中只用到烤箱。

三、工艺流程

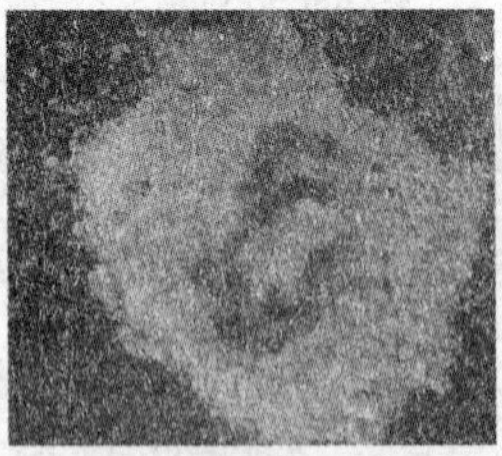	1. 将低筋粉置于面台上，加入猪油和水，用搓的手法，调制成水油面；
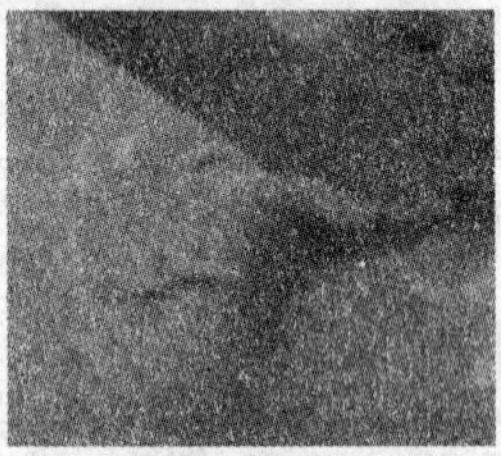	2. 用搓的手法把低筋粉和猪油调制油酥面；
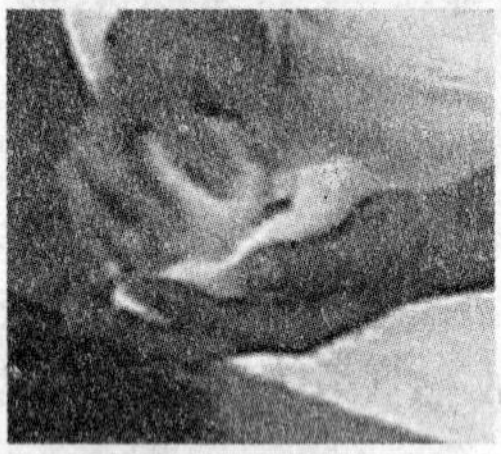	3. 将水油面压片，把油酥面包入，形成酥层皮，将层酥皮擀成1cm厚的片；
	4. 包入架樱馅，用手掌按成中间低边缘高的圆饼状，入烤箱170℃烘烤至成熟即可。

知识点拨

层酥糕点是酥皮类中式点心的典型代表，是利用水油酥面和干油酥面两种面团包制而成。具有多层次、口感酥松的特点。

四、操作要点

1. 水油面团因既含有水分又含有油分，调制过程中必须反复搓。不能揉，防止面团起劲。醒面时，要在面团上盖上一层湿布，以防干皮。

2. 油酥面在调制过程中必须使用冷油，必须反复搓擦，擦透、擦顺，增加面团润滑性。

3. 水油面和油酥面的软硬度应基本一致。

五、质量检验

色泽白皙、不上色；大小均匀；表皮酥层一触即掉、入口即化；馅心柔软、色彩鲜艳。

实训十三　拿破仑酥饼的加工

一、实训目的

1. 掌握拿破仑酥饼的制作工艺。
2. 掌握酥皮产品与擘酥产品的差异。

二、材料和设备

（一）材料

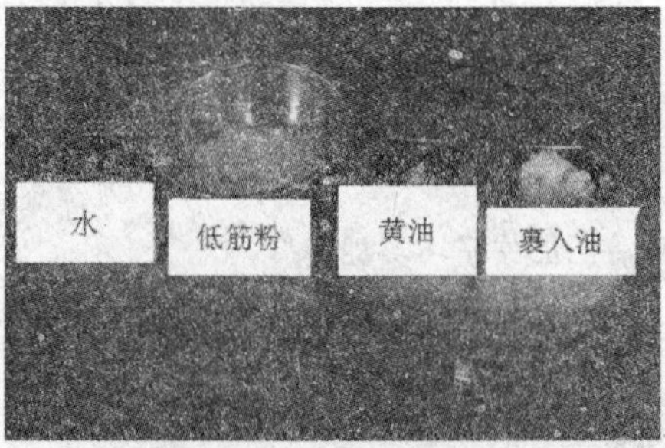

面皮：
低筋面粉 100g
水 50g
黄油 25g
裹入油 80g

蛋黄酱：
低筋粉 30g
蛋黄 2 个
水 50g
白砂糖 10g
奶粉 10g

（二）主要设备、工具

同实训十二。

三、工艺流程

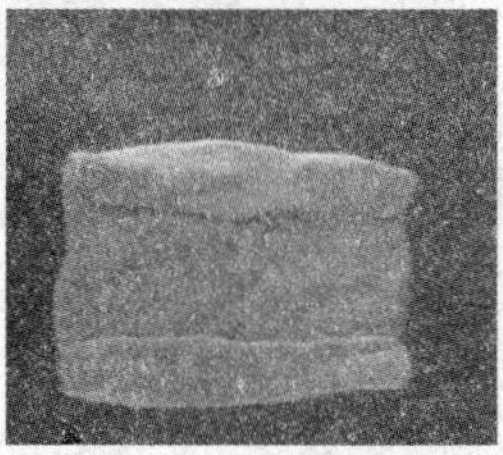	1. 将低筋粉、水、黄油调制为面皮，擀成长方形后，将裹入油擀平后包入面皮中，包好；擀开，对折，经反复折叠，制成面坯，放入冰箱备用；

续表

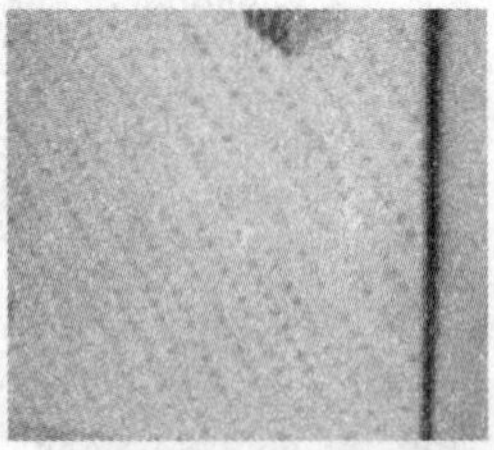	2. 取出冷却后的面坯，擀成厚0.3cm的面片，用扎眼器扎眼，再放入220°C的烤箱；
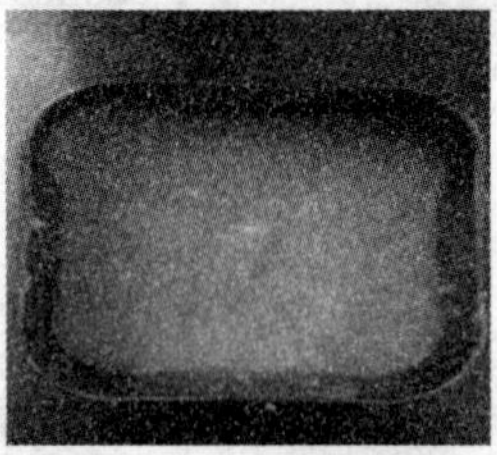	3. 将蛋黄放容器中，加入白糖、低筋粉调匀；然后将煮开的牛奶倒入调匀的蛋黄混合物，边倒边搅，直至成为稠状，备用；
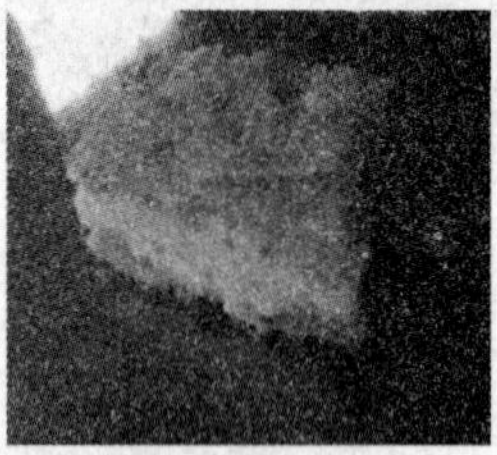	4. 烤熟的面坯，均匀分块，把蛋黄酱均匀地抹在两块坯料上，依次黏合，形成菱形块。

四、操作要点

1. 调制面坯时，要先将黄油搓软搓化，不能有黄油粒。
2. 面坯放入冰箱时，要用保鲜膜包裹，防止出现干皮。
3. 面坯擀制时，要薄厚一致，制品要大小一致。

五、质量检验

表皮起酥效果好，外形整齐；花纹流畅，层次清晰、分明；口感香甜、酥软。

实训十四　巧克力澳洲坚果曲奇的加工

一、实训目的

1. 理解饼干的分类。
2. 掌握巧克力澳洲坚果曲奇的制作工艺。

二、材料和设备

（一）材料

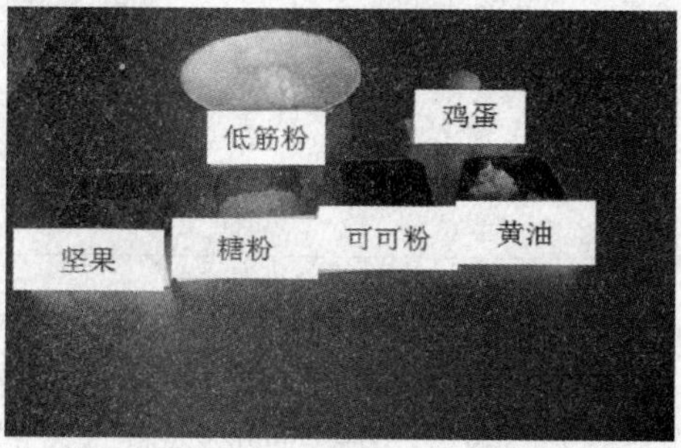

低筋粉 130g	可可粉 20g
黄油 80g	泡打粉 10g
白糖 12g	澳州坚果 30g
鸡蛋 1 个	糖粉 60g
食盐 1g	

（二）设备

搅拌机、醒发箱、烤箱同实训二。

三、工艺流程

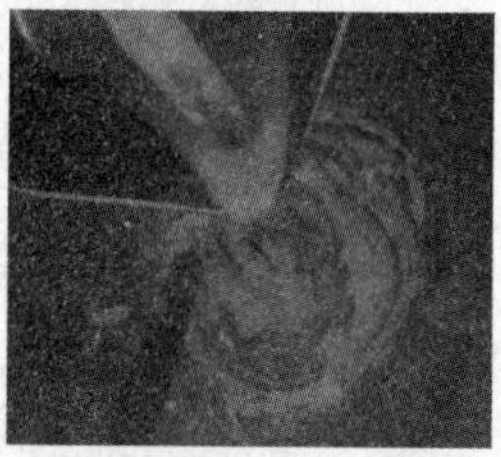	1. 先将黄油和糖粉搅拌均匀，黄油软化但不能打发，然后加入蛋液，混合均匀即可；
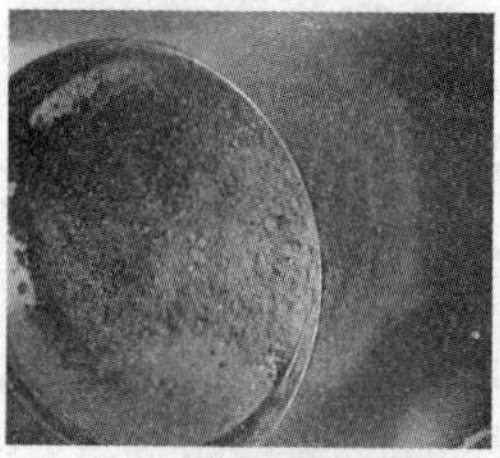	2. 将面粉和可可粉混合，过筛；
	3. 将过筛后的面粉、可可粉倒入搅拌机，形成面团；
	4. 将坚果擀碎，加入搅拌机，混合均匀即可；

续表

	5. 将面团放在面案上，整理为长方体的形状，用保鲜膜包裹，放入冰箱冷冻 30min；
	6. 取出后，切片，码放在烤盘中，190°C，烘烤 15min。

四、操作要点

1. 糖品原料选择糖粉，如果选择砂糖，会出现在糖溶化时黄油已被打发的现象。

2. 面粉过筛的目的是使面粉充分分散、保证粉质颗粒细致均匀，另外可以调整粉温和充气性。

五、质量检验

产品为棕褐色，口感酥松，坚果油脂味浓郁，巧克力味迷人。

实训十五　泡芙制品的加工

一、实训目的

1. 掌握泡芙制品的制作工艺。

二、材料和设备

(一) 材料

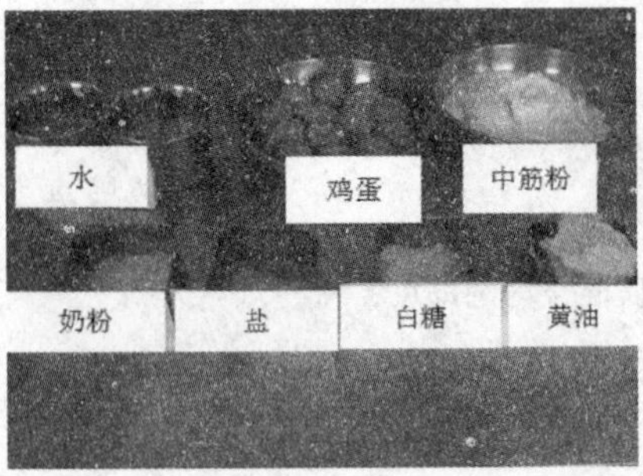

黄油 500g	白糖 40g
水 1000g	奶粉 50g
中筋面粉 600g	盐 10g
鸡蛋 900g	

（二）主要设备、工具

名称	示意图	名称	示意图
电磁炉		台式 搅拌机	
裱花嘴	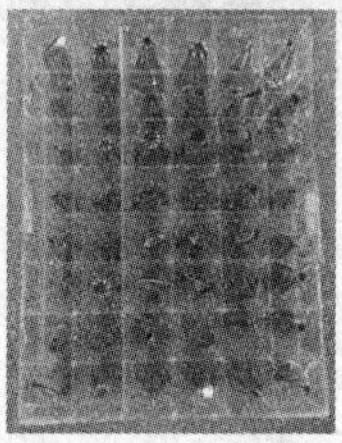		

三、工艺流程

	1. 将水、奶粉、黄油和盐放入锅中煮沸；
	2. 将过筛的面粉加入上述煮沸的液体中，边加边搅拌，要确保混合均匀、面粉烫熟；
	3. 烫熟的面团放凉后，移入台式搅拌机，边搅拌边加入鸡蛋，反复搅打，直至形成软硬合适的面糊；
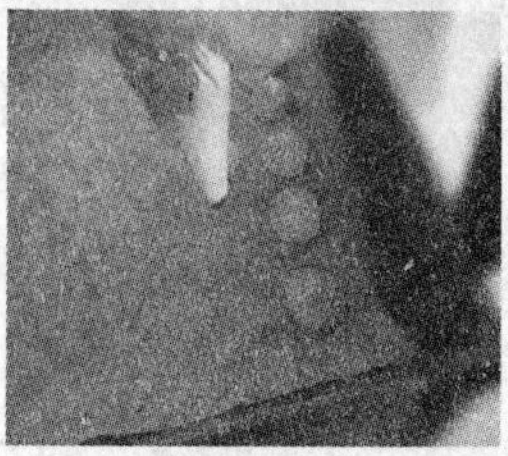	4. 将面糊放入装有裱花嘴的裱花袋中，挤在铺有油酸纸的烤盘上；

续表

	5. 放入 200°C 的烤炉中烘烤；
	6. 稍稍放凉，从底部挤入打好的奶油。

四、操作要点

1. 调制面糊时，面粉必须要烫熟、烫透；鸡蛋逐次加入；

2. 面糊受热会膨胀，所以挤在烤盘上的小圆形面糊之间要留有足够空隙；

3. 面糊送进烤箱后千万不要打开烤箱门，因为烤箱内部是热对流，遇到冷空气会让泡芙无法膨胀。

五、质量检验

色泽金黄、外表质地松脆；制品饱满；口味香醇，回味无穷。

附表:实训评价表

项目名称:

班级:　　　　　时间:

第　组　　　　项目小组长:

成员								
职业素养(40分)	出勤(5分)	按时		5				
		迟到		2				
		早退		1				
		未出勤		0				
	工作服(5分)	穿戴		5				
		未穿戴		0				
	环境清洁(10分)	整洁		10				
		一般		5				
		未完成		0				
	团队精神(10分)	合作良好、责任心强		8				
		一般		4				
		不能合作		0				
	安全规范(10分)	符合规程		10				
		违规		0				
职业技能(35分)	工件摆放(5分)	整齐		5				
		不整齐		0				
	工艺步骤(10分)	操作熟练		10				
		操作正确		6				
		不正确		0				
	材料消耗(5分)	合理		5				
		浪费		0				
	项目完成达标情况(15分)	全部完成	A类	15				
			B类	10				
			C类	5				
		未完成		0				

续表

职业知识（25分）	预习情况（5分）	良好		5				
		未做		0				
	笔记/报告完成情况（20分）	完整性（3分）	完整	3				
			不完整	1				
			未记录	0				
		整齐度（2分）	整齐	2				
			杂乱	0				
		配方计算（5分）	正确	5				
			不正确	0				
		步骤记录（5分）	正确	5				
			不正确	0				
		思考题（5分）	完成	5				
			未完成	0				
合计				100				

附录　国家职业标准

一、职业概况

1. 职业名称

烘焙工。

2. 职业定义

指专门制作焙烤食品的人员。

3. 职业等级

本职业共设五个等级，分别为：初级（国家职业资格五级）、中级（国家职业资格四级）、高级（国家职业资格三级）、技师（国家职业资格二级）、高级技师（国家职业资格一级）。

4. 职业环境条件

室内、常温。

5. 职业能力特征

职业能力	非常重要	重 要	一 般
智力（分析、判断）			√
表达能力		√	
动作协调性		√	
色觉	√		
视觉	√		
嗅觉	√		
味觉	√		
计算能力			√

6. 基本文化程度

高中毕业（或同等学力）。

7. 培训要求

7.1 培训期限

全日制职业学校教育，根据其培养目标和教学计划确定。晋级培训期限:初级不少于240标准学时;中级不少于300标准学时;高级不少于360标准学时;技师不少于300标准学时;高级技师不少于250标准学时。

7.2 培训教师

培训初级、中级的教师应具有本职业高级及以上职业资格证书;培训高级的教师应具有本职业技师及以上职业资格证书;培训技师的教师应具有本职业高级技师职业资格证书2年或相关专业中级以上专业技术职务任职资格;培训高级技师的教师应具有本职业高级技师职业资格证书3年以上或相关专业高级专业技术职务任职资格。

7.3 培训场地与设备

理论知识培训在标准教室进行;技能操作培训在具有相应的设备和工具的场所进行。

8. 鉴定要求

8.1 适用对象

从事或准备从事本职业的人员。

8.2 申报条件

——初级(具备以下条件之一者)

(1)经本职业初级正规培训达规定标准学时数，并取得结业证书。

(2)在本职业连续见习工作2年以上。

(3)本职业学徒期满。

——中级(具备以下条件之一者)

(1)取得本职业初级职业资格证书后，连续从事本职业工作3年以上，经本职业中级正规培训达规定标准学时数，并取得结业证书。

(2)取得本职业初级职业资格证书后，连续从事本职业工作5年以上。

(3)连续从事本职业工作6年以上。

(4)取得经劳动行政部门审核认定的，以中级技能为培养目标的中等以上职业学校本职业毕业证书。

——高级(具备以下条件之一者)

(1)取得本职业中级职业资格证书后，连续从事本职业工作4年以上，经本职业高级正规培训达规定标准学时数，并取得结业证书。

(2)取得本职业中级职业资格证书后，连续从事本职业工作7年以上。

(3)取得高级技工学校或经劳动行政部门审核认定，以高级技能为培养目标的高等职业学校本职业毕业证书。

(4)取得本职业中级职业资格证书的大专本职业或相关专业毕业生，连续从事本职业工作2年以上。

——技师

(1)取得本职业高级职业资格证书后，连续从事本职业工作5年以上，经本职业正规技师培训达规定标准学时数，并取得结业证书。

(2)取得本职业高级职业资格证书后，连续从事本职业工作8年以上。

(3)取得本职业高级职业资格证书的高级技工学校本职业（专业）毕业生，连续从事本职业工作满2年。

——高级技师

(1)取得本职业技师职业资格证书后，连续从事本职业工作3年以上，经本职业正规高级技师培训达规定标准学时数，并取得结业证书。

(2)取得本职业技师职业资格证书后，连续从事本职业工作5年以上。

8.3 鉴定方式

分为理论知识考试和技能操作考核。理论知识考试采用闭卷笔试方式，技能操作考核采用现场实际操作方式。理论知识考试和技能操作考核均实行百分制，成绩皆达60分及以上者为合格。技师、高级技师还需进行综合评审。

8.4 考评人员与考生配比

理论知识考试考评员配比为1∶15，每个标准教师不少于2名考评员；技能操作考核考评人员考生配比为1∶5，且不少于3名考评员；综合评审委员不少于5人。

8.5 鉴定时间

理论知识考试为90min。技能操作考核时间为：面包在480min以内；中点在240min以内；西点在120min以内。综合评审时间不少于30min。

8.6 鉴定场所设备

理论知识考试在标准教室里进行；技能操作考核在具有相应的制作用具和中小型生产设备的场所进行。

二、基本要求

1. 职业道德

1.1 职业道德基本知识

1.2 职业守则

(1)自觉遵守国家法律、法规和有关规章制度，遵守劳动纪律。

(2)爱岗敬业，爱厂如家，爱护厂房、工具、设备。

(3)刻苦钻研业务，努力学习新知识、新技术，具有开拓创新精神。

(4)工作认真负责、周到细致、踏实肯干、吃苦耐劳、兢兢业业，做到安全、文明生产，具有奉献精神。

(5)严于律己，诚实可信，平等待人，尊师爱徒，团结协作，艰苦朴素；举止大方得体，态度诚恳。

2. 基础知识

2.1 焙烤食品常识

(1)焙烤食品的起源与发展历史。

(2)焙烤食品的分类。

(3)焙烤食品的营养价值。

(4)焙烤食品加工业的发展方向。

2.2 原材料基本知识

2.3 面包加工工艺基本知识

2.4 中点加工工艺基本知识

2.5 西点加工工艺基本知识

2.6 相关法律、法规知识

(1)知识产权法的相关知识。

(2)消费者权益保护法的相关知识。

(3)价格法的相关知识。

(4)食品卫生法的相关知识。

(5)环境保护法的相关知识。

(6)劳动法的相关知识。

三、工作要求

本标准对初级、中级、高级、技师和高级技师的技能要求依次递进，高级别包括低级别的要求。

1. 初级

职业功能	工作内容	技能要求	相关知识
一、准备工作	(一)清洁卫生	能进行车间、工器具、操作台的卫生清洁、消毒工作食品卫生基础知识	
	(二)备料	能识别原辅料	原辅料知识
	(三)检查	工器具能检查工器具是否完备	工器具常识
二、面团、面糊调制与发酵	(一)配料	(1)能读懂产品配方 (2)能按产品配方准确称料	(1)配方表示方法 (2)配料常识
	(二)搅拌	能根据产品配方和工艺要求调制1~2种面团或面糊	搅拌注意事项
	(三)面团控制	(1)能使用1种发酵工艺进行发酵 (2)能使用1类非发酵面团(糊)的控制方法进行松弛、醒面	(1)发酵工艺常识 (2)不同非发酵面团(糊)的工艺要求(松弛、醒面、时间、温度)
三、整形与醒发	(一)面团分割称重	能按品种要求分割和称量	度量衡器、工具的使用方法
	(二)整形	能运用2种成型方法进行整形	不同整形工具、模具的选用及处理
	(三)醒发	能按1类面包的工艺要求进行醒发	醒发一般知识

续表

四、烘烤	烘烤条件设定	能按工艺要求烘烤相应的 1 个品种	(1)烤炉的分类 (2)常用烘烤工艺要求 (3)烤炉的操作方法
五、装饰	(一)装饰材料的准备	能准备单一的装饰材料	装饰材料调制的基本方法(糖粉、果仁、籽仁、果酱、水果罐头)
	(二)装饰材料的使用	能用单一材料在产品表面进行简单装饰	装饰器具的使用常识
六、冷却	(一)冷却	能按冷却规程进行一般性操作	(1)冷却常识 (2)产品冷却程度和保质的关系 (3)冷却场所、包装工器具及操作人员的卫生要求
	(二)包装	能按包装规程进行一般包装操作	(1)食品包装基本知识 (2)操作人员、包装间、工器具的卫生要求
七、贮存	原材料贮存	能按贮存要求进行简单操作	(1)原辅料的贮存常识 (2)原辅料国家、行业标准

2. 中级

职业功能	工作内容	技能要求	相关知识
一、准备工作	(一)清洁卫生	能发现并解决卫生问题	操作场所卫生要求
	(二)备料	能进行原辅料预处理	不同原辅料处理知识
	(三)检查工器具	检查设备运行是否正常	不同设备操作常识
二、面团、面糊调制与发酵	(一)配料	能按产品配方计算出原辅料实际用量	计算原辅料的方法
	(二)搅拌	(1)能根据产品配方和工艺要求调制 3~4 种面团或面糊 (2)能解决搅拌过程中出现的一般问题	搅拌注意事项
	(三)面团控制	(1)能使用 3 种发酵工艺进行发酵 (2)能使用 3 类非发酵面团的控制方法进行控制	不同非发酵面团(糊)相应的工艺要求(松弛、时间、温度)

续表

三、整形与醒发	(一)面团分割称重	能按不同产品要求在一定的条件和规定时间内完成分割和称量	(1)计算单位及换算知识 (2)温度、时间对不同面团分割的工艺要求
	(二)整形	(1)能使用4种成型方法进行整形 (2)能根据不同产品特点进行整形	整形设备的知识
	(三)醒发	能按主食面包的工艺要求醒发3个品种	(1)主食面包的概念及分类 (2)吐司面包、硬式面包、脆皮面包的醒发要求 (3)吐司面包原料的基本要求
四、烘烤	烘烤条件设定	(1)能按工艺要求烘烤相应的3类产品 (2)能按不同产品的特点控制烘烤过程	(1)中点 松酥类、蛋糕类、一般酥皮类产品知识 (2)西点 混酥类、蛋糕类、曲奇类产品知识
五、装饰	(一)装饰材料的准备	能调制多种装饰材料	(1)装饰料的调制原理 (2)装饰料的调制方法 (3)蛋白膏、奶油膏、蛋黄酱的知识
	(二)装饰材料的使用	能用调制的多种装饰材料对产品表面进行装饰	(1)美学基础知识 (2)装饰的基本方法
六、冷却与包装	(一)冷却	(1)能正确使用冷却装置 (2)能控制产品冷却时间及冷却完成时的内部温度	(1)冷却基本常识 (2)产品中心温度测试方法
	(二)包装	能根据产品特点选择相应的包装方法	(1)包装材料的分类知识 (2)包装方法的分类知识
七、贮存	原材料贮存	(1)能将原辅料分类贮存 (2)能根据原辅料的贮存期限进行贮存	(1)原辅料的分类 (2)食品卫生知识

3. 高级

职业功能	工作内容	技能要求	相关知识
一、面团、面糊调制与发酵	（一）搅拌	（1）能根据产品配方和工艺要求调制5~7种面团或面糊 （2）能发现和解决搅拌过程中出现的问题	搅拌常见问题的解决方法
	（二）面团控制	（1）能使用4种发酵工艺进行发酵 （2）能使用4类非发酵面团的控制方法进行控制	（1）发酵原理与工艺 （2）不同非发酵面团（糊）相应的工艺要求（松弛、时间、温度） （3）松弛原理与应用知识
二、整形与醒发	（一）整形	能运用各种整形方法进行整形	整形工艺方法和要求
	（二）醒发	能按花式面包的工艺要求醒发4个品种	（1）花式面包的概念及分类 （2）馅面包、丹麦面包、象形面包、营养保健面包的醒发要求
三、烘烤	烘烤条件设定	（1）能按工艺要求烘烤相应的4类产品 （2）能处理操作中出现的问题	（1）中点 浆皮类、水油皮类、酥层类、熟粉类产品知识 （2）西点 戚风蛋糕、泡夫类、一般起酥类产品知识
四、装饰	（一）装饰材料的准备	能调制特色装饰材料	（1）巧克力成分、分类及性能知识 （2）巧克力的调制原理及制作方法 （3）奶油胶冻（白马糖、风糖）的调制原理及方法
	（二）装饰材料的使用	能使用巧克力和奶油胶冻装饰一组不同特色的点心	工艺美术基本知识
五、冷却与包装	（一）冷却	（1）能控制产品冷却场所的温度、湿度、空气流速等技术参数和卫生条件 （2）能正确选择和使用冷却装置	（1）冷却装置的类型 （2）冷却产品方法
	（二）包装	（1）能合理使用食品包装材料进行包装 （2）能解决包装中出现的技术、质量问题	包装机器的使用方法
六、质量鉴定	产品鉴定	能运用感官质量检验方法对产品进行质量鉴定	产品质量标准
七、贮存	原材料贮存	（1）能根据原辅料的理化特性确定适当的贮存条件、期限和场所 （2）能解决贮存中出现的各种问题	（1）原辅料的理化特性 （2）原辅料贮存场所环境、条件的控制知识 （3）食品冷冻、冷藏知识 （4）食品腐烂变质及老化原理

4. 技师

职业功能	工作内容	技能要求	相关知识
一、面团、面糊调制与发酵	(一)搅拌	能根据产品配方和工艺要求调制15种不同品类的面团或面糊	不同面团、面糊搅拌的工艺要求
	(二)面团控制	(1)能按各种发酵工艺进行发酵 (2)能对各类非发酵面团进行控制	(1)发酵原理与工艺 (2)不同非发酵面团(糊)相应的工艺要求(松弛、时间、温度)
二、整形与醒发	(一)整形	能进行各类面包的整形	烤盘容积与装盘数量的关系
	(二)醒发	能醒发各类面包	(1)各类面包的醒发要求及方法 (2)醒发室的设计要求 (3)特殊条件下的醒发要求
三、烘烤	烘烤条件设定	(1)能按工艺要求烘烤相应的各类产品 (2)能及时发现和解决烘烤过程中出现的各种问题	(1)中点 酥皮类、发酵类、熟粉类的烘烤条件 (2)西点 起酥类、发酵类的烘烤条件
四、装饰	(一)装饰材料的准备	(1)能调制各种装饰材料 (2)能应用新型装饰材料	各种装饰材料的准备知识
	(二)装饰材料的使用	能使用各种装饰材料装饰突出主题的艺术性产品	装饰图案设计构思方法
五、冷却与包装	(一)冷却	能及时处理冷却过程中出现的各种质量问题	(1)产品冷却基本原理 (2)产品冷却工艺要求
	(二)包装	(1)能运用现代包装技术 (2)能选用现代包装机械	现代包装技术
六、质量鉴定	产品鉴定	能运用感官质量检验方法和理化分析方法对产品质量进行综合鉴定和分析,并提出改进性意见	食品色、香、味、形的知识
七、成本核算	原料成本核算	(1)能计算原料的净料费 (2)能计算产品的直接成本 (3)生产过程中能有效地控制直接成本 (4)能控制废品率	(1)净料费的知识 (2)直接成本知识 (3)废品率的知识 (4)原料损耗率的计算方法 (5)直接成本计算公式
八、培训与管理	(一)培训与指导	(1)能对低级别烘焙工进行技能指导与培训 (2)能编写本专业培训教材	(1)培训方式与方法 (2)教材编写知识
	(二)管理	(1)能根据配方下达统一规格的投料单 (2)能监督检查生产人员对投料单的执行情况,并及时解决有关问题 (3)能指导生产人员防止食品卫生污染 (4)能根据原料和产品特性防止产品腐烂变质 (5)能对工器具、生产设备进行卫生管理	(1)投料单的计算方法 (2)生产管理基本知识 (3)质量控制点的确定原则 (4)技术规程知识 (5)原料保管知识 (6)工器具、设备卫生管理要求

5. 高级技师

职业功能	工作内容	技能要求	相关知识
一、烘烤	烘烤条件设定	(1)能按特色产品的特点进行烘烤 (2)能在特殊条件下烘烤产品	烘烤条件设定的知识
二、装饰	装饰材料的使用	能对产品进行高难度装饰	装饰图案构思、设计方法
三、冷却	冷却	能独立设计产品冷却线	(1)产品冷却线的设计原理 (2)产品冷却线的安装和调试方法
四、质量鉴定	产品鉴定	能运用先进的卫生分析方法，对产品质量进行综合鉴定和分析，能指出在产品配方、操作工艺和生产设备方面存在的问题并提出改进意见，进行改进技术指导	(1)计算机应用知识 (2)统计学常识 (3)感官分析常用方法
五、成本核算	原料成本核算	(1)能够降低成本 (2)能控制每个产品的内控毛利率	(1)产品成本核算的原则 (2)产品成本核算的方法 (3)产品毛利率的核算方法
六、产品开发与技术创新	开发与创新	(1)能根据市场需求进行调查分析并独立设计产品配方，开发产品 (2)能使用新材料、新工艺、新设备、新技术研制开发新产品 (3)能对原有工艺方法进行革新，并对旧设备提出改进建议	(1)市场调查分析预测知识 (2)国内外原辅料工艺特性知识 (3)新工艺、新品种的推广应用知识 (4)专业外语词汇(原辅料、工具设备)
七、培训管理	(一)培训与指导	能参与系统的专业技术培训	培训方案制定的知识
	(二)管理	(1)能全面、合理地组织安排生产 (2)能及时解决和协调生产过程中出现的问题 (3)能对产品质量进行鉴定 (4)能按照质量要求进行现场生产的监督和管理 (5)能编写技术资料及相关图表	(1)良好操作规范 GMP) 知识 (2)生产管理知识 (3)设备布局规划、设置原则 (4)危害分析及关键控制点(HACCP) 知识

四、比重表

1. 理论知识

项目		工作内容	初级/%	中级/%	高级/%	技师/%	高级技师/%
基本知识		职业道德	5	5	5	5	5
		基础知识	25	20	15	10	5
相关知识	准备工作	清洁卫生	6	5	–	–	–
		备料	5	8	–	–	–
		检查工器具	5	8	–	–	–
	面团、面糊调制与发酵	配料	2	5	–	–	–
		搅拌	5	5	8	5	–
		面团控制	5	5	8	8	–
	整形与醒发	面团分割称量	5	5	–	–	–
		整形	5	2	10	8	–
		醒发	5	2	10	8	–
	烘烤	烘烤条件设定	2	5	10	12	15
	装饰	装饰材料的准备	5	6	7	2	–
		装饰材料的使用	5	6	7	5	15
	冷却与包装	冷却	5	5	5	5	–
		包装	5	3	5	5	–
	贮存	原材料贮存	5	5	5	–	–
	质量鉴定	产品鉴定	–	–	5	8	10
	成本核算	原料成本核算	–	–	–	5	10
	冷却	冷却	–	–	–	–	10
	培训与管理	培训与指导	–	–	–	7	10
		管理	–	–	–	7	10
	产品开发与技术创新	开发与创新	–	–	–	–	10
	合计		100	100	100	100	100

2. 技能操作

项目		工作内容	初级/%	中级/%	高级/%	技师/%	高级技师/%
相关知识	准备工作	清洁卫生	8	6	-	-	-
		备料	8	6	-	-	-
		检查工器具	8	6	-	-	-
	面团、面糊调制与发酵	配料	6	8	-	-	-
		搅拌	10	6	5	5	-
		面团控制	6	8	10	10	-
	整形与醒发	面团分割称量	6	6	-	-	-
		整形	6	8	15	10	-
		醒发	6	8	10	10	-
	烘烤	烘烤条件设定	6	8	15	15	15
	装饰	装饰材料的准备	6	6	5	2	
		装饰材料的使用	6	6	10	10	5
	冷却与包装	冷却	6	6	6	5	-
		包装	6	6	8	2	-
	贮存	原材料贮存	6	6	8	-	-
	质量鉴定	产品鉴定	-	-	8	10	15
	成本核算	原料成本核算	-	-	-	5	10
	冷却	冷却	-	-	-	-	10
	培训与管理	培训与指导	-	-	-	8	15
		管理	-	-	-	8	15
	产品开发与技术创新	开发与创新	-	-	-	-	15
	合 计		100	100	100	100	100

综合练习题

一. 判断题(正确的打“√”，错误的打“×”)

1.(　)海绵类蛋糕与天使蛋糕同属面糊类蛋糕，并使用发粉作为膨大剂。

2.(　)新鲜酵母使用在软式面包，而干酵母使用在硬式面包，不可互换使用。

3.(　)面糊类(奶油)蛋糕其中油脂为面粉量80%视为重奶油，为面粉量35%视为轻奶油蛋糕。

4.(　)乳沫类小西饼之面糊须使用挤花袋来整形。

5.(　)软性小西饼水分为面粉量35%以上，必须先放进冰箱，再制作不同形状之小西饼。

6.(　)面糊类蛋糕含油脂成分越高，搅拌时拌入空气越多，故比重较轻。

7.(　)酥硬性小西饼，糖和油用料相当，水分较少，面团较硬，放入冰箱后整形又称为冰箱小西饼。

8.(　)西点中，派又分双皮派、单皮派、油炸派，使用酵母可增加派皮之松脆性。

9.(　)松饼为面团包入(ROLLIN)油脂再予折叠，形成很多层次，经烘烤成松酥之产品。

10.(　)乳沫类蛋糕可分为蛋白类(天使蛋糕)和全蛋或蛋黄类(海绵蛋糕)。

11.(　)戚风蛋糕面糊是综合面糊类与乳沫类蛋糕之面糊。

12.(　)配方平衡时，配方之水量，轻奶油蛋糕较重奶油蛋糕多。

13.(　)重奶油蛋糕组织松软、颗粒粗大，而轻奶油组织紧密，颗粒细腻。

14.(　)海绵蛋糕加入油脂可增加柔软性及口感，但不宜直接添加固体油脂。

15.(　)烘焙食品会膨松柔软，其发生膨胀作用之要素为空气、水蒸汽、化学膨大剂及酵母。

16.(　)布丁蛋糕为面粉类蛋糕的一种产品。

17.(　)海绵蛋糕是属于面糊类蛋糕。

18.(　)目前台湾地区技术人士检定考试将烘焙产品分为面包、西点蛋糕及饼干三大类。

19.(　)依CNS的分类，硬式面包和软式面包的分类法是根据配方内水分含量多少来区别。

20.(　)奶油类蛋糕是属于面糊类蛋糕。

21.(　)美式生派皮、生派馅的派属于牛奶鸡蛋布丁派。

22.(　)美式与欧式丹麦面包的区别是在于面团配方的不同，前者糖油用量较多，后者较少。

23.(　)玛琍饼干是属于软面团的小西饼。

24.(　)丹麦式甜面包与可松面包不同之处是前者大都为牛角形。

25.(　)美式熟派皮熟派馅的派，属于奶油布丁类派。

26.(　)苏打饼干属于调味的甜饼干。

27.(　)口粮饼干是属于不包馅的硬质饼干。

28. (　)蛋糕的分类可分为面糊、海绵、戚风等三大类。
29. (　)糖粉的颗粒比细砂糖的颗粒细小。
30. (　)韧性原料亦称为结构原料，是构成蛋糕骨架之主要原料。
31. (　)蛋糕配方中添加柔性原料，可增加蛋糕的韧性。
32. (　)产生香味的原料包括糖、奶水、油、蛋、可可粉、香料。
33. (　)蛋含有45%的水分。
34. (　)制作葡萄干蛋糕时，葡萄干在使用前必须泡水或泡酒，待软化后再使用。
35. (　)盐具有调节蛋糕甜度的功能。
36. (　)面包制作时，添加奶粉的量表皮颜色加深。
37. (　)生乳用于面包时，必须先经加热处理后再予使用，否则搅拌后的面团会减少吸水性、产生黏手及影响面包体积。
38. (　)葡萄干如用在面包、蛋糕或西点时应先泡水，时间以不超过30min为宜。
39. (　)果胶(PECTIN)是从动物皮、骨抽取而来的胶体。
40. (　)蛋糕配方中之总水量，蛋量不包括在内。
41. (　)在重奶油蛋糕中，蛋是主要的湿性原料。
42. (　)好的重奶油蛋糕，必须加入铵粉使其膨发。
43. (　)鲜奶油霜饰的口感比一般奶油霜饰为佳。
44. (　)派的分类中，油炸派的主要原料是利用油炸制成派皮。
45. (　)松饼配方中，如使用低筋面粉，最好超过70%。
48. (　)打发蛋白时添加之塔塔粉是一种碱性盐。
49. (　)制作面包添加乳化剂，有助于产品品质之改善。
50. (　)戚风蛋糕中所使用的发粉越多，所制作出来的蛋糕体积越大，组织越细。
51. ( )发粉是属于柔性材料。
52. (　)面包原料的分类可分为主原料、副原料和添加物三大类。
53. (　)为增加蛋糕风味，且为避免经过烘烤后香味会随水分蒸发散失，故香料添加越多越好。
54. (　)为了节省成本，可使用奶水量1/10的奶粉，加水冲泡成与奶水等量，同样可维持品质不变。
55. (　)要使蛋糕组织紧密，可酌量减少韧性原料用量。
56. (　)一般面团整形时所用“手粉”指的是高筋粉。
57. (　)水为面包原料中最廉价的一种，在不影响面包品质下，面包应尽量在配方中增加水的用量。
58. (　)发粉用量太多，会使产品内部颜色加深，颗粒粗大。
59. (　)酵母菌为单细胞体之微生物，其增殖方法多采用出芽法。
60. (　)面粉内所含的蛋白质属于不完全蛋白质，所以制作面包时要在配方内添加脱脂奶粉以提高营养价值。
61. (　)油脂在一般室温下呈液状的称为油，呈固状的称脂。
62. (　)转化糖浆和砂糖其性质相同。
63. (　)小麦有红麦和白麦之分，红麦中之蛋白质含量较白麦为低。
64. (　)地下水含有较高矿物质，所以使用地下水制作面包时，配方内改良剂的用量应增加。
65. (　)奶粉对面包表皮的颜色无太大的影响。

66.(　　)发粉是属于化学膨大剂，其主要的成分是小苏打、酸性盐和填充剂。
67.(　　)鸡蛋含有丰富的钙质是人类重要的营养来源。
68.(　　)砂糖的甜度比果糖高。
69.(　　)为使海绵蛋糕容易打发，配方内可酌量加蛋黄。
70.(　　)面粉中含水量一般在13%～14%之间。
71.(　　)葡萄糖属于双糖类。
72.(　　)我国目前面包厂的面粉每袋重量多为25公斤。
73.(　　)海拔高度与蛋糕膨大作用有关，所以在海拔300米以上时，化学膨大剂应酌量减少。
74.(　　)我国面粉均经过漂白处理。
75.(　　)面粉内含有70%以上的淀粉。
76.(　　)新鲜酵母使用完毕后剩下的必须随时放入冰箱内储存。
77.(　　)小麦的成分中以碳水化合物量最高。
78.(　　)乳化剂属于柔性材料。
79.(　　)无水奶油是由牛奶中分离出来的油脂产品。
80.(　　)酵母是属于化学膨大剂的一种。
81.(　　)可可粉属于韧性原料，所以做魔鬼蛋糕时应增加油脂用量。
82.(　　)糖在蛋糕中是一种甜味料，也是一种柔性材料。
83.(　　)做面包的面粉最好采用低筋面粉，其蛋白质含量应为7%～9%之间。
84.(　　)做面包配方内使用奶粉可使烤好的面包表面色泽悦目。
85.(　　)奶油霜饰的稀释最好使用沙拉油。
86.(　　)鲜奶油为鲜奶油蛋糕的霜饰材料，最好在低温下打发并在低温下装饰较佳。
87.(　　)为维护食品卫生采用液体冷藏蛋较带壳蛋为宜。
88.(　　)塔塔粉在蛋糕制作时，其功能是调整蛋糕内部的酸碱度。
89.(　　)盐是柔性材料之一种。
90.(　　)刚从乳牛挤出之原料乳(生乳)最新鲜，最适合于面包之制作。
91.(　　)面粉吸水率的高低可以影响成本，因此选用面粉应考虑其吸水率的高低。
92.(　　)含乳化剂的烤酥油适合做奶油类蛋糕或奶油霜饰。
93.(　　)做面包选用高筋面粉，应注意其蛋白质质地的好坏，蛋白质质地差的面粉，只要蛋白质含量高，就可补救质地差的缺陷。
94.(　　)做蛋糕的面粉最好采用低筋面粉，其蛋白质含量最好为6.5%左右。
95.(　　)面包面团，可选用筋度强的面粉。
96.(　　)做果酱卷时为了防止蛋糕折叠而引起龟裂，可在配方内使用少许葡萄糖浆。
97.(　　)葡萄糖的甜度比果糖高。
98.(　　)面包配方中盐的用量越多，发酵时间越短。
99.(　　)蛋黄内含有卵磷脂，具有乳化作用。
100.(　　)蛋白质含量在14%左右的特高筋面粉，较不适合制作吐司面包(或白面包)。
101.(　　)煮水果馅最理想的胶冻原料是太白粉。
102.(　　)快速发粉适合用在面糊类蛋糕的配方内。
103.(　　)欲使蛋糕式西点的表面颜色较深时，可在配方内添加一些葡萄糖浆代替细砂糖。
104.(　　)南方地区夏天炎热，使用冰水搅拌面糊，可控制面糊搅拌之温度。
105.(　　)使用着色剂、防腐剂，事先需要求供应商提供政府卫生主管机关认定许可之证件。

106.(　)若重复使用油炸油时，应每天滤去残渣，并注意颜色、风味是否异常。

107.(　)制作任何蛋糕，都必需使用乳化起泡剂。

108.(　)低筋面粉仅适用于面包或饼干类之产品制作。

109.(　)固体油脂对海绵蛋糕面糊具有消泡作用，因此在冬天或较冷的天气，要事先隔水加热溶化再用。

110.(　)200p. p. m 表示千分之二百。

111.(　)叔丁基对苯二酚(Tertiary Butyl Hydroquinon T. B. H. Q)是一种防腐剂。

112.(　)蛋黄中，油脂含量约为33%，因此制作戚风蛋糕时，蛋白质与砂糖搅拌时不宜留有蛋黄液体原料。

113.(　)盐在蛋糕中除可调味外，亦可影响甜度。

114.(　)面筋中的麦谷蛋白，使面团有良好的延展性。

115.(　)新鲜酵母只需放置阴凉处保存即可。

116.(　)色拉油富含不饱和脂肪酸，是一种安全性高的油脂。

117.(　)天使蛋糕的配方标准是面粉的用量大于蛋白。

118.(　)吐司面包(白面包)糖的用量超过10%最好。

119.(　)面糊类蛋糕(例如水果条)，如果固体油脂量高，则发粉量可酌量减少。

120.(　)蛋糕在炉内烘焙时，其中央部分下陷是由于柔性材料太少的关系。

121.(　)盐的用量和酵母发酵时间成正比。

122.(　)制作某种面包，为改善其风味，配方中奶粉增加，则配方中的水分应增加。

123.(　)面团搅拌至完成阶段则面包的组织较细腻。

124.(　)制作小西饼，在装盘时若不注意间隔距离或产品的厚薄大小不一，皆为烘焙产生问题的因素之一。

125.(　)一般欧式面包搅拌至面筋扩展阶段即可。

126.(　)面包发酵时间越长，面包外表颜色越深。

127.(　)刚烤出的蛋糕，即给予鲜奶油装饰可保有较多的水分。

128.(　)快速直接法制作面包至少得给予20min的发酵时间。

129.(　)使用速度较慢的搅拌机搅拌面包面团时，最好采用中种发酵法。

130.(　)配方换算容易是烘焙百分比的优点之一。

131.(　)糖的用量为面粉的2/3，即面粉100%糖75%。

132.(　)烘焙百分比其配方的总和超过100%。

133.(　)夏天天气较热，制作面包时可添加一些碎冰取代水量，使搅拌出来的面团温度较低以免发酵过度。

134.(　)烘焙百分比的特性是以配方中面粉之百分比为100%。

135.(　)基本发酵室的温度为27℃～28℃，相对湿度约75%～80%。

136.(　)最后发酵过久的面包，进炉时可用较高的温度烤焙，以免膨胀过大。

137.(　)中种发酵中搅拌后之主面团温度应为32℃～35℃。

138.(　)面粉筋性不良，应采用短时间发酵法及增加配方内酵母用量。

139.(　)搅拌机速度慢，搅拌后的面糊无法使面筋充分扩展。

140.(　)一般直接法，面糊搅拌后之温度应为26℃。

141.(　)面粉制作最重要的是发酵，面包品质好坏发酵的因素最大。

142.(　)最后发酵室温度应为28℃，相对湿度75%～80%。

143.(　)重奶油蛋糕采用面粉油脂拌合法搅拌，其组织较其他搅拌法细腻。

144.(　)欲使面包组织紧实，可稍缩短最后发酵时间。

145.(　)奶油空心饼(泡芙)出炉后，顶部扁平是由于上火太高的缘故。

146.(　)奶油空心饼(泡芙)出炉后，底部向内凹进是由于底火太高的缘故。

147.(　)面粉筋度低应用快速搅拌加速其形成面筋。

148.(　)制作戚风蛋糕蛋白打发速度越快，产品烤后越粗糙。

149.(　)蛋糕总水量不足，是造成蛋糕表面下陷的原因之一。

150.(　)面包出炉后，表面有不规则气泡，基本发酵不足是原因之一。

151.(　)依照规定重量，吐司面包出炉未能胀及顶盖，而表皮不易着色且有不规则龟裂，是由于基本发酵过度所致。

152.(　)欲使面包组织松软，要稍延长最后发酵时间。

153.(　)圆顶(不加盖)吐司面包顶部隆起、两头低垂、边侧有宽大裂痕，是由于最后发酵不足之故。

154.(　)依照规定重量，吐司面包出炉后，四角及四边成锐角四方形，是由于基本发酵过度之原因。

155.(　)戚风蛋糕在蛋白打发后与其材料搅拌太久，会使面糊消泡，产品膨大不良。

156.(　)派皮搅拌出筋，会使产品收缩。

157.(　)奶油空心饼(泡芙)的面糊越稀，则表皮越厚。

158.(　)小西饼的边缘部分较黑，主要是底火过强所造成的。

159.(　)面糊类蛋糕(奶油蛋糕)出炉后中央下陷表皮颜色较深，水分不足是原因之一。

160.(　)烘焙百分比是面粉量为标准，其他原料用量都以面粉数量为计量标准。

161.(　)公斤制重量1200g，折合市斤为2市斤。

162.(　)每市斤为500g，每市两为50g。

163.(　)使用市斤制的配方，猪油用量为2斤8两，折合公斤制为1.5公斤。

164.(　)使用英制的配方，面粉用量12.7磅，折合公斤制为8.8公斤。

165.(　)重奶油蛋糕之搅拌方法与蜂蜜蛋糕之搅拌方法相同。

166.(　)高成分的重奶油蛋糕，可采用面粉油脂拌合法。

167.(　)制作面糊类蛋糕时，若采用糖油拌合法，全部蛋量应一次加入，不须分次加入。

168.(　)海绵蛋糕搅拌时，全蛋与砂糖应隔水加热至+50℃再开始搅拌，可缩短搅拌时间。

169.(　)蛋糕卷的烘焙温度应比圆模型蛋糕烘焙温度稍高。

170.(　)奶油空心饼在制作时，油水煮沸后，没有不停搅动以致油和水已分离，形成油脂分布不匀的面团，亦可烘焙出优良的产品，不会影响产品。

171.(　)制作奶油空心饼，蛋宜在面糊温度75℃~80℃时一次全部加入搅拌。

172.(　)多纳兹(甜甜圈)的配方中，所含的糖量和油脂应比甜面包配方中所含的成份为低，炸出的成品品质会良好。

173.(　)冰箱小西饼配方中，糖和油脂的用量几乎相同，产品制作时整形不易，因此须放入冰箱中冷冻变硬，以利操作。

174.(　)苏打饼干是经高温短时间烘焙的产品，为使冷却后可供包装，因此可予以急速冷却，以缩短作业时间。

175.(　)双皮派在烘焙时，为避免馅内产生蒸气将两层派皮的接合处顶破，可将馅煮得越干越好。

176.(　)整形好的派皮，最好立即送入烤炉烘烤，否则会收缩。

177.(　)派馅中若用脱水水果时，可直接使用，不必事先浸泡。

178.(　)在制作水果布丁派时，若该水果酸性较强时，其果汁应在派馅煮好后加入拌匀。

179.(　)做松饼时，裹在面团内隔离面皮层次所用的油脂只要能达到隔离分层效果，则不必考虑该油脂的品质。

180.(　)奶油空心饼的面糊在搅拌末期是以油来控制浓稠度。

181.(　)奶油空心饼的面糊制作时，须等面糊完全冷却后再加入蛋才能得到较佳的体积。

182.(　)油炸好的多纳兹(甜甜圈)，其吸油率越高越好，此产品越滑润越容易入口。

183.(　)制作体积小的小西饼，装盘时应留出适当相等间隔距离，边缘部分才不会烤焦。

184.(　)小西饼制作时，原料混合的方法很多，但不论用何种方式，所得到的成品品质，皆会相同。

185.(　)苏打饼干制作时，虽然配方中添加酵母，由于成品不要求膨大到面包的体积，因此可以不用发酵。

186.(　)为制作品质良好的小西饼，其面团最好在有温控的冷气房内操作。

187.(　)一般配方中，小西饼油脂的使用量比苏打饼干为多。

188.(　)海绵蛋糕利用网状打蛋器搅拌蛋、糖等材料，使其膨发。

189.(　)面糊类蛋糕(如水果条)利用勾状拌打器搅拌油脂及糖(或面粉)，为面糊类蛋糕膨松的原因之一。

190.(　)戚风蛋糕出炉时，可连烤盘敲一下，以降低蛋糕出炉后收缩的程度。

191.(　)戚风蛋糕装盘之面糊入炉前敲一下，可以排除面糊内的大气泡，使烤焙的蛋糕组织较细。

192.(　)海绵蛋糕搅拌后应立即装盘，进入烤炉烤焙。

193.(　)快溶酵母(快发酵母或 instant dry yest)直接与冰水调匀后，再加入其他材料搅拌，仍不减其活性。

194.(　)利用蒸汽烤炉烤焙法国面包等硬式面包，可使其表皮脆而薄。

195.(　)未使用完的新鲜酵母，放置在工作桌上排列整齐即可。

196.(　)以200℃以上高温时间油炸多纳兹(甜甜圈)，可获得良好的产品。

197.(　)面包出炉后，必须给予充分的冷却才可包装。

198.(　)中种面团的基本发酵，其损耗的主要部分为水分及醣类。

199.(　)利用“中种法”制作面包，因中种面团已经发酵，所以主面团搅拌(即第二次搅拌)时间较直接法的搅拌时间为长。

200.(　)硬式面包(如法国面包)的内部组织，顾名思义应该要坚实够硬。

参考答案

模块一答案

一、名词解释

1. 焙烤食品从广义上讲，泛指用面粉、各种粮食及其半成品与多种辅料相调配，经过发酵或直接用高温烘烤或油炸而成的一系列香脆可口的食品，即是泛指糖食制品中采用焙烤工艺的一个大类食品。

2. 生物蓬松制品：利用酵母的发酵作用产生气体，使面团蓬松。

3. 化学蓬松制品：利用化学蓬松物质，如小苏打、碳酸氢铵等，使制品形成多孔状的蓬松体。如混酥点心、油条、饼干等。

4. 物理搅拌蓬松制品：利用机械的快速搅拌，促使原料充入大量空气，气体在加热时受热膨胀，从而使制品的组织疏松。如海绵蛋糕等。

二、填空题

1. 以谷类为基础原料、大多数以糖、油、蛋（或其中1－2种）作为主要原料、成熟和定型均采用焙烤工序、不需经过调理可直接食用、均属于固态食品、绝大多数使用疏松剂，使制品疏松。

2. 生物蓬松制品、化学蓬松制品、物理搅拌蓬松制品；面包类、饼干类、蛋糕类、点心类、层松类。

三、判断题

1. ×　2. √　3. √　4. √　5. √　6. √

模块二答案

一、填空题

1. 冬小麦、春小麦。

2. 特硬麦、硬麦、半硬麦、软麦。

3. 高筋面粉、中筋面粉、低筋面粉。

4. 75%、淀粉。

5. 常规储藏、密闭储藏。

6. 16.73kJ。

7. 白砂糖、赤砂糖、绵白糖。
8. 起泡性。
9. 碳酸氢钠、碳酸氢铵、发酵粉。
10. 盐。

二、判断题

1. × 2. √ 3. × 4. √ 5. × 6. × 7. × 8. √ 9. × 10. ×

三、选择题

1. A 2. A 3. B 4. A 5. A 6. A 7. A 8. A

模块三答案

1. 饼干。
2. 酥性饼干、韧性饼干、发酵饼干、曲奇饼干、薄脆饼干、夹心饼干、华夫饼干、蛋圆饼干、水泡饼干、粘花饼干、蛋卷。
3. 面粉中的蛋白质的质量、糖、油的反水化作用、调制面团时的温度、加料次序、调制时间、调制的方式。
4. 韧性面团、热粉。
5. 正确使用淀粉原料、控制面团的温度、添加改良剂、掌握面团的软硬度、面团的静置、面团调制终点的判断。
6. 面团温度、加水量、用糖量、用油量、用盐量。
7. 冲印成型、辊印成型、辊切成型及其他饼干的成型方法。
8. 饼干内热量的散失、水分的继续蒸发、饼干变形、油脂氧化酸败、在储存过程中的稳定性。
9. 马口铁听包装、聚乙烯塑料薄膜包装、真空包装、收缩包装、复合材料包装、其他包装形式。

模块四答案

一、填空题

1. 小麦粉、酵母、食盐、水。
2. 弹性。
3. 可塑性、起酥性、融合性、乳化分散性、稳定性。
4. 鲜牛乳、乳粉、炼乳、干酪。
5. 1.5%。
6. 麦谷蛋白、麦胶蛋白。
7. 延伸性、弹性、韧性、可塑性。
8. 自动氧化、β-酮基氧化、油脂水解。
9. 液态乳品、奶油乳品、干酪或奶酪、酸奶、乳粉、干酪素。
10. 带壳蛋、液态蛋、冷冻蛋、浓缩蛋、干燥蛋、其他蛋品。
11. 化学疏松剂、生物疏松剂。

12. 钙盐、铵盐、还原剂、氧化剂、酶制剂。

13. 面粉、酵母、水、食盐。

二、选择题

1. D　2. C　3. D　4. D　5. ABC　6. ABCD　7. ABCD　8. ABCD

三、判断题

1. ×　2. ×　3. √　4. √　5. √　6. √　7. √　8. √　9. √　10. ×　11. ×　12. √　13. √　14. √　15. √　16. √

四、名词解释

1. 胀润作用:蛋白质吸水膨胀称胀润作用。

2. 面筋:面筋是指面团在揉洗时,可溶性物质溶解在水中,淀粉和麸皮悬浮与水中,剩下一块有弹性似橡胶一样的物质叫面筋,它是蛋白质的水合物。

3. 延伸性:面团被拉长到一定程度而不断的性质。

4. 韧性:阻止面团拉伸或压缩的力。

5. 弹性:面团被拉伸和压缩时能够恢复其原有状态的性质。

6. 可塑性:是指面团在拉伸或压缩时不能恢复其原有状态的性质。

7. 面包:面包是以小麦粉为基本原料,再添加其他辅助材料,加水调制成面团,再经过 发酵、整形、成型、烘烤的等工序制成的食品。

8. 酵母的活化:使酵母有休眠状态转变为正常生长状态的过程。

模块五答案

一、选择题

1. D　2. B　3. C　4. D　5. A

二、判断题

1. √　2. ×　3. √　4. √　5. √　6. √　7. √　8. ×　9. √　10. ×　11. ×　12. ×　13. ×　14. √　15. ×　16. ×　17. ×　18. ×　19. ×　20. √　21. ×　22. √　23. ×　24. ×　25. √　26. √　27. √

模块六答案

1. 月饼、月饼饼皮、韧性、可塑性。

2. 糖、油、面、蛋。

3. 砂糖面团、麦芽糖浆面团、混合糖浆面团。

4. 自来红类月饼。

5. 自来白类月饼。

模块七答案

一、名词解释

1. 糕点是以小麦粉、油、糖、蛋、奶、果料为主要原料，经过面团调制、成型、熟制工序制成的具有一定色、香、味、型的食品。

2. 松酥类糕点是使用较少的油脂、较多的糖浆或糖调制成糖浆面团，经成型、烘烤而制成的口感松脆的制品。

3. 酥类糕点是使用较少的油脂，较多的糖，包括砂糖、绵白糖或饴糖、辅以蛋品、乳品等并加入化学膨松剂，调制成具有一定韧性、良好可塑性的面团，经成型、烘烤而制成的膨松的制品。

4. 松脆类糕点：使用较少的油脂、较多的糖浆或糖调制成糖浆面团，经成型、烘烤而制成的口感松脆的制品，成品薄而酥脆。

5. 清酥点心又称起酥点心，它是以起酥面坯为基础原料，配各种辅料，经不同工艺手法制成的一类点心。起酥面坯是用冷水面团与油面团互为表里，经反复擀叠、冷冻等工艺制成的。这种面团的制品具有层次清晰、入口香酥的特点。

6. 酥皮类糕点是用水油面团包入油酥面团调制而成的。水油面团具有一定的筋性和良好延伸性，使油酥面团具有良好的造型和包捏性能，与干油酥相互间隔，起分层和起酥的作用。它能将干油酥油层包围，使之成熟时不致破碎，并且制品产生膨松体大的效果。

7. 酥层类糕点是用水油面团包油酥面团制成酥皮，经包馅、成型、烘烤而制成的饼皮分层次的制品。

二、填空题

1. 中式糕点、西式糕点。
2. 用料方面、制作方法方面、成品色、香、味型方面。
3. 清蛋糊、油蛋糊、重蛋糊、轻蛋糊。
4. 发泡性能、稳定泡沫。
5. 20。
6. 白糖、水。
7. 180 ~ 200。
8. 筋性面团。
9. 水、油脂、小麦粉。
10. 砂糖浆皮面团、饴糖浆皮面团。

三、判断题

1. √　2. √　3. √　4. √　5. √　6. √　7. √　8. √　9. √　10. √

参考文献

[1] 马涛.《焙烤食品工艺》. 第二版. 北京:化学工业出版社,2012.
[2] 黄皇博.《焙烤食品必胜精选》. 第六版. 台北:三藝文化事业有限公司,2012.
[3] 田晓玲.《焙烤食品生产》. 北京:化学工业出版社,2011.
[4] 全国工商联烘焙业公会组织.《中华烘焙食品大辞典》. 北京:中国轻工业出版社,2009.
[5] 任建华.《复合疏松剂及其配制》. 杭州:杭州食品科技,1993.1.
[6] 王美萍, 王玉强.《烘焙工(初级 中级 高级)》. 北京:中国劳动社会保障出版社,2010.
[7]《焙烤食品工艺学》李里特等. 北京:中国轻工业出版社, 2006.1.